国际电气工程先进技术译丛

风力发电机组的创新设计

[英] 皮特·贾米森 (Peter Jamieson) 著
王晓辉 等译

机 械 工 业 出 版 社

本书分为4篇，包括设计背景、技术评估、设计主题和创新示例。第1篇概述了空气动力学理论和优化设计，讨论了风能转换系统、传动系统、缩放问题、海上风力发电机，并通过对未来技术的一瞥，总结了其技术发展趋势；第2篇介绍了关于风力发电系统大量设计方案的全局性观点，开发了相应的评估方法，其中包括带有一些能源成本评估的具体实例；第3篇讨论了经常出现的一些设计主题，如叶片数、变桨距或失速、水平或垂直轴；第4篇用现实生活中商业客户的案例研究了创新技术的一些实例。

本书的读者对象是专业风能工程师、电力工程师和风机的设计师以及在可再生能源领域工作的顾问、研究人员和学者们。

译 者 序

目前，国家大力发展可再生能源，而风力发电是新能源发电中最成熟的技术形式，也是最具发展前景的发电形式。我国风力资源丰富，风力发电潜力巨大。因此，如何改进设计方案，设计出性能优越、结构简单、维护方便、价格低廉的风力发电机组，成为风能工程师和相关设计人员面临的一大问题。本书的主要目的正是为了解决上述问题。

本书共4篇，25章。第1~8章为第1篇，介绍了旋翼气动理论和气动设计的原理及叶轮的结构和设计参数等相关的技术，从而为后续所介绍的创新设计奠定知识基础。第9章和第10章为第2篇，对能源成本的组成及对创新技术进行评估的关键问题做了分析。第11~16章为第3篇，对最佳叶片数、变桨距与失速调节策略、水平与垂直轴风机的形式、自由偏航系统、多叶轮系统等设计方案进行了全方位的深入分析和比较。第17~25章为第4篇，列举了各种技术创新的方案，并从可行性、成本、负荷水平、能量捕获等角度进行了详细的评价。

本书各章结构上科学合理、层次分明、逻辑性强，内容上循序渐进、深入浅出、形式多样。作者以其广博的知识、详尽的数据、独到的见解、严谨的论证为读者呈现了一本关于风力发电机组创新设计的著作。本书可以说是一本风力发电机组设计的基础知识手册，也可以说是一本风力发电机组专业设计的具体方案指导手册。本书适合于专业的风能工程师、电力工程师和风机的设计师以及在可再生能源领域工作的顾问、研究人员和学者们参考或学习。

在本书的翻译过程中，赵士元、邓亚、钟滨、沈小云、王竹颖、郝玉娟、程海新、崔成、陈帅、王冰杨、刘牛、张培、金兆栋、杨乾俊、王勇、杨堃、郭祥峰、郭海法、马晓、戴龙等同志参与了部分内容的翻译，并对书稿中的图表和公式做了大量的整理工作，刘腾超同学也对本书的翻译提出了很多宝贵的建议，在此表示由衷的感谢。

由于时间紧迫，译者水平所限，书中难免有错误和不妥之处，欢迎广大读者批评指正。

译　者

原书序

像我们这些在过去几十年里活跃在风能行业当中的人是十分幸运的，因为这是一个技术上吸引人、商业上令人振奋的值得为之一搏的行业。我们见证了风机的直径从10m增加到了120m，功率从10kW增至10000kW，这是一段多么美妙的旅程！

风机尺寸的变化是其最明显的特征。因为它是显而易见的，风机是迄今为止世界上最大的旋转机械。不太明显的是其设计的独创性。回首过去的几十年间，许多"怪诞"的想法涌现出来并在商业上取得应用，其中有的甚至成为了一种传统。表面上来看，最近一代风机看起来可能差不多，但实质上，机舱下面和叶片内部却有着让人意想不到的差异。很长时间以来，风机行业中了"越来越大"的魔咒。但现在，该行业已经走上了越来越好的轨道，这标志着该领域革新的开始。

Peter Jamieson 是风机行业中思路最清晰的思想家之一，所以我很开心也很荣幸能跟他合作长达 20 年之久。他是一个真正的天马行空的思想家，从不被传统所束缚，并一直以严苛的标准要求自己。最近 30 年，Peter 一直致力于风机的革新，的确是时候写一本关于这方面的书了。我十分支持 Peter 关于要把专业的想法落实到笔头上的观点，并且他现在真的这样做了。

任何一个对于风机过去的发展以及它未来的前景在技术方面感兴趣的人都应该认真读一下本书，你一定会深受启发的。这绝不是一本充斥着枯燥的术语或者历史的书，这是一本真正的关于智力资本和创新的力作。

Andrew Garrad

原书前言

本书着眼于风机设计的革新—更具体地说是关于对革新的评估—评估一个概念或者系统能否改进设计、提高性能或降低成本。

本书作者的风能生涯开始于1980年，从业以来，在商业客户和公众权威人物的要求下，他就不断地在给有相关报告的创新系统做评估，不管这评估能否增进投资或促进发展。有些情况下，客户是有着宝贵思想的民间发明家。而有的时候，客户是一些战略上能实现技术创新的小公司，一些希望能跨入风机行业的大公司或者期待能跨入下一代风能技术的现存的风机公司。

正如大部分人设想的那样，在风能行业中一直存在着一种实质保守主义。因为产品都必须要经过彻底地检查并确认完好无损，所以就算是该产品未来的利润有很好的前景，改变通常还是太过冒险并且昂贵。从某种程度上说，随着对更大的风机及相关零件的需求的逐年增长，产品的改变也加快了步伐，但这种需求的变化才刚刚开始。实际上，现在人们对产品的主流设计的几种方法正在渐渐融合。然而，随着更多新鲜血液的注入和更多国家加入风能行业，对于风能技术的观念以及对新设计的需求又在渐渐增多。风能行业世界范围内的扩张更是成了一种动力，它使本书完完全全成为了一个充满不同创新设计和组件的书。

可能有的读者会感到很奇怪，认为本书中关于技术背景怎么可以和一些特定的创新概念的讨论占有相同的分量。但是创新绝不是为了建立一个怪诞的概念来娱乐一下无聊的工程师们，而是提高技术的发展，解决实际问题而不仅仅是建立概念本身。所以，为了实现这种创新，很好地理解潜在的技术要求是至关重要的，这样这种创新才能被很好地利用于本领域，使得投入实现最大的回报。除此之外，才是要对一些常规的技术背景加以重视。在这种背景下，一些长期建立的理论被重新审视（激励器盘和叶素动量），除此之外一些新的相关公式也不断涌现出来。

被重新定义的创新观念要打破常规的束缚，需要一些新的分析方式或现存理论的进一步发展，总之要有新的思维。在分析评估的过程中一定不要陷入一种体系化常规化的思维方式。评估创新跟设计本身一样，是一个积极的动态过程，是不断改革的，而不是一个最终的方法论。但从另一方面讲，有一些基本准则和基本结构当然也可以被引入到评估的这个过程当中。

在纠缠上面的这些情况的过程中会发现，宽泛的概念和具体的设计之间的差距其实是十分明显的。在这个领域中，既要头脑风暴，又要参数分析。单纯地判断就过于受限制，而繁重的计算既耗时又耗钱而且还不能确定方向是否正确。这就是为什么细节的设计总是不能很好地实施。这又应该是另一本书的主题了。本书主要是给评估创新性的概念搭桥引线，并指出在细节设计上投资是值得的。

风能行业的创新是设计者在对未来一种可持续发展技术中展现出来的理想主义，这绝对是对地球的恩惠。

原书致谢

我从事风能技术的职业生涯开始于1980年，当时我在格拉斯哥杰姆斯豪顿(James Howden)公司工作。在这里，我要特别感谢我的同事们，是他们跟我分享了那些早期的发现。虽然，遗憾的是1988年豪顿公司退出了涡轮制造业，但是正是那个时候我对风能却出奇地着迷，几乎着迷到了无药可救的地步。

在那段时间里，我对一个事业蓬勃发展的风能咨询公司十分钦佩，也就是现在的GL Garrad Hassan公司。所以，1991年我十分开心地加入了他们，并成立了在苏格兰的办事处。当时，我就想，跟这么一群才华横溢的人一起工作肯定会很棒，工作中会一直充满挑战。从那之后，我对这份工作的态度就从未改变过。

特别的，我要非常感谢Andrew Garrad和Dave Quarton，感谢他们在过去的几年里在我编写本书的过程中给予的精神上的鼓励、实践方面的支持，还有莫大的包容。

最近几年，也就是2009年以来，我还在斯凯莱德大学的博士培训中心从事风能方面的工作，我要感谢那里的Bill Leithead这些年来对本书的支持以及许多关于风能技术的头脑风暴方面的帮助。

与此同时，我还要特别感谢一下Woody Stoddard。尽管我们只见过几面，但作为朋友，他给了我很多的灵感和启发，并给予我巨大的支持。

在这里，我同样还要感谢Mike Graham在许多项目中给予我的无私帮助，他善良的天性让我对他印象颇深。尽管他不是一名正式的导师，但对我来说他却是一位非常优秀的空气动力学导师。当然，我还要十分感谢Henrik Stiesdal。他作为一个大型风机制造公司的技术主管，工作十分繁忙，但还是从百忙之中抽出时间帮我完成了本书的一章。

最后，我还要特别感谢许多对本书做出了宝贵贡献的其他同事和朋友，他们是Albert Su、Alena Bach、Alexander Ovchinnikov、Andrew Latham、Anne Telfer、Ben Hendriks、Bob Thresher、Chai Toren、Charles Gamble、Chris Hornzee - Jones、Chris Kirby、Christine Sams、David Banks、David Milborrow、David Sharpe、Ed Spooner、Emil Moroz、Ervin Bossanyi、Fabio Spinato、Fatma Murray、Jan Rens、Geir Moe、Georg Böhmeke、Gerard van Bussel、Herman Snel、Irina Dyukova、Jega Jegatheeson、Jim Platts、John Armstrong、Leong Teh、Lois Connell、Magnus Kristbergsson、Marcia Heronemus、Mark Hancock、Martin Hansen、Masaaki Shibata、Mauro Villanueva - Monzón、Mike Anderson、Mike Smith、Nick Jenkins、Nils

Gislason、Patrick Rainey、Paul Gardner、Paul Gipe、Paul Newton、Paul Veers、Peter Musgrove、Rob Rawlinson - Smith、Roger Haines、Roland Stoer、Ross Walker、Ross Wilson、Ruud van Rooij、Sandy Butterfield、Stephen Salter、Steve Gilkes、Tim Camp、Takis Chaviaropoulos、Trevor Nash、Unsal Hassan、Varan Sureshan、Vidar Holmöy、Win Rampen 和 Wouter Haans。

Peter Jamieson

目　　录

引　言

0.1　为什么要创新

燃料危机，已经成为人们对全球环境威胁的担忧，在第三世界迅速扩张的情况下对可再生能源技术的开发不断增长。迄今为止，风能是能源中最清洁、廉价、高效的。

虽然也有其他更多的应用一直在被讨论着，但本书主要关注的是风能转换器进行发电这种应用形式，这主要是因为作者的大部分工作经历都是与这样的系统有关。但是，站在一个更客观的立场来看，可以发现目前对风力发电技术的世界能源供应方式最大的影响是怎样将系统融入到目前电网中的。

创新在本书中被认为是新的思想并且对一些非同寻常的设计进行评估。为什么要关注这些可能无法成为主流的设计？探索可替代的概念不仅加深了对为什么主流设计是首选的理解，同时也对它们应该在何处接受有重大希望的替代概念的挑战提出了建议。在任何情况下，思想对技术的进步都是有利的，某一个实施的观点失败以后很有可能被重新采用并成功再生。

正如刚刚所讨论的，由风能来发电提出了独特的挑战。例如，能源不像汽车和房子，它是一种具有唯一使用价值的商品。没有人喜欢一种特别的汽油是因为它有漂亮的颜色。有钱人可能沉迷于黄金或镀金水龙头，但没人可以买到镀金的电。能源为了能够有良好的实用性，必须满足严格的规格和质量（在电力系统中，电压和频率水平有着特别的要求），一旦满足，对其最主要的要求是尽可能可靠并且廉价。

风机设计中创新的最终目的是提高技术，通常这意味着能降低能源成本，这是本书中对创新评价的基础，然而即使是这样简单的目标也不一定是最终标准。在某些情况下，例如目标是从土地的有效面积中最大限度获取能源。有时，资本成本是主要的影响因素。底线是，任何技术必须精确地符合工程设计规范，它可能包括环境、市场、成本和性能问题。

风机系统的详细设计不是一个简单的或廉价的任务。当一项创新设计成为一个详细设计的研究课题时，尽管它可能还有一些市场化，但已经获得了大量投资，并且根据新概念的潜在价值，也已通过了初步测试。

这样，当概念在进行到不同层次的设计时，从概念首次提出到从样机获得投资的阶段中还有一个中间阶段，在这一阶段对概念进行检查，需考虑各种不同水平的设计。通常，寻找致命的缺陷或明显的主要缺点是在第一阶段。虽然该设计可能是可行的，但可能比其他竞争对手有更多的工程量，因此成本不太可能很低。更典型的是，否定一些新概念没有明确的初步依据，需要进行二级评价。需要有一种系统的方法定性地以及可能定量地审查与现有技术比较的结果如何、什么原因可能使其有价值。在此阶段，排除了复杂的、耗费大量时间的分析，但进行一些参数评价和简单分析是很有必要的，它可以揭示潜在的一些新概念。

本书多是关于在这些初步评估的阶段如何用简单的观察方法，在创新的价值不太确定以至于不能立刻对大量投资和详细设计作出解释的地方提供指导。

0.2　风能所面临的挑战

根据 Muway[1] 记载，对于风车最早的书面参考资料是公元前 5 世纪所记载的，那时的风车用棕榈叶做叶片，是孩童们的玩具，也是虔诚的佛教信徒所避讳的物品。

为了发电（这绝不是风机唯一的用途，但的确是目前最应该考虑的问题），需要把一个叶轮安装到发电机上。在 19 世纪中叶随着法拉第的发明出现了电动机/发电机技术。大约在 60 年前以及现代风力发电产业前，美国平均每户人家拥有 40 台电动机。因此电动机/发电机技术并不落后，而且在近代史上大规模发展了很长一段时间。那么叶轮和发电机转化为成功且经济的发电系统存在哪些困难呢？现代风力发电技术面临的挑战在于两个方面，即风机发电的规范和风力的变化性。

0.3　现代风机的规范

在欧洲全盛时期他们的传统“荷兰”风车（见图 0.1）已经发展到了 100000 台，有些已幸存了 400 ~600 年，最古老的建于 1628 年，至今仍作为磨煤机在英国萨里郡的奥特伍德运行着。Eggleston 和 Stoddard 对早期传统风车技术历史的简短报告[2]表明，它们的运行展现出在设计中相当丰富的实际工程技术和气动知识经验，以及非常令人感兴趣的创新，如变硬度叶片（通过可打开或关闭的板条拨动空气），这在现代风机的设计中也没有出现过。然而这些机器一直备受关注，它们的大部分部件为手动控制，是整体的重要组成部分，被设计用于一些频繁更换特定部件的场合，而且其效率是微不足道的。

相比之下，现代风力发电机的衡量标准是发电的有效成本。为了满足经济目标，风机永久服役是不可想象的，被永久保留下去也是不可接受的。然而它们每

图 0.1　克莱顿苏塞克斯的吉尔磨煤厂，Paul Barber 公司版权所有并授权发表

一个又都是一个自足自给的小型发电站，要求其向电网系统输送标准频率和电压的电力。成本效益是最主要的，但个别单元的效益也不能轻易地牺牲。在随后的阐述中，虽然一些特定组件的资本成本仅是全生命周期成本的一部分并且对能源成本影响较小，但能源也有其重要价值。每单位输出电能对总用地面积的需求也将随着产出效率的下降而增加。

应该明确的是，风力发电技术是既包括“高技术”又包括“低技术”的工程。微处理器对无人值守的自我监控起着至关重要的作用。实际上任何产生优质电力的系统都不是特别简单的，柴油发电机人们很熟悉，但它也不简单，也有着一段漫长的发展史。

因此，建立一个“简单且坚固的”能承受风暴的风机是完全不够的。相反，风机必须要精心设计以生产出足够可靠的廉价电力，这就是为什么说技术是具有挑战性的第一个原因。

0.4 风能的变化

有记录以来最大的阵风于1934年4月12日出现在阿巴拉契亚山脉芒特华盛顿的顶峰[3]。“记录”是颇能说明问题的，因为在这种极端条件下风速计往往不能正常工作。在103m/s的风速下，一个人在0.5m^2的峰面面积上所承受的力约等于1/3t重。从年平均风速来看，世界上风最大的地方[3]位于南极洲边缘，在东阿黛利地一座山的边缘处。这个地方的年平均风速为18m/s，可用风能大约是一个典型欧洲风场的200倍。当然这些都是极端的例子，并没有在那里竖立风机的计划。

然而，它强调风能条件存在很大的变化，这不仅适用于世界范围内也包括一些局部地区。在20世纪80年代，很多风场被选在加利福尼亚州的阿尔塔蒙特山口地区连绵起伏的丘陵上，这个地方在不到几百米的距离内风能资源（按能源方面说是100%）就有很大的差别。风机正位于地球边界层的下方，它们的翼型要比旅行飞机或直升机的旋翼慢得多，其风湍流效果对于设计来讲更重要。问题的症结是很难为这种潜在变化的条件单独做出设计，但是设计一个适合在任何地方工作的风机也不经济。降低生产费用非常渴望标准化设计，但是这又与在某些特定场所要求的最经济相互冲突。设计往往需要有自适应的功能以适应可能更大的叶轮、大功率发电机或额外的结构加固需求。

测速仪的研究，既是确定合适的站点，也为了在一个选定的区域内进行机器的微观选址，其中不存在学术活动。由于风能对风速的敏感性以及风速对短期或长期气候模式的敏感性，所以对风能资源随意估计的开发商操纵着利润的转盘。因此，风能的变化是风力发电机组设计具有挑战性的第二个主要原因。

0.5 商业风力发电技术

在21世纪，风能技术超越了已被开发了几千年的蓄水发电和燃煤发电，开始走向主流发电。Gedser风机在业内被誉为开创性的设计。利用马歇尔计划的资金援助，一个200kW、直径24m的三叶片风力发电机组于1956~1957年在丹麦盖瑟岛东南部被安装起来。这个有着20%容量系数㊀的机器从1958年运行到1967年。

㊀ 容量系数是指一段时间内产生的能量输出与同一时期内如果将系统始终完全按铭牌额定值运行所产生的能量之比。如果风机可靠运行，那么风能的容量系数就是衡量风场中风能条件好坏的主要指标。

20世纪60年代Olrich Hütter教授开发的高叶尖速度设计曾在德国和美国的风力发电机组研究中起到重要的作用。

在20世纪80年代早期对多叶轮叶片技术进行了研究。尝试了钢叶轮但因其太重而最终放弃，铝的疲劳耐力还不太确定。木材经演变设计后是一种合适的天然材料，其弯曲疲劳强度对重量的比率很高。美国的高根（Gougeon）兄弟通过开发木环氧系统解决了木材含木率的稳定问题。该系统已被应用在很多小型和大型风力发电机组中（如之前的NEG－Micon NM82）。木环氧叶片技术在英国得到进一步的发展，后来依次由被NEL－Micon合并的Taywood Aerolaminates和Vestas公司更进一步开发。然而叶片制造业是由造船业的玻璃纤维聚酯建设发展而来的，在20世纪80年代的丹麦成为支柱产业，后来演变成更复杂的玻璃复合技术（有时用碳加固），该技术使用了高质量的纤维和更先进的制造方法，如树脂灌注。

20世纪80年代，一些兆瓦级的样机已经出现，这段历史被Spear[4]和Hau[5]记录下来。一般来讲，这些风机的寿命都很短，某些情况下它们在设计或制造时存在致命的缺陷。因此，虽然这些信息有一定的研究价值，但在许多方面这些设计主要遵循的是技术路线而与新兴的商业风机市场相脱节。与此相反，在20世纪70～80年代的丹麦，风能技术逐步发展，这是公众对发展可再生能源的压力的结果，也是为了避免核能与本土传统能源的缺乏。风机的设计开发进行了增量改进设计，其正维持在商业用途中，同时也将风机的设计规模逐步增加为几百千瓦的额定值，并带动了更多技术的成功发展。

正因为丹麦设计的第一代商用风机在20世纪80年代早期开始兴起，在加利福尼亚州，通过国家和联邦的联合，能源和投资税的抵免刺激了风能市场的迅速扩大。在1980～1995年安装了大约1700MW的风机容量，并且1985年以后超过一半的税率抵免已经降低到约15%。

税收的优惠推动了加利福尼亚州各地区（圣戈尔戈尼奥、蒂哈查皮及阿尔塔蒙特山口）的人口过剩，并使得很多风机设计不合理、功能性差。它是或多或少的创新发源地和墓地，这为风电产业创立了一个不佳的形象，需要花点时间去弥补。然而税收减免主要是为了出口欧洲市场，特别是丹麦，风机制造商的成本相对较低，它们尝试测试了硬件的可用性，后来该技术成功运作，在加利福尼亚州进行了更好的风机设计，已经为现代风能工业的建立打下了良好的基础㊀。

㊀ 关于风力发电技术的历史回顾（同样是本作者的著作）与本文的观点类似，可见欧洲风能协会（EWEA）出版社出版的《Wind Energy the Facts》（风能的事实）。

0.6 风能技术评价的基础

本节总结了关于新的风能技术评价的一些关键问题。这些主题的更多细节将在第 9 章和第 10 章展开。

0.6.1 作为基线的标准设计

评价新技术最直接的方法是与现有技术放在一起进行比较，这种方法对那些富有创新性并且其自身与标准解决方案又不同，而对其他系统影响不大的独立组件特别有效。假设系统中的所有其他组件与标准设计和能源成本分析时（此时只有新成分是有区别的）具有相同的成本，这也是合理的。其他的创新可能更具挑战性。例如一个新的旋翼概念在系统负荷中可以有大范围的应用。在这种情况下，一种方法是将某些关键负载定制为与标准设计相同的水平，因此对根据这些负载所设计的组件没有影响。另一个更具挑战性的方法是对负载系统组件成本的影响进行发展分析。现有技术水平下基线标准的发展，被视为评估创新技术的一个关键因素。

0.6.2 技术优势的基础

如果一个创新的系统在原理上是可行的，接下来的问题就是为什么它比之前的系统更好？它可以提升性能？或降低成本？也可提高可靠性？在第一个例子中，它不是一个评估价值水平或现实主义的主张，甚至于确认为什么系统有优势的核心原因的问题。

0.6.3 所宣称的功率性能的安全性

尤其是对于全新系统的设计，也许有一个问题能反映出系统的性能水平。此评价对系统经济学显然是至关重要的，大量的评价没有进一步去考虑所提出的系统是否具有足够良好的功率性能系数，这种情况尤其发生在为了简化而牺牲性能的系统中。有时候，对一个非常简单廉价的系统产生的错觉会说服一个不加批判的发明家，使其相信这个想法很有前途，事实上此系统在其基本的概念中已牺牲了太多的能量，以至于它可能实现的所考虑到的资本成本的节省已不足以证明此概念，而且能源的成本是很高的。

0.6.4 所提出的创新的影响

成功的创新能在哪些地方产生最大的影响？

这将通过风机系统组件的相对成本和它们通过效率或可靠性对系统生产力的

影响得以解决。创新是有破坏性的，需要提供足够的收益来避免产生麻烦。一个大型水平轴风机偏航系统的资本成本一般在总风机资本成本的3%或4%，1/2 ~ 2/3 的成本在偏航轴承上。这一主要的组件并不是可有可无的，所以很明显无论怎样创新，偏航系统的解决方案都不会在风机资本成本中节约大量成本。另一方面，如果一个新的偏航系统可靠性提高，那么在能源成本的影响方面其总价值也会有所提高。

参考文献

[1] Murray, H.J.R.A. *A History of Chess*, Oxford University Press, London, (1913); Benjamin Press, Northampton, MA (1985). ISBN: 0-936317-01-9.

[2] Eggleston, D.M. and Stoddard, F.S. (1987) *Wind Turbine Engineering Design*, Kluwer Academic Publishers. ISBN: 13; 9780442221959.

[3] Watson, L. (1984) *Heavens Breath: A Natural History of the Wind*, Hodder General Publishing Division. ISBN: 0340430982 (0-340-43098-2).

[4] Spera, D.A. (ed.) (2009) *Wind Turbine Technology: Fundamental Concepts in Wind Turbine Engineering*, 2nd edn, ASME Press.

[5] Hau, E. (2006) *Wind Turbines: Fundamentals, Technologies, Application, Economics*, Springer-Verlag. ISBN: 13 978-3-540-24240-6.

第1篇　设计背景

第1章　旋翼气动理论

1.1　简介

本章提出了水平轴风机（HAWT）在能量提取的共性方面以及更为具体的旋翼空气动力学方面的理论知识背景。本书认为读者已经具备了一些流体动力学方面的前期整体知识并能应用其分析风力发电系统，尤其是流体流中能量的基本表达式——伯努利方程、升力和阻力的定义、气动现象下失速的评估及与水平轴风机中一样以传统形式描述的叶素动量（BEM）理论等知识。然而这些基本知识在本书中也进行论述，它们或多或少源自第一个基本原理。本章的目的是从更为特别的视角对旋翼优化设计问题进行进一步的讨论，也有助于各类创新系统的评价，例如对汇流系统的评价。

为什么要专门在一本书中介绍关于技术创新的理论？理论知识通常或多或少地隐藏于不透明的计算机代码背后，这些代码可能会产生负载和信息以供工程师在设计时使用。然而正如本书将在后续内容中详述的内容，理论本身如下：

- 用于性能提高或替代概念创新及提示方法的养分。
- 理解可能会发生什么的基础，也为创新概念的宏观评价提供了基础。
- 解析关系的源头，可以在一定的阶段指导早期设计，在这一阶段有许多关键参数仍有待确定，而且有太多的选择而不能对每个参数进行详细的评价。

激励盘理论和叶素动量理论支撑了大部分旋翼气动设计和确定风力发电机组载荷的实际工程计算，在对这两方面理论进行讨论之前，先对气动升力做一些讨论。这里会特别提出一些具体的、独到的见解以引导风能系统设计和评估。一般来说，在风机设计时需要对基本的空气动力学有更详细的理解。其知识面必须涵盖广泛的主题：二维及三维流对翼型性能、失速特性、气动弹性行为、非定常失速迟滞和感应滞后的影响，以及在较宽的攻角范围内确定合适的翼型数据等。现有已发表的文献［1－10］广泛涵盖了上述问题。

1.2 气动升力

最早的风机设计中倾向于使用人们在大风天气暴露在风中所受的更明显的阻力[11]，而几乎很少使用潜在的更强大的升力。气动升力的利用是设计高效的现代风机的核心，但令人意外的是人们对升力的解释一直很有争议。在开始进入该领域之前，首先考虑伯努利方程，该方程是从流体力学的许多标准源推导出来的。忽略重力、热及其他能源，仅考虑压力，伯努利方程变为：$p + 1/2\rho V^2 = p_0$。其中 p 是以速度 V 移动的流体元的静压力，ρ 是流体密度，p_0 是总压力，在没有能量提取的前提下，它是流场中沿任意流线的常数。

伯努利方程本质上是用单位压力表示的能量方程，可视为单位体积的流体所存储的能量守恒定律。在这方面，压力可被认为是驱动流体流动的潜在的能量来源（单位体积下）。随后将对此解释进行讨论，并认为此解释对清楚地理解风机叶轮的工作原理具有至关重要的作用。

回到气动升力的问题，关于升力的解释，一种观点是，应该有一条更长的路径使流体能够穿越到机翼的一侧，其流动速度应该更快一些以便流体能够流动到位于机翼后缘的另一侧。根据伯努利方程，随着流速的增加，在该区域相关的静压力将减少。随着流动路径的增长，板侧压力不足可认为是升力的来源。

在此方面有各种各样的问题可作为升力的解释。首先，在均匀流场中放置一块呈一定角度的薄板，它将产生明显的升力，当考虑薄板形状时，其上表面和下表面路径之间的差异可以忽略不计。第二，如果考虑机翼带有一定的形状并且在其一侧有明显更长的流动路径，假设每侧的流量将在相同时间内通过机翼（机翼本身可以经得起这样的挑战），那么基于默认速度所计算的每侧机翼的静压差将不足以解释所观察到的升力。

有一个关于著名物理学家爱因斯坦对机翼发展所做努力的真实故事。爱因斯坦受路径长度相关概念的启发所做的贡献是一次惨败㊀，他后来这样评论“这就是在一个想得较多却读得很少的人身上该发生的事”。

㊀ 根据 Carl Seelig 撰写的公认的关于爱因斯坦的传记（*Albert Einstein*: *A Documentary Biography* by Carl Seelig，1960，pp 251 – 252；Translated by Mervyn Savill，London: Staples Press，Bib ID 2263034）中提到：这并不为众人所知，爱因斯坦，有批量生产一种新的翼型设计的打算。首席试飞员埃伯哈德对这位著名的理论家的成果表示怀疑。埃伯哈德在信中写到（EA 59 –556，as quoted in Folly 1955）：几周后“猫的背翼”被安装到了现有的一个正常的 LVG 双翼飞机机身上，我面临着飞行测试任务，我非常担心机器会因翼角不足而掉落，就在这样一种极度不确定的状态下飞机被迫起飞。不幸的是一个持怀疑态度的人被证明是正确的，因为起飞后我像一只“怀孕的鸭子”被挂在空中，在痛苦地飞到机场后，当我再次感觉到 Aldershof 机场坚实的地面在我的轮子之下时我只能暗自庆幸。第二次试验没有取得更大的成功，直到修改了猫的背翼，使之有了一定的入射角，我们才又冒险飞了一圈，但尽管这样，这只怀孕的鸭子已经完全成为一只跛脚鸭。

升力的基本定义是一个物体上垂直于入射流方向所产生的力，很明显，这个力像所有的力一样满足牛顿第二定律，它与该方向动量的变化率有关。因此，升力的大小，原则上都会明确地由流量场中垂直于入射流的动量的所有分量合成来确定，此入射流是由引起流量偏差的物体所致。

虽然这是单纯的、基本的解释，但它不能立即揭示出为什么升力会如此大。

关于伯努利方程的解释与此有一些关联。在曲面上流量加速的地方，静压力的降低帮助维持流量的吸附，也有助于产生大的吸力。如同众所周知的大自然排斥真空一样，曲面附近边界层上强劲的吸力将诱使在离表面一定距离的一般流体中产生较大的偏差，进而引起流体动量大范围改变，并产生很强的升力。翼型设计非常关注的是，随着曲率的增加以及为增加升力而尝试对流动方向更严重的改变过程中，升力维持的程度。

与伯努利方程相关的一个结果即所谓的柯恩达（Coanda）效应。椭圆剖面的翼型被开发出来并用于X翼飞机/直升机设计[12]。这种翼型只有适度的提升能力，这只能归因于它们的形状。然而尾缘附近表面的一个很薄的空气射流发生切向放电将流量吸引到该射流，并使流量的方向引起非常大的偏移，最终产生非常大的升力提升。

射流对表面的吸力随着射流带来的边界层动量的增加而增加，在边界层处射流靠近机体表面。由于翼型曲率使之在逆压（升高）梯度下分离，从而克服了该（动量减少）边界层的自然趋势。在很大的曲率下穿越射流时会有明显的压力变化，这可从射流的质量流率和流动曲率半径计算得到。射流试图在其自身和墙之间夹带任何流体（这非常有效，因为通常是湍流），夹带物使之吸附到墙上。这样，由于现在流线是弯曲的，所以墙壁压力低于外部环境值。事实上，在没有外部流入射到机翼上时，这种射流将几乎完全包围机翼。

这种现象通常被称为柯恩达效应，以表彰 Henri - Marie Coanda 的贡献，他显然是通过其非常危险的个人经历发现了这种现象㊀。通过向表面的切向吹射流来控制机翼部分的升力通常称为循环控制。这是一种边界层控制的形式，可视为负载调整和风机桨叶的控制或性能提升[13]。

升力与涡度密切相关[14]。与此相关的是马格努斯（Magnus）效应，即一个转筒（或球）就可以产生升力。此效应在许多体育运动中会影响球的飞行，现以弗莱特纳（Flettner）叶轮[15]的形式为船舶提供动力，并已用于至少两个风机的创新设计[16,17]。维基百科[18]提供了与升力、涡度和马格努斯效应有关的非

㊀ Henri Coanda 被要求设计一个系统将热射流放电从远离飞机驾驶舱和机身的发动机转移出去。相对于将空气吹至尾端，喷射流却恰恰相反，它将热气流吸至机身表面，这种做法的后果极其危险。

常翔实的资料，还对一些流行的不完整观点，例如之前已讨论过的观点，进行了评论。

最后，在风力发电机组的背景下，升力也可能被包含在风能设备的性能指标中并被随意地归类为“阻力”设备（见13.2节）。

1.3 激励盘

激励盘是在旋翼和螺旋桨分析发展的早期提出的一个有价值的概念。在没有关于此系统可以提取均匀场中任何区域能量的任何具体的知识或假设的情况下，考虑能量和动量守恒需要后续流的一些基本的信息并建立最大可能的能量提取上限。

这一理论是针对开流旋翼（或其他能量提取设备）所概括出的（见图1.1）。其分析就引出了弗劳德（Fvoude）定理㊀和著名的贝兹（Betz）极限。此外，激励盘理论以一种近期发展起来的、更广义的形式被进一步提出来，它也能够处理约束流中的旋翼问题（见图1.2）。约束流定义如下：

- 在流场中引入一个物体，它至少可以就地修正恒速非均匀流场；
- 此物体不引入能量也不提取能量（保守系统）。

这样便可将一个能量提取装置引入到约束流场，原则上可以在任何地方引入，但大多数情况下在汇流区引入，这些地方的局部速度更高，因而在通过垂直于流体的单位面积时比远处的上游流量有更高的质量流量。约束流的经典例子是存在一座山、一个管道或扩散器的情况。

在评估创新性的背景下，考虑更通用的情况具有双重意义。认识到复杂地形（山）中风电场电力性能的局限性是现在主要关注的问题。尽管现在还没有主流的大型商业风能系统采用汇流系统，但这样的系统很早就被考虑了，一些处于开发样机阶段，还有一些现在正在研发之中，所以在创新的风机设计方面继续得到越来越多的关注。

图1.1描述了开放流中的一个叶轮。在没有叶轮的流场中其速度处处恒定并平行于叶轮轴。

图1.2描述了扩散器中的一个叶轮（图中采用了环形翼剖面）。这是约束流的一个例子。即使没有叶轮和任何的能量提取，扩散器附近的流体也因其存在而发生了改变㊁，实质上是非均匀的。

㊀ 这是叶轮（能量提取）平面的速度等于远上游速度和远尾流速度平均值的结果（对于开放流）。

㊁ 还需要注意的是，即使大地完全水平，其本身也会约束流体。虽然地面效应从各个方向延伸至无穷远处，但其对流线的约束效应确实只存在于风机附近，就好像在大地中存在一个风机的镜像。这种效应通常是不考虑的，但是此效应的确非常值得注意，例如对于尾波，其涡流偏离自由流一个非常小的角度。与此相反，与地面边界层相关的风切变效应不是由正常速度约束引起的，它不依赖于涡轮的存在而向各处扩散。

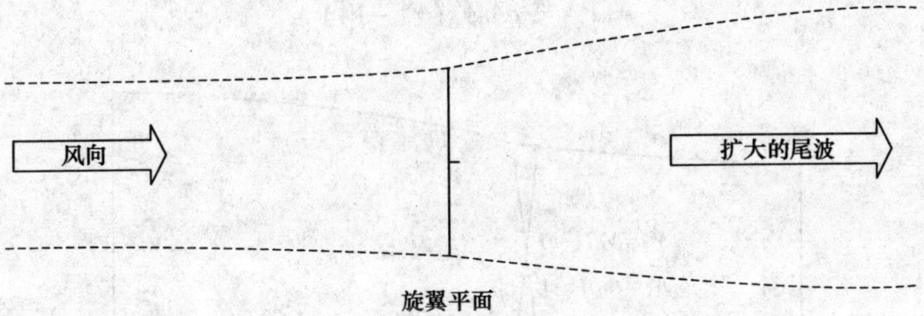

图 1.1　开流

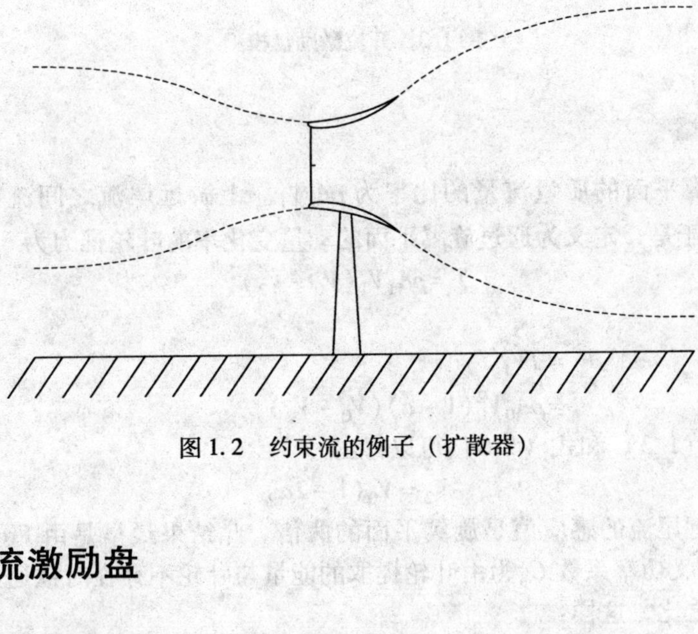

图 1.2　约束流的例子（扩散器）

1.4　开流激励盘

1.4.1　轴向感应

旋翼平面的轴向感应定义为旋翼上远上游风速的分步还原。于是，如图 1.3 所示，通过旋翼平面的速度为

$$V_1 = V_0(1-a) \tag{1.1}$$

考虑远上游和远尾流之间动能的变化，所吸收的功率（动能的变化率）P 为

$$P = \frac{1}{2}\rho A_0 V_0^3 - \frac{1}{2}\rho A_2 V_2^3 \tag{1.2}$$

根据流量的连续性，$\rho A_0 V_0 = \rho A_2 V_2$，有

$$P=\frac{1}{2}\rho A_0V_0(V_0^2-V_2^2) \tag{1.3}$$

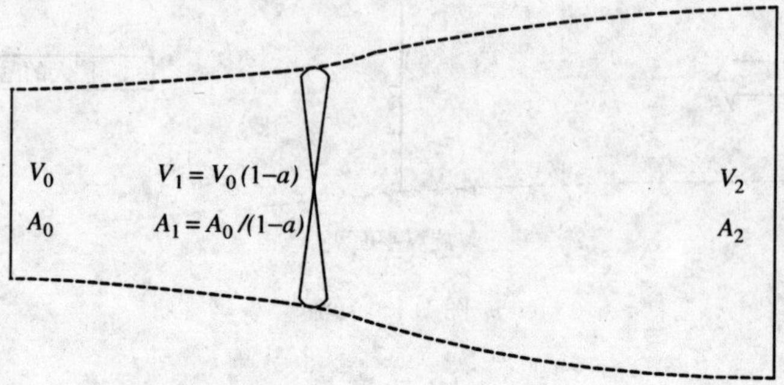

图 1.3　开流激励盘模型

1.4.2　动量

通过旋翼平面的质量流量的比率为 ρA_1V_1。上游远尾流之间流速的变化是 (V_0-V_2)。于是，定义为通过旋翼平面的动量变化率的叶轮推力为

$$T=\rho A_1V_1(V_0-V_2) \tag{1.4}$$

功率 P 为

$$P=TV_1 \tag{1.5}$$

$$=\rho A_0V_0^2(1-a)(V_0-V_2) \tag{1.6}$$

根据式（1.3）和式（1.6）可以得出

$$V_2=V_0(1-2a) \tag{1.7}$$

这样，远尾流的感应值是旋翼平面的两倍。此结果最早是由 Froude 推导出来的[19]。定义功率系数 C_p 为由叶轮提取的能量与叶轮不存在时欲通过叶轮扫掠面积的能量之比，这样：

$$P=\frac{1}{2}\rho AV^3C_p \tag{1.8}$$

考虑式（1.8），并用式（1.3）中的等式代替 V_2 得出

$$C_p=4a(1-a)^2 \tag{1.9}$$

对式（1.9）求导，得到当 $a=1/3$ 时 C_p 的最大值，即贝兹极限：

$$C_p=16/27 \tag{1.10}$$

Bergey[20] 和 van Kuik[21] 的研究表明 Lanchester（1915）、Betz（1920）和 Joukowski（1920）可能都已经在开流中确定了能量提取装置的最大效率，他们的研究可能是相互独立的，但肯定采取了不同的具体方法。最近，Okulov 和 van Kuik 的进一步研究表明 Bergey 对 Lanchester 研究结果的贡献是不恰当的。因此，

也许贝兹极限最恰当的说法应该是 Betz – Joukowski 极限，只是为表达方便保留为简称贝兹极限。

尽管开流激励盘理论出现有 90 多年了，但它绝不是“尘埃落定”。van Kuik[23] 在考虑圆盘的边缘效应时建议旋翼的轴向感应可能小于上述简单的模型预测，所以旋翼平面的速度可能大于 $(V_0 + V_2)/2$。也有人认为类似的结果是由于外部流协助了尾流的传输，因而给系统带来了附加的能量。应该注意的是，以基本形式描述的激励盘理论解决的仅仅是无黏性流的问题。

1.5 广义激励盘理论

尤其是在创新的风力发电系统中，人们对附加流或集中流的概念有着持续的兴趣，他们持有这样的观点，即一个更小的、更轻的、也可能更快的、当然更便宜的叶轮可以提取的能量同开流中大叶轮提取的能量一样多。当然这些收益必须用增加流量而带来的系统成本来交换。增加流量常用的手段是在管道或扩散器中放置叶轮，这样与开流情况相比，通过叶轮可产生额外的流量。有人考虑的更奇特的概念是利用叶片[24] 或三角翼涡[25] 诱导涡流产生强化流区域。实际上，回到地上来，最奇特、最常见的流量增强器是山顶。

尽管对汇流系统有浓厚的兴趣，在管道式叶轮和开流中风机贝茨结果［见式（1.10）］的寿命问题上，虽然 Betz 已经意识到他的上限可能会被超过，但是到现在也没有相应的理论说明在管道或扩散器或者更一般的非均匀流场中风机的理想极限性能。功率系数 C_p 是依据能量提取装置的面积定义的，如果在该设备面积有额外的流量通过，即所说的管道或扩散器，贝兹极限有可能被超过。

20 世纪 80 年代初期，Oman、Gillbert 和 Foreman 对扩散型风机（DAWT）的概念进行了实验研究[26]，研究表明功率系数可能会超过贝兹极限。1999 年，Hansen[27] 公布了计算流体动力学（CFD）的结果，证明贝兹极限是可能被超过的。Hansen 强调由扩散器引起的流量增强正比于 C_p 的增加，但是这并没有明确地为 C_p 定义一个极限。

尽管确定贝兹极限的开流激励盘理论已毫无疑问地被提出了有 90 多年，van Bussel[28] 在一次综合评估中强调扩散器的研究已经发展了 50 多年，对激励盘理论的概括源自 Jamieson 最近的分析[29]。这项工作包括 C_p 各项限定值之间的新关系，初步验证表明同 Hansen 的 CFD 计算结果从数量级上较接近[27]。

在以前关于管道和扩散型风机的许多分析中，都引入了加速因子和 C_p 及 C_t 的定义而不是所采用的标准形式。回到历史背景下这一点是可以理解的，但是由于它存在一些潜在的混乱可能就不再需要了。以下的分析保持了轴向感应、功率和正压力系数的标准定义。

旋翼平面的轴向感应 a 在式（1.1）中做了精确的定义。因此如果流量在旋翼平面被增强，那么 a 为负值。

同开流一样，功率系数和正压力系数是相对于远上游风速并参照了风轮扫掠面积定义的，分别为

$$C_p = \frac{P}{\frac{1}{2}\rho A V_0^3} \tag{1.11}$$

和

$$C_t = \frac{T}{\frac{1}{2}\rho A V_0^2} \tag{1.12}$$

根据功率系数 C_p 和正压力系数 C_t 的基本定义，功率对正压力的比值可用式（1.13）表示：

$$\frac{P}{T} = V_0 \frac{C_p}{C_t} \tag{1.13}$$

然而还考虑到由力和作用到旋翼平面的速度所产生的功率的基本定义：

$$P = TV_0(1-a) \tag{1.14}$$

因此

$$\frac{P}{T} = V_0(1-a) \tag{1.15}$$

因此，根据式（1.13）和式（1.15）有

$$\frac{C_p}{C_t} = (1-a) \tag{1.16}$$

式（1.16）是任何带有叶轮的系统完全通用的形式，在这些系统中区间入流是远处未受干扰的外部风速的一部分（$1-a$）。

将系统定义为一个区域，在此区域中轴向感应受自由流和远尾流之间流量的影响。能量提取认为发生在一个垂直于气流的平面区域内以及系统内的一个明确的位置处。

令 $f(a)$ 为远尾流中的轴向感应（见图 1.4）。在压力差为 Δp（Δp 与能量提取有关）的系统中面积为 A 的任意平面上，推力 T 为

$$T = \Delta p A = \frac{1}{2}\rho V_0^2 A C_t \tag{1.17}$$

因此

$$C_t = \frac{2\Delta p}{\rho V_0^2} \tag{1.18}$$

考虑将伯努利方程应用于所提取平面的迎风向：

$$p_0 + \frac{1}{2}\rho V_0^2 = p_1 + \frac{1}{2}\rho V_0^2(1-a)^2 \tag{1.19}$$

在所提取平面的下游侧：

$$p_1 - \Delta p + \frac{1}{2}\rho V_0^2(1-a)^2 = p_0 + \frac{1}{2}\rho V_0^2\{1-f(a)\}^2 \tag{1.20}$$

从式（1.18）~式（1.20）可以得出

$$C_t = 1 - \{1-f(a)\}^2 \tag{1.21}$$

整理得

$$C_t = 2f(a) - f(a)^2 \tag{1.22}$$

现在考虑：

1）由于要进行能量提取，远尾流的速度必须小于环境值，即 $f(a) > 0$

2）如果流量增加到高于旋翼平面上的环境值，那么纯粹从连续性方面考虑，在旋翼平面的下游必须存在一个面积为 A_{ref} 的参考平面，在此平面上感应值是远尾流的一半，即 $f(a)/2$。

考虑流量守恒，可以得到

$$\rho A V_0(1-a) = \rho A_{\text{ref}} V_0\left(1-\frac{f(a)}{2}\right) \tag{1.23}$$

不考虑能量提取，应为 $f(a)=0$，令能量提取平面的轴向感应为 a_0：

$$\rho A V_0(1-a_0) = \rho A_{\text{ref}} V_0 \tag{1.24}$$

于是，从式（1.23）和式（1.24）可以得出

$$f(a) = 2\left\{\frac{a-a_0}{1-a_0}\right\} \tag{1.25}$$

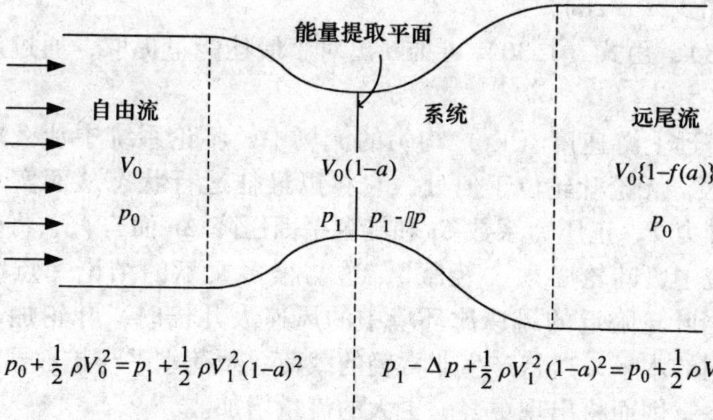

图 1.4　总体流量图

现将式（1.22）中的 $f(a)$ 用式（1.25）代替：

$$C_t = \frac{4(a-a_0)(1-a)}{(1-a_0)^2} \tag{1.26}$$

则从式（1.16）可以得到

$$C_p = \frac{4(a-a_0)(1-a)^2}{(1-a_0)^2} \tag{1.27}$$

将式（1.27）对 a 求微分，可求得当 $a=a_m$ 时的一个最大值：

$$a_m = \frac{1+2a_0}{3} \tag{1.28}$$

相应的 C_p 的最大值为

$$C_{pm} = \frac{16}{27}(1-a_0) \tag{1.29}$$

对于开流中的叶轮 $a_0=0$，式（1.26）~式（1.29）在开流中仍必须成立。当 $a_m=1/3$ 时开流叶轮运行于最佳状态，同时很明显对应相应的最大功率系数 $C_{pm}=16/27$（贝兹极限）。

从极限方程［式（1.26）］可以得出一个更引人注意的结果。将式（1.28）中的 a_m 代入式（1.26），可以发现

$$C_t = 8/9 \tag{1.30}$$

其中，a_m 和 C_{pm}对于每一种系统结构都有特定的值，此结果现在不依赖于 a_0。因而式（1.30）对任何理想系统结构下的最佳能量提取设备普遍适用。

此结论在 1995 年被作者 K. Foreman 提到过，它是作为其 20 世纪 80 年代依据扩散型风机概念在格鲁曼航空公司进行的广泛实验的观察结果（没有理论解释）。更近一些的结论是由 van Bussel 证明过，现在直接作为一个通用的极限结论：式（1.26）和式（1.28）。

考虑式（1.18），由式（1.30）可推断出对于最佳能量提取，通过旋翼平面时的压降为 $4/9\rho V_0{}^2$。

这样，在任何远上游速度（V_0）均匀的流场中，不论系统中什么地方流量被（保守地）增强，无论叶轮位于何处，它将以最佳运行状态从而实现最大化的功率提取，就推力 T、正压力系数 C_t 和旋翼平面压降 Δp 而言，它将带动相同的载荷。在增强流中，叶轮必须“轻载”，这与很多文献的结论一点都不矛盾（如 Lawn[30]）。当叶轮附近的风速比环境中的风速大几倍时，叶轮加载至与开流中最佳推力相同的水平，这将产生非常轻的载荷。载荷水平与扩散器所达到的流量增加水平无关，因而将出现更轻、更大的流量增加。

表 1.1 对结果进行了总结。

表 1.1 比较开流和约束流的汇总结果

一般操作		
	贝兹开流	广义约束流
上游风速	V_0	V_0
能量提取平面的风速	$V_0(1-a)$	$V_0(1-a)$
远尾风速	$V_0\ (1-2a)$	$V_0\left(\frac{1-2a+a_0}{1-a_0}\right)$
性能系数，C_p	$4a\ (1-a)^2$	$\frac{4\ (a-a_0)\ (1-a)^2}{(1-a_0)^2}$
正压力系数，C_T	$4a\ (1-a)$	$\frac{4\ (a-a_0)\ (1-a)}{(1-a_0)^2}$
通过旋翼的压差	$\frac{1}{2}\rho V_0^2 C_T$	$\frac{1}{2}\rho V_0^2 C_T$

最佳性能		
	贝兹开流	广义约束流
最大值，C_p	$\frac{16}{27}$	$\frac{16}{27}\ (1-a_0)$
相关轴向诱导因子	$\frac{1}{3}$	$\frac{1+2a_0}{3}$
远尾流轴向诱导因子	$\frac{2}{3}$	$\frac{2}{3}$
相关的正压力系数	$\frac{8}{9}$	$\frac{8}{9}$
通过叶轮的压差	$\frac{4}{9}\rho V_0^2$	$\frac{4}{9}\rho V_0^2$

现在考虑在图 1.5 中不是固定叶轮扫掠面积，而是固定流量源面积的情况。在相同流量源面积的情况下，源的质量流率和源功率在所有的 3 种情况，即在任一系统的一般情况下、有扩散集线器的特殊情况下和开流标准情况下，是相同的。

根据式（1.29）：

$$C_{pm}=\frac{16}{27}(1-a_0)$$

根据定义，叶轮提取的能量：

$$E_1=\frac{1}{2}\rho V_0^3 A_1 C_{pm}$$

根据流量连续性：

$$E_1 = \frac{1}{2}\rho V_0^3 \frac{A_0}{(1 - a_m)} C_{pm}$$

结合式（1.28）和式（1.29）：

$$E_1 = \frac{1}{2}\rho V_0^3 A_0 \frac{8}{9}$$

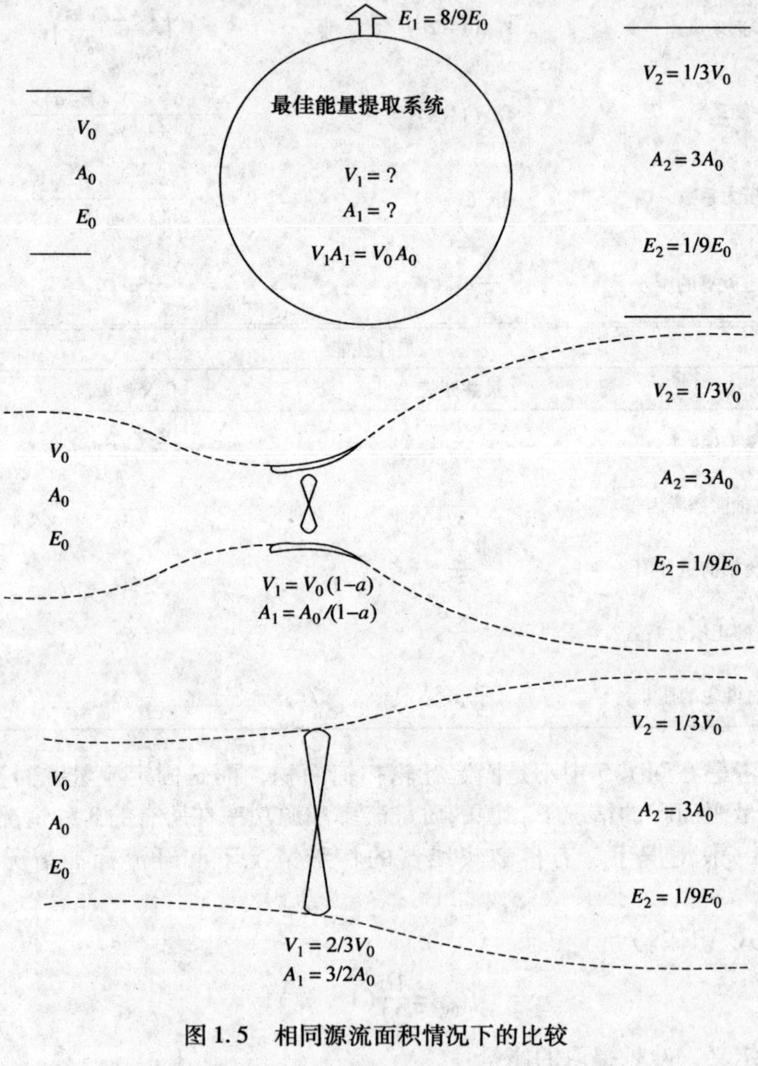

图 1.5　相同源流面积情况下的比较

很明显，是上游源区域动能的 8/9。这样，方程组［式（1.27）~式(1.31)］证明了一个合理的结论：

1）不论是开流还是约束流（所提到的山或扩散器），位于其相关流管中任意地方的能量提取装置所能提取的最大能量是上游动能的 8/9。

2）另外，对应于 $C_t=8/9$ 时能量提取装置的最佳特定载荷通常相等。

在开流情况下，“系统”通常是“理想”的，流量以一种可随叶轮载荷变化的方式，不受约束、自由地流过叶轮或环绕叶轮流动。在其他的情况下，该系统包含了某些物理实体附加到旋翼上，这就限制了流量。一般而言，该系统，不论是山、扩散器或是其他，由于其几何形状固定，在每一流量状态下都不会是理想的，也不可能是理想的。因此，即使在纯粹的无黏流模型中，不考虑叶轮或能量提取装置的效率，这样的系统也不可能像开流情况下那样高效地提取能量。将一个有效的扩散系统同最佳状态下能提取相同能量的叶轮相比较，扩散系统中的叶轮直径更小，设计中的关键问题在于这种优势是否可用于调整扩散系统的成本。

在极限状态下（理想系统中的理想装置）：

- 装置的设计与系统设计完全脱钩，系统完全由 a_0 描绘。
- 对应于最佳叶轮载荷的推力和正压力系数独立于包含旋翼的系统，正压力系数通常取 8/9。

由此可以得出结论：对于任意可能影响本地流量通过能量提取装置的系统，当此装置不存在时提取平面的诱导因子 a_0 会体现出系统的主要特征。如果影响旋翼平面感应的系统是理想系统，那么此结论可能适用于非理想能量提取装置，如带阻力损失、叶尖损失和涡流损失的叶轮。

1.6　扩散器的受力

根据式（1.24），通过能量提取平面（及任意其他地方）的质量流量为 $\rho AV_0(1-a)$，根据式（1.25），远上游和远下游之间流体流速的变化为 $f(a)=2\left\{\dfrac{a-a_0}{1-a_0}\right\}$。因此，动量的变化率和系统的总推力是所有这些量的乘积。

$$T_{\text{net}}=(\rho AV_1)\left\{\frac{2V_0(a-a_0)}{(1-a_0)}\right\}=\frac{1}{2}\rho AV_0^2\left\{\frac{4(1-a)(a-a_0)}{(1-a_0)}\right\} \tag{1.31}$$

现在定义叶轮推力：

$$T=\frac{1}{2}\rho AV_0^2C_{\text{T}}$$

这样，从式（1.26）可以得到：

$$T=\frac{1}{2}\rho AV_0^2\left\{\frac{4(1-a)(a-a_0)}{(1-a_0)^2}\right\} \tag{1.32}$$

比较式（1.31）和式（1.32）可以很清楚地发现扩散器上的受力为

$$T_{\text{d}}=\frac{1}{2}\rho AV_0^2\left\{\frac{-4a_0(1-a)(a-a_0)}{(1-a_0)^2}\right\}=-a_0T \tag{1.33}$$

此结果虽然简单却非常重要。系统的总推力可以分为几个部分：作用在叶轮或能量提取装置上的力和作用在扩散器或流浓缩器上的力，该力对约束流中叶素动量理论合理地处理系统载荷建模或叶轮优化等问题是至关重要的。同时还要注意的是，至于无黏流问题，尽管扩散器上的推力可能是叶轮上的好几倍，但仅在叶轮带有载荷时扩散器上才会有推力，在空管道上推力为零。式（1.33）的简单形式卓见精辟，但仅能应用于理想的扩散器中。

考虑到扩散器为轴对称翼型体，在前缘的吸力一般会产生一个直接进入风中的推力分量。这样，扩散器上所受的净力是吸力和压力阻力之和。当为非理想扩散器时，扩散器的净力与叶轮上力的比值增加，并超过式（1.33）的预测值。

1.7 广义激励盘理论和实际扩散器设计

此处对无黏流管道或扩散器的分析仅仅是起点。广义的激励盘理论如下：

1）如同开流情况下的贝兹理论，只是一个仅仅考虑无黏流的限制理论。

2）很清楚地表明了为什么汇流装置最多只能随着质量流量的增加线性地增加可用能量，但不会随着被增强的速度的三次方增加。

3）介绍了理想的系统，其中实际的扩散器可能远非极限性能所建议的结果。一般情况下，它们固定的几何结构仅适合负荷的某一种状态。对应于翼管截面有限厚度的库塔（Kutta）条件一般会（即使在势流水平下）导致扩散器性能的降低。

4）作为无黏流模型，不捕获扩散器和叶轮的外部流量效应，可通过黏性流的相互作用而使性能增强。有一些专门设计的扩散器采用了这种效应，如 FloDesign 风机[31]。

这些意见强调了虽然广义激励盘理论提供了一些有价值的新见解，并提供了理想系统的能量限制，但这种理想的极限理论和现实系统中流量增加设计之间仍有相当大的差距。

1.8 为什么只有一个叶轮？

激励盘的想法考虑了任意能量提取系统，而不需要成为叶轮。然而目前主流的风能转换系统多依赖于叶轮的概念。为什么呢？不言而喻，风力发电系统不仅是一个将风中流体的机械能转变为电能的能量转换系统，同时也是一个能量集中系统。

表 1.2 列出了一个 1.5MW 典型现代风机可能的参数。在风机产生额定输出的情况下（电缆中 1500kW），在功率密度约 $1kW/m^2$ 时扫掠面积上就会得到风

能，在功率密度损失超过 1GW/m^2时会输出功率。在电能通过系统的过程中，它首先集中在叶片的复合材料中，然后在轴钢中，接下来是发电机区域，最后是电缆的铜中。

用尽可能少的成本去影响这种大规模的集中是非常重要的，第一个主要的增益在于叶轮本身。叶轮硬度通常在 5% 左右，因而叶片迎风面积比扫掠面积少一个 20 左右的因子。在突出显示的集中因子中这是很明显（见 19.1 节，表 1.2）。

这是支持叶轮概念的关键因素。叶轮可以用仅占扫掠面积 5% 的叶片对抗扫掠面积上所有提取的能量。这直接对比于转换机翼或者所说的振荡波能量发生装置，虽然能量源的密度通常比风更大，但长为 1m 的波能转换器必须面对每米的波阵面，能量均从该波阵面中提取。

这样，一个有效的叶轮通常在叶轮盘集中提取约为 20 的能量因子，因此减小原始收集者（叶片）的尺寸和成本同其他系统如振荡翼型相比不具备这项优势。进而，对“为什么只有一个叶轮”的回答是不仅因为根据合理的观察，旋转的机械能最适合常规发电系统，还因为能量通量的扫掠面积比叶轮叶片的物理表面积要大得多。叶轮对能量密度的影响显著增加。

表 1.2　1.5MW 风机的功率密度

	D/m	面积/m^2	效率	功率 /kW	功率密度 /（kW/m^2）	密度因子	累积密度因子
扫掠面积上的风	70.5	3903.6	1.00	3636	0.932	1.0	1
叶轮叶片输入	70.5	204.0	0.44	3636	18	19.1	19
低速轴输入	0.564	0.2498	1.00	1611	6449	361.7	6923
变速器输入	0.564	0.2498	0.98	1611	6449	1.0	6923
发电机输入	0.120	0.0113	0.95	1579	139610	21.6	149870
电缆	—	0.0010	1.00	1500	1500000	10.7	1610244

这就是为什么叶轮的概念很难被击败的主要原因，也有很多替代品，如从技术上完全可行的振荡器或转换机翼，但可能也摆脱不了成本的竞争。

1.9　叶轮的基本运行

激励盘模型要求通过旋翼平面的流体轴向速度应连续。这是非常重要的，因为风机从通过它的空气流中移除能量，但不能移除空气本身！因而在盘两侧的轴向速度没有变化，这样也不能从旋翼平面的流体中提取动能，然而风机叶片通常被描述为一个从天然气流中提取动能的装置。从全局意义上来说这是正确的，在旋翼平面上来说这是不正确的。考虑到理想无黏流模型中上游和下游之间的整体能量平衡［见式（1.2）］，动能从流体中被提取出来，这是基于在远尾流中通过叶轮的流体返回到大气静压力的假设。在远尾流中与被降低的轴向速度相关的能量变化可以看作动能的净变化。

如果风机叶轮不能从其局部提取动能，然而该系统仍生产电力，那么就从流体中提取能量。能量源是什么呢？答案是势能。风机叶轮通过叶轮叶片产生的转矩产生电力。该转矩由叶片部件上的力产生，同时又是翼型两侧压差作用的结果。风机的工作是通过为流体提供适当的阻力使流过叶轮的流体流速变缓。保守地说，流体速度的降低在到达叶轮平面之前发生。因而考虑到伯努利方程，静压力的提升保证了单位体积上的能量守恒。叶轮平面的压差结合通流速度是能量提取的决定性因素。如前所述，压力是单位体积上的有效势能。

这样，叶轮平面上功率的基本方程为

$$P = \Delta p A_1 V_1 \tag{1.34}$$

式（1.34）定义了从空气流提取的功率，是一个上限值，该值将随着叶轮和传动系统效率的降低而下降。现在来考虑约束流中叶轮的运行情况。互联网上充斥着各种网页宣传其围绕风力发电机所设计的某些创新系统通过因数 k 及与之对应的功率 k^3 局部增加了空气速度的效果。

在能量提取之前任意流量增加的区域，流浓缩器不会向流场中引入额外的能量。因此保守地估计会引起局部速度的增加和相应的局部动能的增加。因而根据伯努利理论，动能的增加以静压力（大气势能）为代价。动能按因数 k^3 被局部增加，这是完全正确的，但必须满足所定义的条件。然而如之前极力强调的，旋翼平面上没有动能的提取，是旋翼平面的压差驱动着能量提取，在浓缩流区域能量提取装置的入口和出口压力均低于大气压力，这意味着所提取的能量可能比想象中更少。

要理解这一点可能下面是最简单的一种方式。考虑一个固定的区域 A_0，如图 1.6 中的虚线所示，在此区域放置一个叶轮，但就目前而言还不存在能量提取。如果在流量增强装置中，速度的增加超过了当时上游值 V_0 的 3 倍，根据质量守恒，通过它的流管上游源面积将比提取面积 A_0 大 3 倍。那么显而易见，如果能量不大于 3 倍，从流管提取的能量肯定不会有 3^3 倍。

式（1.34）中，同式（1.1）定义的一样 $V_1 = V_0\ (1-a)$。如果叶轮在集线器中，a 将是负值，这与流量增加因数 k 有关（需要注意的是此因数随着叶轮载荷而变化）。注意表 1.1 中的结果可以发现，对于能量提取的最大值，在开流或者约束流中，式（1.34）不变。因此，功率只是随着汇流区局部速度的增加而发生线性的增加。

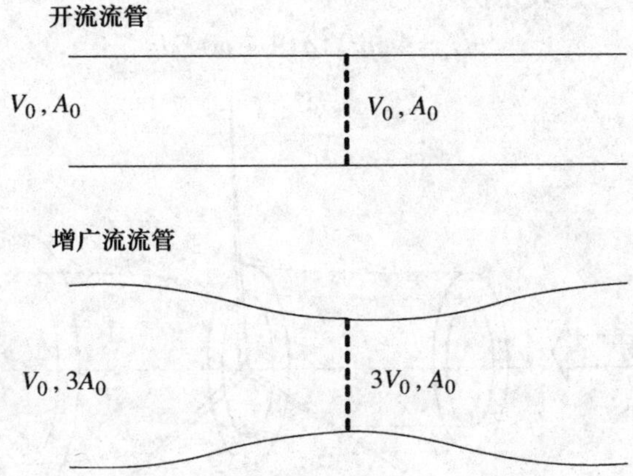

图 1.6 随着流量增加所获得的源面积和能量

广义的激励盘理论意味着所有叶轮，不论大小，不论是在开流中，还是在优化的扩散器中，或是在其他集线器中，都将在一个优化系统中在通过旋翼平面时以同样的压差、最佳的状态运行。在理想环境下此压差是 $4/9\rho V_0^2$（见表 1.1）。然而在约束流场中，系统效率低下（除了摩擦损失，主要是由纯粹的几何问题引起的），一般这将会进一步降低最大能量提取时的最佳压差。

1.10 叶素动量理论

叶素动量理论是在预测负荷和风力发电机组性能的实际设计方法和计算机编程中应用最广泛的理论。在反映当前风力发电机组建模技术研究方向相关的任何描述中，人们对涡流理论和计算流体动力学投入了较多的关注。这些理论及数值方法一般都没有讨论过。它们可以提供对具体的配置更准确地分析，但是也不放弃可以提供物理洞察力以便引导参数评价和概念设计的解析关系。

在叶素动量理论中，叶轮扫掠面积被视为一块被每个叶片元素扫过的环形区（见图 1.7）。叶片被顺着翼展方向分成一组假定为相互独立的元素，由叶片元素受力而产生的流体动量变化率，可在每一个环形区域分别建立其平衡。基本的理论是由 Glauert[32] 用叶素动量理论代码中数值实现的现代形式得到的，随后由 Wilson、Lissaman 和 Walker 发展了 Glauert 理论的适应性[33]。本节对叶素动量理论进行了概述，以期能保留由它演变来的一些新方程的独立形式。

1.10.1 动量方程

将推力视为流量通过半径为 r、宽为 dr 的圆环时的线性动量变化率，以尖端

效应因子 F（待讨论）表示为

推力：
$$dT = 4\pi\rho r V^2 a(1-a)F dr \tag{1.35}$$

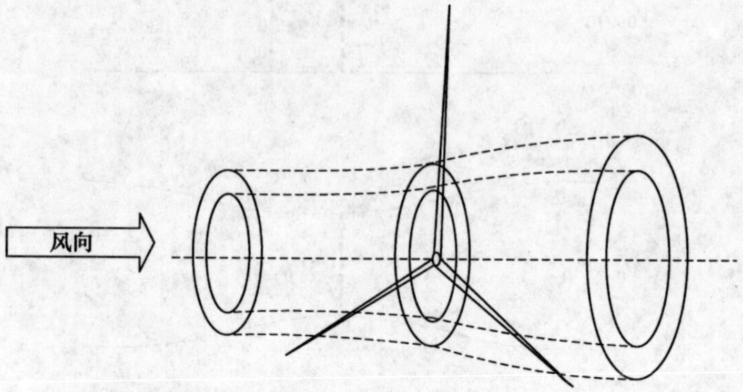

图 1.7 激励器环

类似地，考虑转矩和角动量变化率：

转矩：
$$dQ = 4\pi\rho r^3 V a'\omega(1-a)F dr \tag{1.36}$$

1.10.2 叶素方程

考虑半径为 r、宽为 dr 的叶片元素上的叶素力：

推力：
$$dT = \frac{1}{2}\rho W^2 Bc(C_{\mathrm{L}}\cos\varphi + C_{\mathrm{D}}\sin\varphi)dr \tag{1.37}$$

转矩：
$$dQ = \frac{1}{2}\rho W^2 Bc(C_{\mathrm{L}}\sin\varphi - C_{\mathrm{D}}\cos\varphi)r dr \tag{1.38}$$

式（1.35）~式（1.38）中消掉 dT 和 dQ，产生了两个方程，包含 3 个未知量 a、a'和 φ。第三个方程可以这样得到：考虑半径 r 处每一叶素附近的流动几何形态，即半径分数处，$x = r/R$。

根据流动几何学（见图 1.8）可以得到

$$\tan\varphi = \frac{V(1-a)}{\omega r(1+a')} = \frac{(1-a)}{\lambda x(1+a')} \tag{1.39}$$

令式（1.35）同式（1.37）相等，式（1.36）同式（1.38）相等，来求解诱导速度 a 和 a'［同时利用式（1.39）］得到

$$\frac{a}{1-a} = \frac{\sigma(C_{\mathrm{L}} + C_{\mathrm{D}}\tan\varphi)}{4F\tan\varphi\sin\varphi} \tag{1.40}$$

$$\frac{a'}{1+a'} = \frac{\sigma(C_{\mathrm{L}}\tan\varphi - C_{\mathrm{D}})}{4F\sin\varphi} \tag{1.41}$$

其中局部稠度 σ 定义为 $\sigma = \dfrac{Bc}{2\pi r}$。

通常对每一个宽为 Δr 的本地叶素经过迭代过程求解式（1.39）~式（1.41）。这样利用式（1.37）和式（1.38），通过积分可以得到整个叶轮上的推力和转矩。

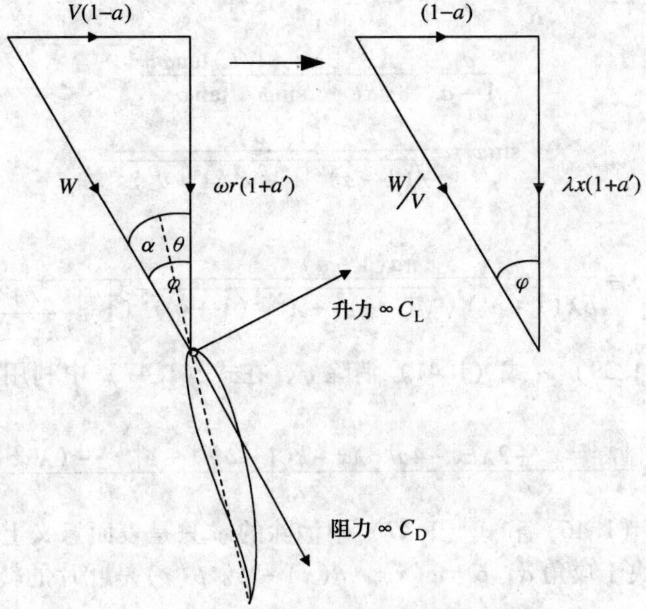

图 1.8　叶素上的局部流动几何形态

式（1.35）~式（1.38）中对叶素动量的分析遵循了 Wilson、Lissaman 和 Walker 广泛采用的公式[33]，他们建议在求诱导因子 a 和 a' 时可以忽略阻力。根据 Walker 的博士论文[34]：

…假设在计算 a 和 a' 时阻力应该忽略…本论文中受阻力作用而被阻滞的空气被限制到了尾端的薄螺旋片上，对这些因素的影响可以忽略不计。

尽管在开发叶轮时确定扭矩和功率必须考虑阻力，但是对于估算诱导因子时是否应当包含阻力项仍然存在意见分歧㊀。忽略阻力将使式（1.40）和式（1.41）变得更简单，同时也将简化后续的分析。

根据式（1.39）：

$$\frac{a}{1-a}=\left(\frac{Bc}{2\pi r}\right)\frac{C_L\cos\varphi+C_D\sin\varphi}{4F\sin^2\varphi} \tag{1.42}$$

$$=\frac{B}{8\pi}\left(\frac{cC_L}{R}\right)\left(\frac{R}{r}\right)\frac{(\cos\varphi+C_D/C_L\sin\varphi)}{F\sin^2\varphi} \tag{1.43}$$

㊀ GL Garrad Hassan 在他们的商用叶素动量程序 Bladed 中采用了式（1.40）和式（1.41）中所述的包含阻力的公式。

(cC_L/R) 项表示了一个无量纲的升力分布，其中弦分布 $c \equiv c(\lambda, x)$ 一般是半径分数 $x = r/R$ 和设计尖速比的函数。

令 $\Lambda(\lambda, x) = \dfrac{c(\lambda, x) C_L}{R}$，并令 $k = \dfrac{C_L}{C_D}$，这样

$$\frac{a}{1-a} = \frac{\Lambda B}{8\pi x F} \frac{[1 + (1/k)\tan\varphi]}{\sin\varphi \quad \tan\varphi} \tag{1.44}$$

$$\sin\varphi = \frac{(1-a)}{\sqrt{(1-a)^2 + \lambda^2 x^2 (1+a')^2}} \tag{1.45}$$

经过推导得

$$\Lambda(\lambda, x) = \frac{8\pi a(1-a)}{B\lambda(1+a')\sqrt{(1-a)^2 + \lambda^2 x^2 (1+a')^2}} \frac{F}{\left[1 + \dfrac{(1-a)}{k\lambda x(1+a')}\right]} \tag{1.46}$$

通过式（1.39）~式（1.41）消除 φ，在式（1.47）中利用 a 可求得切向诱导因子 a'：

$$a' = \frac{\{\lambda^2 k^2 x^2 + 2\lambda k x - 4ak[\lambda x - k(1-a)] + 1\}^{0.5} - (\lambda k x + 1)}{2\lambda k x} \tag{1.47}$$

注意，式（1.46）和式（1.47）中消除的 φ 只是表面意义上的升力和阻力比 k，一般取决于攻角 α，$\alpha = \varphi(x) - \theta(x) - \psi$。$\theta(x)$ 是叶片的转矩分布，ψ 是叶片的桨距角。

受零阻力的限制，当 $k \to \infty$：

$$a' = \frac{(4a - 4a^2 + \lambda^2 x^2)^{0.5} - \lambda x}{2\lambda x} \tag{1.48}$$

式（1.48）同样出现在 Manwell 的文献中[35]。

进一步近似可得

$$a' = \frac{a(1-a)}{\lambda^2 x^2} \tag{1.49}$$

1.11 最佳叶轮理论

最佳状态比一般条件更容易描述。一个形象的比喻是只需要 3 个坐标就可以定义一座小山的山峰，但却需要无限多的特征来描述整个表面。

在最佳状态下，对于为生产电力设计的典型叶轮的设计尖速比高于 6 的情况，切向诱导因子 a 在跨度的重要部分（$x > 0.2$）中都应该非常小。由于在 $\Lambda(\lambda, x)$ 中或从式（1.47）、式（1.48）或式（1.49）得到的计算结果几乎没有精确度损失，所以它可能会被忽略。

Betz 的激励盘结果[36]建立了对应于正压力系数 $C_t = 8/9$ 时的最佳叶轮推力

载荷。在式（1.37）中这意味着在每个叶素上都会有最佳的升力，这实际上指乘积 cC_L。参考式（1.38），此结果是合理的，当 cC_L 固定时，如果 C_D 最小，则其性能最大，因而 k 最大。当风机叶轮处于最佳运行状态时，每个叶素都运行在最大升阻比，而且要定义此状态仅需翼型剖面的数据，以定义其状态，因此最大升阻比 k 和升力系数 C_L 对应于每个叶素在叶片跨度上的最大升阻比。最大升阻比时的最佳性能不完全正确［详见后面围绕式（1.63）所做的讨论］，但设计尖速比高于 6 的主流设计却是令人满意的近似。

对于升阻比 $k=100$、设计尖速比 $\lambda=9$ 的情况，考虑在中跨度 $x=0.5$ 处的最佳叶轮时 $a=0.333\dot{3}$，根据式（1.47）和式（1.48）分别得到 a' 的值是 0.01010 和 0.01097，与最佳叶轮状态时相差 10% 左右，尽管与轴向感应 a 相比，仍在一个相当小的数量级内。

式（1.46）分母中的方括号项包含了升阻比 k，有效地统一了设计尖速比 >6 及 $k \geqslant 100$ 的典型现代大型叶轮跨度的重要区域。

由翼型剖面产生的升力与附着涡环量有关，在叶片跨度方向它是虚拟的，但在叶片末端没有材料支撑压差的地方却成为真正的涡流。涡流的强度取决于叶片数目和叶片硬度，在叶素动量理论中正是通过这种"尖端效应"模型反映了叶片数对叶轮性能的影响。现在已经发展了各种尖端效应模型（详见 1.12 节）。叶素动量理论中最常用的模型是由 Prandtl 提出的[32]，下述分析将采用此模型。

采用 Prandtl 尖端因子 $F=\frac{2}{\pi}\cos^{-1}(e^{-\pi s/d})$，其中 $d=\frac{2\pi R(1-a)}{B\lambda}$，$s=(1-x)R$：

$$F=\frac{2}{\pi}\cos^{-1}\left[\exp\left\{-\frac{(1-x)B\lambda}{2(1-a)}\right\}\right] \tag{1.50}$$

假设最佳运行状态时 $a=1/3$，a 在跨度方向是常数，了解了每个径向站选定的翼型剖面在最大升阻比时升力系数的值之后，式（1.46）可将最佳叶轮的弦分布定义为半径分数 x 和设计尖速比 λ 的函数。如果忽略 a'，忽略阻力非常小的影响，并忽略尖端效应进行近似，同时进一步通过与 λ^2x^2 相比将 $(1-a)^2$ 忽略，式（1.46）可简化为

$$\Lambda(\lambda,x)=\frac{8\pi a(1-a)}{B\lambda^2x}=\frac{16\pi}{9B\lambda^2x} \tag{1.51}$$

Gasch 和 Twele[37]、Burton 和 Sharpe[38] 等人的文献中公布了各种形式的类似于式（1.51）的方程，这些方程非常直观、便于理解。每片叶片的升力与动压力和弦宽成正比。叶素的动压力与流入速度的二次方成正比，当 $\lambda>6$ 时该速度主要是面内速度。因此，要维持总升力在适当的固定最佳值，$\Lambda(\lambda,x)$ 必须与 $B\lambda^2x$ 近似成反比。

式（1.46）［或其简化形式，如式（1.51）］允许开发叶片的最佳弦分布以给出翼型类型的选择，从而进一步定义每个径向的位置 x、最大升阻比 k、相关设计升力系数 C_L和相应的入射角 α_0。参照式（1.39），并令 $a=1/3$，可以确定一个最佳的叶片扭转分布：

$$\theta(x)=\tan^{-1}\left\{\frac{2}{3\lambda x(1+a')}\right\}-\alpha_0(x)\cong\frac{2}{3\lambda x}-\alpha_0(x) \tag{1.52}$$

就最佳的叶片形状而言，简化式（1.51）所预测的弦分布恰好在大多数情况的跨度范围内。在真正的设计中通常都会根据实际经验或计算流体力学分析的指导绕过尖端。鉴于制造和/或运输等实际原因，将弦限制在远小于理想值的20%～25%跨度以内。由于弦的长度有限，并且它们通常会过渡到一个圆柱形叶柄的末端，因而在叶柄附近不存在继续满足扭角分布的点达到由式（1.52）可能预测到的最高角度。在这种情况下，式（1.52）的近似形式很好地估计了叶轮动力学的有效部位。

如前所述，式（1.37）中每个叶素上的最佳升力结果是 cC_L。这意味着，如果翼型是可用的或可根据适当的设计升力系数 C_L进行设计，那么弦宽便可从结构上进行优化。因此，对于相同的叶片设计尖速比、具有高或低的设计 C_L的翼型，可得到细的或宽的最佳叶片，这将在第 2 章中进一步讨论。

然而，在 C_L跨度方向的变化制约了其快速变化。其中一个基本原则是，通常不希望沿着叶片跨度方向的剖面升力（特别是升力，而非升力系数）有快速的变化。产生诱导阻力（或叶轮感应因子）的尾涡与升力沿跨度方向的梯度成正比（实际流通但同样有效）。从结构上和空气动力学方面来说，不希望发生弦长的突然变化。这意味着，由于相对流入速度仅随径向位置而逐渐变化，因此 C_L不应突变。进而，通常假定一个恒定的[㊀] C_L，希望在大多数的跨度范围内在尖端平滑降至零。

如式（1.46）所描述的最佳升力分布特征，对于通常用于参数分析的表达式，现在经推导得出了功率系数、正压力系数和平面外弯矩系数（待定义）。转矩系数 $C_q=\dfrac{Q}{0.5\rho V^2\pi R^3}$有时可用于评估风力发电机的自起动能力，其中 Q 是叶轮转矩。转矩系数一般还与功率系数有关，即 $C_q=\dfrac{C_p}{\lambda}$。

检查简单的激励盘方程，即式（1.9）和式（1.16），BEM 的计算结果表明，正压力系数 C_t 相对于轴向感应和最大 C_p点附近的尖速比上升很快。因此，实际优化叶轮设计时，应减少设计尖速比，通过操作使之稍低于严格的 C_p最大值，从而获得有用负载的减少。

㊀ 固定翼弦上环流或升力的最佳跨度分布是沿着一个光滑的椭圆变化（这是由喷气式战斗机机翼所有攻角独家提供的），但也没有简单的理论能确定最佳的叶轮形状。

1.11.1 功率系数 C_p

回到式（1.38）：

$$dQ = \frac{1}{2}\rho W^2 Bcr(C_L\sin\varphi - C_D\cos\varphi)dr \tag{1.53}$$

这样，功率元为

$$dP = \frac{1}{2}\rho W^2 Bcr(C_L\sin\varphi - C_D\cos\varphi)\omega dr \tag{1.54}$$

$$= \frac{1}{2}\rho\left(\frac{W}{V}\right)^2 R^2 V^3 \Lambda(\lambda,x)B\left(\sin\varphi - \frac{\cos\varphi}{k}\right)\lambda x dx \tag{1.55}$$

叶轮功率系数为

$$C_p = \frac{B}{\pi}\int_0^1 \Lambda(\lambda,x)\left(\frac{W}{V}\right)^2\left(\sin\varphi - \frac{\cos\varphi}{k}\right)\lambda x dx \tag{1.56}$$

用图 1.8 中对应的值替代 W/V、$\sin\varphi$ 和 $\cos\varphi$，并用式（1.46）替代 $\Gamma(\lambda, x)$，得到

$$C_p = \frac{B}{\pi}\int_0^1 \frac{8\pi a(1-a)F}{B\lambda(1+a')} \frac{\lambda\left\{(1-a) - \dfrac{\lambda x(1+a')}{k}\right\}x dx}{\left\{1 + \dfrac{(1-a)}{k\lambda x(1+a')}\right\}} \tag{1.57}$$

考虑到叶轮没有尖端效应，忽略 a' 及 $\dfrac{(1-a)}{k\lambda x(1+a')}$ 得到

$$C_p = 8a(1-a)\int_0^1\left\{(1-a) - \frac{lx}{k}\right\}x dx \tag{1.58}$$

于是有

$$C_p = 4a(1-a)^2\left[1 - \frac{2\lambda}{3k(1-a)}\right] \tag{1.59}$$

当 $k\to\infty$ 时，式（1.59）必然趋于贝兹激励盘的结果。当 k 为有限值时，其结果类似于 De Vries 在文献［39］中推导出的极限情况，也是基于垂直轴风力发电机组的叶素动量理论，但其开头完全不同。De Vries 的方程表达式为

$$C_p = 4a(1-a)^2 - \frac{BcC_D\lambda^3}{2R} \tag{1.60}$$

注意此处取 $\dfrac{BcC_D\lambda^3}{2R} = B\left(\dfrac{cC_L}{R}\right)\dfrac{\lambda^3}{2k}$，同时认为式（1.51）、式（1.59）和式（1.60）有相似的表达形式。

回到式（1.57），C_p 的通式表示为

$$C_p(\lambda) = \int_0^1 \frac{8a(1-a)F[k(1-a) - \lambda x(1+a')]\lambda x^2}{[k\lambda x(1+a') + (1-a)]} dx \qquad (1.61)$$

式（1.61）是由 Jamieson 在文献［40］中首次发表的，该式没有推导，而是严格的运用叶素动量关系定义 C_p。正如在式（1.47）中所提及的那样，升阻比 k 是攻角 $\alpha(x) = \varphi(x) - \theta(x) - \psi$ 的函数，因而流角 $\varphi(x)$ 隐含在式（1.61）中。

然而，在最佳叶轮状态时，对典型的设计尖速比超过上面所说的 6 及选择大型水平轴风力机典型翼型的情况，假设所有的叶素运行在其最大的升力阻力比的状态是一个很好的近似，此时 $k \equiv k(x)$，用式（1.47）和式（1.48）求出 a'，式（1.61）可以直接积分得到。这样，如图 1.9 所示，最大 C_p 可被描述为尖速比和升阻比的函数。虽然图 1.9 中为了计算方便，将升阻比视为叶片跨度方向的常数，但是对于这种情况是没有需求的。若将 k 定义为 x 的函数，式（1.61）可用于跨度方向上不同的翼型特性的叶轮，多数情况下，从根部到尖端，厚弦比的值逐渐降低。

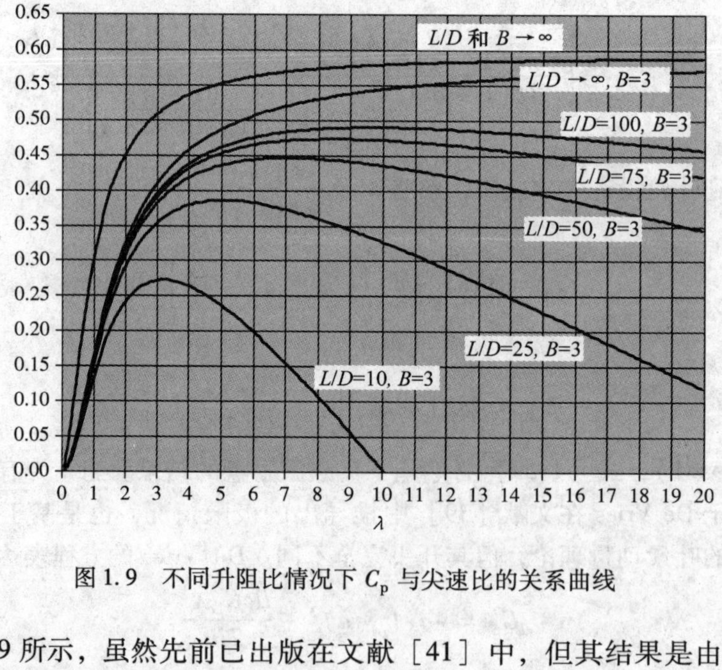

图 1.9 不同升阻比情况下 C_p 与尖速比的关系曲线

如图 1.9 所示，虽然先前已出版在文献［41］中，但其结果是由叶素动量方程求得的数值解，而非精确公式的解。经过前期的运用之后，Wilson 等人在文献［33］中用公式去拟合数据［即式（1.62）］，据称适用于 $4 \leqslant \lambda \leqslant 25$ 和 $k = C_l/C_d \geqslant 25$ 的情况，但限制到最多三叶片的情况：

$$C_{p.\max} = \left(\frac{16}{27}\right)\lambda\left[\lambda + \frac{1.32 + \left(\frac{\lambda - 8}{20}\right)^2}{B^{2/3}}\right]^{-1} - \frac{(0.57)\lambda^2}{\frac{C_l}{C_d}\left(\lambda + \frac{1}{2B}\right)} \tag{1.62}$$

可能注意到经验公式（1.62）和式（1.59）之间存在一些普遍的相似性，在适用范围内考虑尖端效应，式（1.62）额外复杂。

很明显，在图 1.9 中，对于给定的叶片数 B、最大升阻比 k，将有唯一的一个最佳尖速比的值 λ 使 C_p 增至最大值。图 1.10 表明，对于一定范围内的升阻比和叶片数，C_p 的最大值是设计尖速比的函数。如图 1.10（和图 1.9）所示，对于所设计的最大尖速比 9 左右及平均等值最大升阻比 100 左右的大型风机当前技术水平的典型状态将使 C_p 的最大值达到近似 0.5。假设对于所选的翼型，k 取常数，等于其最大值，式（1.61）仅能精确地预测出在 C_p 最大值范围内的 C_p 曲线，而图 1.9 未求出叶素动量方程的全解，而是给出了近似的变化趋势。

图 1.10 阐明了非常重要的一点，即要使可能达到更高升阻比的翼型收益最大化，设计新的（更高的）最佳尖速比是非常重要的。图 1.10 还明确、直接地表明了从任意给定的翼型选择中比较一片、两片、三片或多叶片叶轮的功率性能是如何最优化的。同时，图 1.9 阐明了可能适用于在非最佳组合的升阻比和设计尖速比的不利后果。

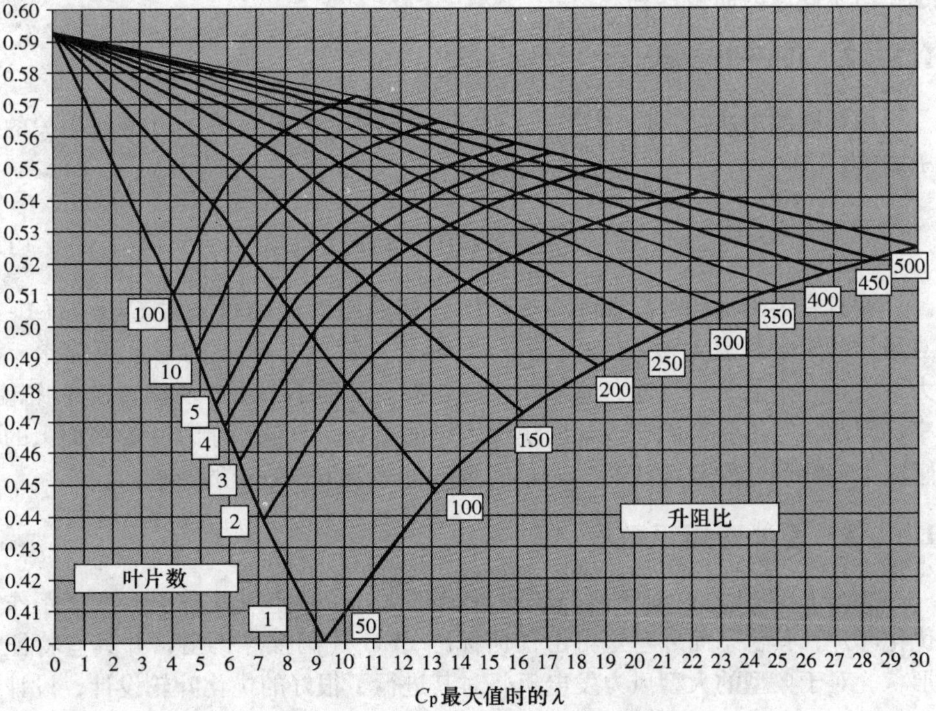

图 1.10　叶片数及升阻比对 C_p 最大值的影响

式（1.61）表明 C_p 是轴向感应 a 的一个复杂函数。$a=1/3$ 时产生的最大叶轮 C_p 的结果是基于简单的激励盘理论［见式（1.9）］，对于式（1.61），此结果显然不会完全正确。从式（1.53）中还可以发现，$k=C_L/C_d$ 最大化将引起每一叶素的转矩最大，这只是似乎有理却不严谨，因为转矩元很显然也取决于气流角 φ 及其在叶素动量方程全解过程中随着 k 值如何变化。考虑式（1.55），功率系数可以被定义到每个叶素的局部：

$$C_p(r,a,k)=\frac{dP(r,a,k)}{0.5\rho V^3(2\pi rdr)} \tag{1.63}$$

根据叶素动量理论提出的严格的优化将分别使每个叶素的 $C_p(r,a,k)$ 最大。这导致 a 顺着翼展方向变化，在每个翼型剖面上 k 接近于最大值，但绝对不是最大值。对于设计 $\lambda\geqslant6$ 及 $k\geqslant100$ 的典型大型风力发电机，在理想的最佳叶片设计时，在大多数跨度下，a 与 1/3 有稍微的偏差，对每一个翼型剖面，k 非常接近于最大值。然而对于基于非常低的升阻比翼型的叶轮，这些影响是比较重要的，例如帆布叶片或板片。由于叶素动量理论目前表达形式的局限性，导致了轴向感应优化配置的不均匀性对优化叶轮设计没有实际意义。更精确的优化方法也出现了其他问题（见 1.12 节），然而基于标准形式的叶素动量方程组，最佳叶轮轴向感应的非均匀性（例如，在整个跨度 1/3 处的值不完全是常数）结果一致，也正由于此原因而被提到。

1.11.2 正压力系数

用相同的方法从式(1.35)~式(1.61)推导 C_p 的最大值，可得到相关的正压力系数：

$$C_T=\int_0^1 8a(1-a)Fx\mathrm{d}x \tag{1.64}$$

在没有尖端损耗的限制下（$F=1$），所熟悉的激励盘公式 $C_T=4a(1-a)$，对最佳叶轮时恢复为 $C_T=8/9$。式（1.64）比式（1.61）的形式更简单。正压力系数是一个系统的性能，它取决于叶轮载荷，而不取决于功率转换时叶轮的效率。因此，它不受升阻比或切向诱导因子的影响，只依赖于以叶轮平面上的轴向感应为特征的叶轮载荷状态，该轴向感应自然受尖端效应的影响。

1.11.3 面外弯矩系数

如图 1.11 所示，对于运行于设计尖速比低于额定风速并引入变桨距作用的优化叶片，其稳态面外弯矩可由任何标准 BEM 代码推导得出，并具有特征性的形状。对于典型的大型风力发电机，对其进行了很好的优化叶轮设计，设计尖速比超过 6，其形状在很大程度上不依赖于设计细节，通常可由三次曲线很好地拟合。这样的描述便于开发包含被动气动控制的叶片设计研究（如文献［42］中 Maheri 提到的挥舞 - 扭转耦合），在这里叶片载荷的简化描述就非常有用了。BEM 理论提供了一个简单的推导结果如下：

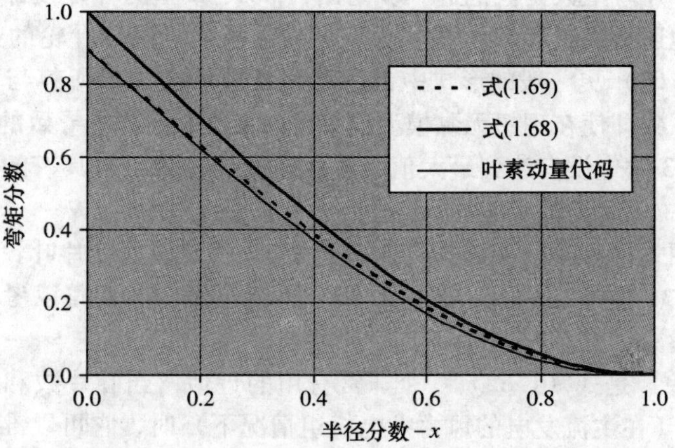

图 1.11　面外弯矩形状函数

定义一个任意径向距离的无量纲弯矩系数 r，满足 $C_M(r)=\dfrac{M(r)}{(0.5\rho V^2\pi R^3)}$，参照式(1.35)～式(1.61)中分析 C_p 相似的方法可得

$$C_M(r)=\frac{8a(1-a)}{B}\int_x^1\frac{F(y)}{\left\{(1+a')\lambda y+\dfrac{(1-a)}{k}\right\}}\left\{\lambda y+\frac{(1-a)}{k}\right\}(y-x)y\mathrm{d}y \tag{1.65}$$

与整体相比，忽略 a' 得到

$$C_M(x)=\frac{8a(1-a)}{B}\int_x^1 F(y)(y-x)y\mathrm{d}y \tag{1.66}$$

考虑没有尖端效应的情况，$F(y)=1$：

$$C_M(x)=4a(1-a)\left\{\frac{1}{3B}(2-3x+x^3)\right\} \tag{1.67}$$

同时，对于最佳叶轮，取 $a=1/3$：

$$C_M(x)=\frac{16}{27B}\left\{\frac{(x-1)^2(x+2)}{2}\right\} \tag{1.68}$$

对于一个典型的传统三叶片风力发电机，式（1.68）呈现出适当的立方形，但是由于由最远端外侧的载荷产生的弯矩是最重的，所以尖端效应在缓解叶柄弯矩时效果非常显著。

Wilson（见第5章文献［41］）和 Milborrow 在文献［43］（一篇提供各种有用的简化叶片载荷参数方程的论文）中率先推导出了类似式（1.68）的方程。Wilson 在文献［44］中强调根据这种关系预测的值明显大于从 Mod－2 型水平轴风机测量的叶片弯矩数据。他进一步指出，Mod－2 型的叶片设计远远没有达到优化结构，他还将式（1.68）描述为不计尖端损耗时最佳叶轮的“一个上限”。然而从式（1.67）更一般的形式中也注意到弯矩系数不出所料与正压力系数无关，正压力系数即使在理想无黏模型没有考虑更高载荷可能导致的湍流尾流状态下，在 $a=1/3$ 时也没有达到最大值。因此，次优叶轮可能具有的弯矩特性超过了式（1.68）的预测值（或小于该值）。

直接应用式（1.68）会将设计尖速比 $\lambda=7$ 的最佳三叶片叶轮在轴中心线处的转矩高估13%左右。因此，式（1.66）不能不做一些调整以考虑尖端效应而马上应用于参数研究。

式（1.69）是式（1.62）一个非常有用的近似，当叶片数和设计尖速比的乘积 $B\lambda>10$（在主流发电的风力发电机组情况下）时，它可以准确地表示叶柄转矩：

$$C_{\mathrm{M}}(x) = \frac{16}{27B}G(B\lambda)f(x) \tag{1.69}$$

其中

$$\begin{aligned} G(B\lambda) = {} & 5.5744\times10^{-7}B^3\lambda^3 - 8.2871\times10^{-5}B^2\lambda^2 \\ & + 4.4085\times10^{-3}B\lambda + 2.3245\times10^{-1} \end{aligned} \tag{1.70}$$

$$f(x) = \frac{(x-1)^2(x+2)}{2} \tag{1.71}$$

保留简单的三次函数 $f(x)$，并假设其与叶柄弯矩精确匹配，式（1.69）对外侧叶片外平面弯矩的估计有些保守。叶柄弯矩估计的精度可能是参数研究的最大兴趣点。对一个 $\lambda=7$ 的三叶片风机，式（1.69）得出的 $C_{\mathrm{M}}(0)$ 值是0.8809，而利用 Prandtl 叶尖损失因数得出的式（1.65）的积分给出的相应的值是0.8827。

1.12 广义叶素动量理论

1.5节和1.6节得出的广义激励盘结果可用于推导广义叶素动量理论，这将协助进行叶轮管道或扩散器的优化。为了修正广义的流动条件下的叶素动量方程，首先考虑推力元和轴向动量平衡：

叶轮平面的质量流率是 $\dot{m} = \rho(2\pi r dr)\{V(1-a)F\}$

远上游和远尾端之间流速总的变化是（见表1.1）

$$dV = V\left\{1 - \left(\frac{1 - 2a + a_0}{1 - a_0}\right)\right\} = \frac{2V(a - a_0)}{(1 - a_0)} \tag{1.72}$$

但是，单独考虑叶轮推力［见式（1.32）］：

$$dT = 4\pi\rho r V^2 \frac{(a - a_0)(1 - a)}{(1 - a_0)^2} F dr \tag{1.73}$$

式（1.38）不变，这样

$$dQ = 4\pi\rho r^3 V a' \omega (1 - a) F dr \tag{1.74}$$

式（1.37）、式（1.38）和式（1.41）同样不变。切向感应因子 a' 可通过忽略阻力近似概括为

$$a'(1 + a') = \frac{(1 - a)(a - a_0)}{(1 - a_0)\lambda^2 x^2} = \frac{C_t(1 - a_0)}{4\lambda^2 x^2} \tag{1.75}$$

如果假设 a_0 是叶轮盘上某一个适当的平均值，那么广义叶素动量模型的进一步发展就自然而然了，该假设也是接下来分析中所默认的假设。但是不必做如此假设，也可能在叶轮盘上定义变量 $a_0 \equiv a_0(r, \theta)$。

对于式（1.47）也可用同样的方法进行研究或者广义流情况下的方程组也可能如标准叶素动量法一样采用迭代的方法求解。

相关的无因次升力分布为

$$\Lambda(\lambda, x) = \frac{2\pi C_t}{B\lambda(1 + a')\sqrt{(1 - a)^2 + \lambda^2 x^2 (1 + a')^2}} \frac{F}{\left[1 + \frac{(1 - a)}{k\lambda x(1 + a')}\right]} \tag{1.76}$$

对于最佳叶轮有 $a = a \cdot m = \frac{1 + 2a_0}{3}$ 和 $C_t = \frac{8}{9}$。

如果某一所选定翼型剖面的最大升阻比发生在入射角 $\alpha = \alpha_0$ 时，那么最佳扭角分布为

$$\psi(x) = \tan^{-1}\left\{\frac{2(1 - a_0)}{3\lambda x(1 + a')}\right\} - \alpha_0 \tag{1.77}$$

最佳扭角分布将随着 a_0 的变化而发生明显的变化，因此可以随着影响叶轮平面感应的系统特性而显著变化。假设在叶轮平面上有大量的流量增加，由于 C_t 处处等于 8/9，该叶轮在与正压力系数完全相同的值以及与所提出的开流无增量系统相同的推力值时被最佳加载。这意味着，在流量方向必须投入更多叶素，这样由于局部流速增强，产生推力的升力分量的减少完全补偿了推力的潜在增加。然而在这种情况下，叶轮转矩将比开流时对升力的贡献更大。这相当于增加了功率性能系数，它可能超过正比于可达到的流量增量的贝兹极限。

常见的激励盘理论不论是标准的或是广义的均只考虑了无黏流。为了设计计

算时更加切实有用，引入了实证模型以描述在湍流尾流状态的正压力系数。集线器系统的实验验证还不可行，因此推导出的结果表明从标准的开流模型的广义激励盘理论至多有一个连续的延展。

如果 a 是开流中旋翼平面的感应，那么其变形：由 a 变化到$\frac{a-a_0}{1-a_0}$确定了约束流中平面（不是叶轮平面）的轴向感应值，约束流中的感应是远尾流中的一半。然而正如 Jamieson 在文献［29］中所解释的那样，正压力系数值 C_t与在系统中的位置无关。因而，这种变形可用于确定适用于叶轮平面的正压力系数表达式。

在开流中，当叶轮接近湍流尾流状态时各种各样的公式被用于修正无黏流激励盘的正压力系数方程。GL Garrad Hassan 公司的商业叶素动量软件包 Bladed 将正压力系数 C_t 定义为

$$C_t = 4a(1-a) \quad 0 \leqslant a \leqslant 0.3539 \tag{1.78}$$

$$C_t = 0.6 + 0.61a + 0.79a^2 \quad 0.3539 < a \leqslant 1 \tag{1.79}$$

在广义流的状态下，再次应用式（1.69）的变形，产生如下方程：

$$C_t = \frac{4(a-a_0)(1-a)}{(1-a_0)^2} \quad 0 \leqslant a \leqslant a_0 + 0.3539(1-a_0) \tag{1.80}$$

$$C_t = 0.6 + 0.61\left\{\frac{a-a_0}{1-a_0}\right\} + 0.79\left\{\frac{a-a_0}{1-a_0}\right\}^2 \quad a_0 + 0.3539(1-a_0) < a \leqslant 1 \tag{1.81}$$

式（1.78）不能像式（1.64）那样准确地符合叶素动量理论，因为在式（1.64）中尖端效应对正压力系数起到了修正作用。进而，所采用的方法是在叶素动量法的解中将 C_t分解为式（1.79）或式（1.81）对相应激励盘方程，即式（1.78）和式（1.80）的比。

在开流（无约束流）中正压力系数基本上是唯一地、最佳地取 8/9，至少在理想无黏流情况下是这样。然而如 Jamieson 在文献［29］中所阐述的那样，在约束流中正压力系数具有系统特性，不考虑叶轮效率，理想系统中 C_t 的最佳值是 8/9 并使 C_p 得到最大值。如果在最佳叶轮载荷情况下系统是非理想的（对于扩散器来说，这意味着对于正压力系数为 8/9 的叶轮，在流场中其扩散器不是完全最优的，它将在运行中得到优化），这样使 C_p取最大值的 C_t将小于 8/9，相应的 C_p最大值也将小于理想系统中的值。另一方面，影响整体能量交换的任何外部质量流量（如不通过叶轮的流量），例如通过协助尾流传输，可能使旋翼平面上 C_t的最佳值超过 8/9。Phillips 等在文献［45］中得到的结果表明在一个设计较好的扩散器中，可能实现 1 左右的最佳 C_t值。

在实际系统中应用广义叶素动量法需要足够小心，但新的理论同时也为流集

线器中叶轮设计的最优化提供了一种合理的方法和参数视角，这在以前是不适用的。如 Jamieson 在文献［46］中所提的通用方法将用 $\eta(a)a_0$ 替换 a_0，其中 $\eta(a)$是根据经验数据、计算流体力学分析及其他方法定义的系统效率函数。Jamieson 在文献［46］中还讨论到 a_0 的估计也同样不简单。

然而表征流量增量的变量 a_0 的引入结合正压力系数所代表的普遍性，表明了叶素动量理论的扩展，这很容易执行，还可用于流量集线器中叶轮的设计上。

同样重要的是需要了解系统中何处采用管道式叶轮，在潮汐涡轮机距离自由水面和海床的距离与叶轮尺寸相比不太大的情况下，此处发展的广义叶素动量理论将不适用。在这种情况下，仅含有压力和速度项的伯努力方程（风机激励盘模型的一般基础）是不够的，充分的模型[47]必须应考虑浮力项，因为涡轮尾缘的压力下降将引起海平面的局部下降。

在用常用的数值方法求解叶素动量时，可以绕过进行上述讨论所得到的叶素动量理论的解析关系。然而用公式进行明确的表达被认为在设计开发、推进初步参数研究以及洞察在叶轮设计中一些关键变量如何影响其性能等方面具有巨大的价值。此问题将在以后具体案例的研究背景下重新探讨。

1.13　激励盘和叶素动量理论的局限性

1.13.1　激励盘的局限性

尽管激励盘的概念有着巨大的实用价值，Froude 依然意识到尚有许多未解决的问题，特别是关于在盘的边缘发生了什么。van Kuik 在文献［23］中建议对激励盘边缘（开流中）的实验论证及建模效果的局限性均表明旋翼平面的速度比 Froude 理论预测的速度值更高（这里的旋翼平面速度是上游和远尾流速度的平均）。他认为，这相当于存在一个边缘的作用力引起了额外的流量通过激励盘（依据 1.5 节的广义激励盘模型，这暗示着轻微的流量增加使得 $a_0<0$）。这一点即使在理想的非黏性情况下也可以考虑应用，这不是由于外部流的尾迹夹带造成的，它可能在真实的风力条件下提高叶轮的性能。

1.13.2　尾翼旋转和尖端效应

所谓的尖端效应本质上区别于相似性叶轮、翼型选择和叶片数目方面的设计速度。受无限多的无限细长叶片以无限旋转速度传动的限制，所有功率是在没有转矩反应或尾翼旋转的情况下产生的。

假设一个均匀风场上游的叶轮没有内在的旋转结构或初始角动量，可以预测出所有具有有限叶片数和有限转速的实际叶轮尾翼处角动量作用的产物，这意味着相应的存在一个非零的转矩反应。

这不是问题，但 De Vries[39]及后来的 Sharpe[48]提出的观点是尾翼角动量与尾流的核心静压力降低有关，对此降低进行保守地分析是由于叶片循环。这违背了本书中提到的 Wilson、Lissaman 和 Walker 提出的传统的叶素动量建模。Madsen等人[49]最近提出的计算流体力学模型支持了 De Vries 的解释。这对于叶素动量理论的物理解释和叶轮空气动力学的详细设计计算的准确性意义重大。当被用于设计尖速比大于6 以上的叶轮上时，它对顶层参数分析和 1.10 节提出的公式影响不大。特别是对叶轮的详细气动设计，尤其是对轮毂和尖端区域附近的设计非常重要，对设计尖速比非常低的叶轮具有实质意义。

现在有很多尖端效应的模型（例如见文献［50］）。Prandtl 模型因其最简单有效而被采用，纯粹为了方便，考虑到区分这些模型或得到实际尖端流准确的对应关系已记录在册，简单的叶素动量理论一般是不够的。还应该注意的是还有很多不同的方法用于考虑尖端因素，它们不同于式（1.35）和式（1.36）的各种细节，这两个式子中包含了 Anderson 在文献［51］中提出的一个简洁模型，该模型考虑了诱导因子的循环变化。

1.13.3　最佳叶轮理论

前面已提到过，最佳叶轮理论是由叶素动量理论演变而来的，与那些由整个叶轮跨度方向上理想激励盘假设推导出来的轴向感应处为 1/3 的理论有略微的差别。这些差异被认为是不重要的，因为从对它们真正有意义的来讲，叶素动量理论是不够准确的。Madsen 延续之前的工作[49]所开展的对最佳叶轮设计的最新研究成果[52]表明最佳叶轮经典叶素动量法的解也不会达到非常精确的最优。在最佳叶轮的基本水平和实际的详细设计中，这都是很重要的，但不会很特别地削弱方程的价值，如可用于指导参数化设计研究的式（1.51）。

1.13.4　偏流

叶素动量理论中一个主要的缺点在于斜流中风机的建模。当气流斜向叶轮平面时，攻角周期性变换，特别是当流角接近失速这一点是非常重要的。条形理论假设叶轮可用相互独立的环形元件分析不那么合理。动态失速行为和失速滞后对叶轮性能有较大影响。同时，在斜流中关于尾流还有其他附加的问题，即它还保持关于叶轮轴对称吗？或者在风向上是斜的吗？实验证据和计算流体力学分析暗示了后者的答案。倾斜的尾流校正，例如基于 Glauert 在文献［53］中的论述，已被应用于采用叶素动量法对斜流的建模中。叶素动量理论可以采用简化的假设（例如在流量计算时考虑风矢量的角度），可纳入动态失速模型并可得到有用的结果。然而在斜流中进行基本计算（甚至如平均叶轮功率在确定时）比风向垂直于叶轮平面的情况有更大的不确定性。一般来说，采用涡尾流模型所进行的更先进的空气动力学建模[9,54]或计算流体力学等方法都是可取的。

1.13.5 小结

本节强调了叶素动量法的局限性。在许多情况下，计算流体力学和涡流理论为基础的分析可能更准确。然而尽管近年来取得了巨大的进展，但仍有待继续努力。目前的计算流体力学技术还不能求解与大自然客观规律相同的 Navier - Stokes 方程。湍流层、过渡层和边界层的建模仍然是有问题的。一些涡尾流模型对 Froude 定理进行了假设，同时对一些计算流体力学分析进行了校准以再现激励盘的结果。它是通过各种技术的混合，汇聚了不同的见解，再加上实验反馈才取得的进步。

参考文献

[1] Breton, S.-P. (2008) Study of the stall delay phenomenon and of wind turbine blade dynamics using numerical approaches and NREL's wind tunnel tests. Doctoral theses at NTNU, p. 171. ISBN: 978-82-471-1019-5.

[2] Chaviaropoulos, P.K. and Hansen, M.O.L. (2000) Investigating three-dimensional and rotational effects on wind turbine blades by means of a quasi-3D Navier Stokes solver. *Journal of Fluids Engineering*, **122**, 330–336.

[3] Raj, N.V. (2000) An improved semi-empirical model for 3-D post stall effects in horizontal axis wind turbines. Master of Science thesis in Aeronautical and Astronautical Engineering, University of Illinois at Urhana-Champaign, Urhana, IL.

[4] Himmelskamp, H. (1947) Profile Investigations on a Rotating Airscrew. MAP Volkenrode Report and Translation No. 832.

[5] Snel, H., Houwink, R., van Bussel, G.J.W. and Bruining A. (1993) Sectional prediction of 3D effects for stalled flow on rotating Blades and comparison with measurements. 1993 European Community Wind Energy Conference Proceedings, Lubeck-Travemunde, Germany, pp. 395–399.

[6] Rasmussen, F., Hansen, M.H., Thomsen, K. *et al.* (2003) Present status of aeroelasticity of wind turbines. *Wind Energy*, **6**, 213–228. doi: 10.1002/we.98.

[7] Snel, H. (2003) Review of aerodynamics for wind turbines. *Wind Energy*, **6**, 203–211. doi: 10.1002/we.97.

[8] Ostowari, C. and Naik, D. (1985) Post stall studies of untwisted varying aspect ratio blades with NACA 4415 airfoil section part 1. *Wind Engineering*, **9** (3), 149–164.

[9] Simoes, F.J. and Graham, J.M.R. (1990) A free vortex model of the wake of a horizontal axis wind turbine. Proceedings of the 7th BWEA Conference, Norwich, UK, pp. 161–165.

[10] Schreck, S. and Robinson, M. (2002) Rotational augmentation of horizontal axis wind turbine blade aerodynamic response. *Wind Energy*, **5**, 133–150. doi: 10.1002/we.68.

[11] Hoerner, S.F. (1965) *Fluid Dynamic Drag*, Published by the Author.

[12] Krauss, T.A. (inventor) (1986) X-wing aircraft circulation control. US Patent 4,573,871, March 1986.

[13] http://www.rdmag.com/News/2010/01/Energy-More-power-circulation-control-to-alter-wind-turbine-design. Accessed August 2010.

[14] Lewis, R.I. (1991) *Vortex Element Methods for Fluid Dynamic Analysis of Engineering Systems*, Cambridge University Press, Cambridge, p. xix.

[15] Windblat Enercon House Magazine, Issue 3 2008, http://www.enercon.de/www/en/windblatt.nsf/vwAnzeige/4DA5AEEBACEAEDFDC12574A500418221/$FILE/WB-0308-en.pdf.

[16] Di Maria, F., Mariani, F. and Scarpa, P. (1997) Chiralic bladed wind rotor performance. Proceedings of the 2nd European & African Conference on Wind Engineering, Palazzo Ducale, Genova, Italy, June 1997, pp. 663–670.

[17] Holland, R. Jr. (1981) The Holland Roller Windmill. Investigation and Demonstration of Principles. Report No. DOE/R6/10969- T1, DE86 00478, US DOE, June 1981.
[18] http://en.wikipedia.org/wiki/Lift_(force). Accessed August 2010.
[19] Froude, R.E. (1889) On the part played in propulsion by differences in fluid pressure. *Transactions of the Institute of Naval Architects*, **30**, 390.
[20] Bergey, K.H. (1979) The Lanchester-Betz limit. *Journal of Energy*, **3**, 382–384.
[21] van Kuik, G.A.M. (2007) *The Lanchester-Betz-Joukowsky Limit, Wind Energy*, Wiley Interscience.
[22] Okulov, V.L. and van Kuik, G.A.M. *The Betz-Joukowsky Limit: A Contribution to Rotor Aerodynamics by Two Famous Scientific Schools*, Wind Energy, Wiley Interscience. doi: 10.1002/we.464.
[23] van Kuik, G.A.M. (1991) On the limitations of Froude's actuator disc concept. PhD thesis, Technical University of Eindhoven.
[24] Rechenberg, I. (1989) Development and operation of a novel wind turbine with vortex screw concentrator. Second Joint Schlesinger Seminar on Energy and Environment, Berlin, pp. 1–11.
[25] Sforza, P.M. and Stasi, W.J. (1979) Field testing the vortex augmentor concept. Proceedings of Wind Energy Innovative Systems Conference, Colorado.
[26] Oman, R.A., Foreman, K.M. and Gilbert, B.L. (1975) A Progress Report on the diffuser augmented wind turbine. 3rd Biennial Conference and Workshop on Wind Energy Conversion Systems, Washington, DC.
[27] Hansen, M.O.L., Sorensen, N.N. and Flay, R.G.J. (1999) Effect of placing a diffuser around wind turbine. European Wind Energy Conference, pp. 322–324.
[28] Bussel, G.J.W. (2007) The science of making more torque from wind: diffuser experiments and theory revisited. *Journal of Physics: Conference Series, Denmark*, **75**, 1–11.
[29] Jamieson, P. (2008) *Generalised Limits for Energy Extraction in a Linear Constant Velocity Flow Field*, Wind Energy, Wiley Interscience, January 2008.
[30] Lawn, C.J. (2003) Optimisation of the power output from ducted turbines. *Proceedings of the Institution of Mechanical Engineers, Part A: Journal of Power and Energy*, **217**, 107–117.
[31] http://www.flodesignwindturbine.org. Accessed August 2010.
[32] Glauert, H. (1963) Airplane propellers, in *Division L. of Aerodynamic Theory*, vol. **IV** (ed. W.F. Durand), Dover.
[33] Wilson, R.E., Lissaman, P.B.S. and Walker, S.N. (1976) *Applied Aerodynamics of Wind Power Machines*, University of Oregon.
[34] Walker, S.N. (1976) Performance and optimum design analysis/computation for propeller-type wind turbines. PhD thesis, Oregon State University.
[35] Manwell, J.F., McGowan, J.G. and Rogers, A.L. (2008) *Wind Energy Explained*, John Wiley & Sons, Ltd, Chichester, ISBN: 13: 978-0-471-49972-5 (H/B), March 2008.
[36] Betz, A. (1927) NACA Technical Memorandum 474. Die Naturwissenschaften, Vol XV, No 46, November 1927.
[37] Gasch, R. and Twele, J. (2002) *Power Plants: "Fundamentals, Design, Construction and Operation"*, Chapter 8, James & James, October 2002, ISBN: 10: 1902916379, ISBN: 13: 978-1902916378.
[38] Burton, A., Sharpe, D., Jenkins, N. and Bossanyi, E.A. (2004) *Handbook of Wind Energy*, John Wiley & Sons, Ltd, Chichester.
[39] De Vries, O. (1979) *Fluid Dynamic Aspects of Wind Energy Conversion*, AGARDograph, Vol. **243**, NATO, Advisory Group for Aerospace Research and Development, July 1979, ISBN: 92 835 1326-6.
[40] Jamieson, P. (2009) *Lightweight High Speed Rotors for Offshore*, EWEC Offshore, Stockholm.
[41] Spera, D.A. (ed.) (2009) *Wind Turbine Technology: Fundamental Concepts in Wind Turbine Engineering*, 2nd edn, ASME Press.
[42] Maheri, A. (2006) Aero-Structure simulation and aerodynamic design of wind turbines utilising adaptive blades. PhD thesis, Faculty of Computing, Engineering and Mathematical Sciences, UWE, Bristol.
[43] Milborrow, D. (1982) Performance blade loads and size limits for horizontal axis wind turbines. Proceedings of the 4th BWEA Wind Energy Conference, Cranfield BHRA.
[44] Boeing (1982) Mod-2 Wind Turbine System development Final Report, Vol. II, Detailed Report No. NASACR-168007, DOE/NASA/0002-82/2, NASA Lewis Research Centre, Cleveland, Ohio.
[45] Phillips, D.G., Flay, R.G.J. and Nash, T.A. (1999) Aerodynamic analysis and monitoring of the Vortec 7 Diffuser-Augmented wind turbine. *IPENZ Transactions*, **26** (1), 13–19.

[46] Jamieson, P. (2008) Beating Betz–Energy Extraction Limits in a Uniform Flow Field. EWEC 2008, Brussels, March 2008.
[47] Whelan, J., Thomson, M., Graham, J.M.R. and Peiro, J. (2007) Modelling of free surface proximity and wave induced velocities around a horizontal axis tidal stream turbine. Proceedings of the 7th European Wave and Tidal Energy Conference, Porto, Portugal.
[48] Sharpe, D.J. (2004) A general momentum theory applied to an energy-extracting actuator disc. *Wind Energy*, **7**, 177–188. doi: 10.1002/we.118.
[49] Madsen, H.A., Mikkelsen, R., Øye, S. and Bak, Johansen, J. (2007) A detailed investigation of the Blade Element Momentum (BEM) model based on analytical and numerical results and proposal for modifications of the BEM model. The Science of Making Torque from the Wind. *Journal of Physics: Conference Series*, **75**, 012016.
[50] Shen, W.Z., Mikkelsen, R. and Sorensen, J.N. (2005) Tip loss corrections for wind turbine computations. *Wind Energy*, **8**, 457–475. doi: 10.1002/we.153.
[51] Anderson, M.B. (1981) An experimental and theoretical study of horizontal axis wind turbines. PhD thesis, Cambridge University, Cambridge, UK.
[52] Johansen, J., Madsen, H.A.,Gaunaa, M. *et al.* (2009) Design of a wind turbine rotor for maximum aerodynamic efficiency. *Wind Energy*, **12** (3), 261–273. doi: 10.1002/we.292.
[53] Glauert, H. *A General Theory of the Autogyro*. ARCR R&M No.1111, 1926.
[54] Kloosterman, M.H.M. (2009) Development of the Near Wake behind a HAWT including the development of a free wake lifting line code. MSc thesis, TU Delft, 17 June 2009.

第 2 章　旋翼气动设计

2.1　最佳叶轮和硬度

通过求解式（1.51）可以得到最佳的叶片弦宽：

$$c(\lambda,\ r) = \frac{16\pi R^2}{9BC_{\mathrm{ld}}\lambda^2 r} \tag{2.1}$$

式中，C_{ld}是设计升力系数，是与半径 r 处的翼型剖面最大升阻比相关的升力系数。

从式（1.52）可以得到对应的最佳叶片扭转分布。

在创新设计的背景下，将考虑式（2.1）所显示的所有参数化影响：

- 叶片数，B（第 11 章和第 19 章）；
- 设计升力系数，C_{ld}（随后的 2.4 节）；
- 设计尖速比 λ——高速叶轮（第 7 章，7.2 节）。

风机叶轮的硬度是一个宽松地表达了叶片（一侧）的表面积与叶轮扫掠面积之比的术语。这里的面积是一个俯视图面积，而不是投射到叶轮平面的面积，由于叶片扭角分布它一般比较小。

半径 r 处的局部硬度可能由宽度为 Δr 的环的扫掠面积定义：

$$\sigma = \frac{Bc(\lambda, r)\Delta r}{2\pi r\Delta r} = \frac{Bc(\lambda,\ r)}{2\pi r} \tag{2.2}$$

因此，对于整个叶轮：

$$\sigma_{\mathrm{Roror}} = \frac{B\int_0^R c(\lambda, r)\,\mathrm{d}r}{\pi R^2} \tag{2.3}$$

旋翼轮毂附近的面积可能气动性能不活跃，于是便出现了在叶轮稳定性措施中是包含进去还是排除在外的问题。这里没有明确的答案，因为无论以何种方式定义，这在很大程度上都取决于可靠性措施的目的是什么。因此，一般来说叶轮硬度是一个不精确的术语。尽管如此，它仍然是一个关于气动设计选择、负载和结构信息的有价值的概念。

增加设计尖端速度对于增加雷诺数会有好处，这种假设偶尔也会遇到。事实上，对于最佳叶轮设计，相反的观点是真的。风机叶轮的雷诺数从叶柄到叶尖随着流入的合速度和作为局部半径函数的叶弦的变化而变化。在指定的 70% 跨度处，雷诺数 Re，可（任意地）被视为将叶轮用一个整体代表。在式（2.4）中，将 Re 的基本定义与式（2.1）进行了结合。这表明，由于最佳叶轮的每处弦宽与设计尖速比的二次方成反比，因此 Re 随着设计 λ 的增加而减少：

$$Re = \frac{\rho W c(\lambda, r)}{\mu} \cong \frac{\rho \omega r c(\lambda, r)}{\mu} = \frac{16 \rho \pi R^2 V}{9 \mu B C_1 \lambda} \tag{2.4}$$

式（2.4）还表明，对于风速低于额定风速时运行于恒定尖速比的最佳叶轮，Re 在叶片跨度上大致恒定且与环境风速成正比。

对于任意选定的尖速比均可确定最佳叶轮设计。然而式（1.61）表明，对于给定的具有特定最大升阻特性和任意选择的叶片数的翼型，对于最佳整体性能，总有一个唯一的设计尖速比。现在就在变速叶轮设计的背景下进行考虑。

2.2　叶轮硬度和理想的变速运行

变速运行的理想是通过将叶轮速度与风速相匹配，来保持叶轮上恒定的最佳流动几何特性。因此，考虑到图 1.8，在最佳状态下，轴向感应 a，将具有最佳值 1/3，而且在每个径向站处的相对气流角 φ 将对应 a 的这个值。随着风速 V 的变化，叶轮转速 ω 将由控制系统所改变（通常通过发电机反作用转矩的电子控制）以保持其相对风速在一个固定的比例，因此设计尖速比 λ 将保持不变。现有技术水平所具有的、普遍用于大型风机叶片翼型的最大升阻比为 100 ~ 125。参照图 1.10，这意味着在设计尖速比约为 9 时将获得整体最大值。

如果额定风速（叶轮能产生额定功率的最低风速）典型地在 11m/s 左右，那么要运行在尖速比 $\lambda = \frac{\omega R}{V} = 9$，将意味着叶片尖端速度 $\omega R = \lambda V = 99\text{m/s}$。对于运行在以地面为基础的风场，这是一个比平常情况更高的尖端速度，并会产生不确定的噪声排放水平[⊖]。然而降低设计尖速比会带来两方面相反的后果：

1）可得到峰值 C_p 的轻微降低，因为 9 是完全最优的尖速比。

2）更高叶轮硬度的需求（更宽的弦宽）潜在地增加了叶片质量和成本（见 3.6 节）及运输的困难。

峰值 C_p 轻微的降低如图 1.9 所示，这是由于选择了一个比从图 1.9 推导出的最佳设计尖速比更低的值。如式（2.1）中所示，更低的设计尖速比意味着更高的硬度，除非翼型剖面的选择改为选择具有更高升力系数的剖面（见 2.4 节）。

⊖ 来自叶片的噪声排放是一种非常复杂的现象。声功率被认为随着叶片尖端速度的 1/5 次幂变化。这至少应该使其很明显的一点在于，对于特定应用，接近于噪声极限的设计不能轻易地忍受设计尖端速度的任何增加。

在实际叶轮设计中，前述讨论中所提出的问题很容易通过限制变速范围来解决。一般来讲，速度范围越大能量捕获越大，但电力电子器件的成本也越高。大部分的能源收益是在约 1.5:1 的速度范围内实现的，这是典型的双馈感应发电机（DFIG）变速运行的设计方案。

一台 1.5MW 的风机的典型稳态运行调度如图 2.1 所示。

图 2.1 中的设计方案被认为是对多个方面的协调：

• 对于最大气动性能，运行在最佳尖速比的区域。

• 利用了当前技术水平的翼型，但避免出现太高的硬度和过多的叶片表面积。

• 限制变速范围，从而限制功率转换器的成本，并避免与非常高的最高尖端速度相关的声学问题。

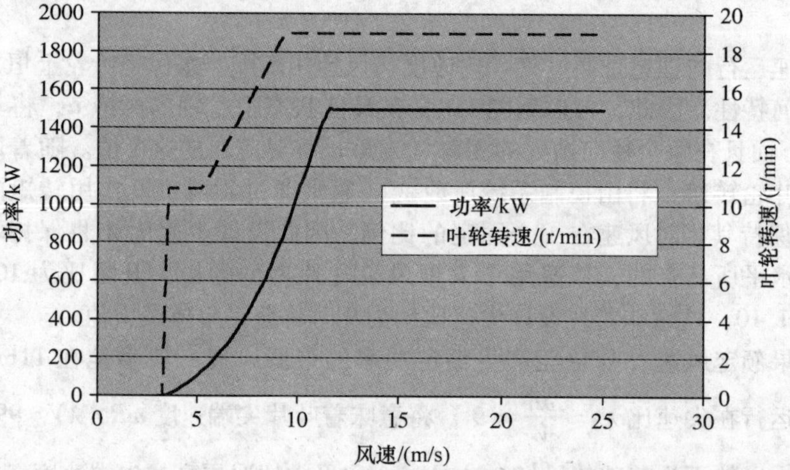

图 2.1　变速运行

尽管最佳气动设计主要由图 2.1 中相应的变速区域的设计尖速比决定，现在，由于存在 2 个固定速度低于额定风速的附加区域，运行调度变得相对复杂。在特定的设计场合使每年能源回报率最大化，那么通过将优化程序连接到叶素动量（BEM）软件中可最好地实现对平面设计（弦宽和扭转分布）更严格的优化。式（1.46）或式（1.51）的预测及相关的最佳转矩分布［式（1.52）］在提供优化的起始点方面仍然是非常有用的[⊖]。当然，集成叶片设计的优化将解决不只

⊖ 在许多这类优化中，一项（可充分节省计算时间的）有用的技术，首先是在根据式（1.52）确定的理论值时冻结扭转分布，优化弦分布，进而在此过程的后期解放扭转分布，完成连接处的最优化。

是能源捕获的问题。通常，此过程将包含约束（例如，最大尖端速度或关键负载的约束）和其他成本/价值的目标函数，像能量的成本，而不是简单的能量，如果能构建足够精细的模型来对其进行评估。

2.3 硬度和负荷

风机的设计荷载包络面系统通常在国际设计标准中规定[1-5]。进而，风机系统可以在很宽的负载情况下进行评估，这些负载情况可能出现在各种风力条件和叶轮状态下（通常包括正常运行、待机空转、维修和故障条件下的停机）。评估新概念的方法往往需要比较设计载荷的影响和负载的问题，在 10.4 节中对荷载工况进行了进一步讨论。

根据基本的激励盘理论（1.4 节），以最佳方式运行的叶轮，不管气动设计的细节，会达到约 8/9 的推力系数。因此，叶轮硬度对最佳叶轮的稳态工作载荷没有太大的直接影响。同样，一个低硬度的叶轮（因而具有相对更高的设计升力翼型剖面）由于叶片上的阻力也将具有更低的极端风暴载荷（叶轮停车或空转），但在带起提升载荷方面，却与高硬度叶轮有几乎相同的潜力。

叶轮硬度对动态（疲劳）载荷和各种极端荷载工况的影响更为微妙。降低硬度往往意味着降低质量、减少转动惯量和通常更大的结构灵活性。所有这些因素以适当的组合可导致与更低硬度的叶片有关的负荷大幅度降低。这将在 7.2 节的讨论中得以说明。

2.4 翼型设计开发

翼型设计发展，即使仅仅在风能技术的背景下，也是一个庞大的课题，本书在翼型选择如何与叶片结构相互作用的背景下概括性地考虑了这个问题。对于一个给定的设计尖速比，最佳叶轮设计只要求在要定义的每个叶轮半径处，弦与设计升力系数的乘积（即对应于使升力对阻力系数的比例最大化的攻角情况下的升力系数）。这是由式（1.46）定义的无量纲函数 $\Lambda(\lambda, x) = \dfrac{c(\lambda, x)C_1}{R}$ 的基础，是独一无二的。许多不同的翼型选择和叶轮平面形状，在径向各站保持乘积 $c(\lambda, x)C_1$ 在适当的值，因而对于给定的尖速比可以满足最佳叶轮设计。本设计的自由性有助于在“低升力翼型”和“高升力翼型”两个方面均引起关注，对于任何给定的设计尖速比，它们分别允许相对较宽或较窄的弦宽。

低升力机翼发展在 20 世纪 80 年代中期开始于美国国家可再生能源实验室（NREL）的前身——太阳能研究所（SERI）。低升力翼型发展的主要目标不见得是在设计运行点具有低升力，从而具有更宽的弦宽（所谓的更大的结构上的安慰）。因此，这样“低升力”的翼型在瞄准低设计 C_l 值方面没有直接的主题。然而它们代表了风机叶轮空气动力学最有趣的一个发展。这些所谓的低升力翼型的意图是限制最大升力，最关键的是减少最佳升力设计点和最大升力之间的差异，进而限制非设计工况下翼型带起高负荷的能力。值得注意的是，这与飞机设计的目标是截然相反的[㊀]，在飞机设计中，设计点（最高升阻比）和失速（飞机潜在的灾难）之间的巨大差异，代表在起飞和着陆的低速运行时的安全裕度和额外的提升能力。

Tangler 和 Somers[6,7]研制出了符合此“低升力”设计准则的翼型。将 SERI S805 翼型同 NACA 63418（见表2.1）做比较，在相同的设计升力系数 C_{ldes} 和相关的入射角 α_{des} 时，S805 具有明显更低的最大升力 C_{lmax} 及降低了的设计点和失速之间的入射范围（$\alpha_{max}-\alpha_{des}$）。

表2.1 设计升力特性

	C_{lmax}	C_{ldes}	α_{des}/(°)	α_{max}/(°)	($\alpha_{max}-\alpha_{des}$)/(°)
S805	1.20	0.70	4	12	8
NACA63418	1.62	0.75	4	16	12

这些问题持续被探索着，如 Giguère、Selig 和 Tangler 在 1999 年发表的论文[8]。通过降低最大升力对负载进行调整，从而改进叶轮设计，使叶轮具有更大的直径和更高的能量生产力，而不超过原设计荷载的包络线。设计范围随后被扩大，一个新的翼型系列（NREL 翼型）被研制出来[9-11]，用于包含内部和外部叶轮剖面及不同运行模式的一系列应用。这些随后被成功地用于许多风机的设计中。

在高升力翼型发展背后的观念也各不相同。在行业中强有力的主题是开发高升力部分内侧叶轮。在实际叶片设计中，由于生产很少的电能将会岌岌可危，在约20%跨度的内侧，气动设计在很大程度上是被抛弃的，并且结构转换是在20%跨度的翼型剖面和（通常）圆柱形叶柄末端之间受影响。然而根据最佳叶轮理论可以预测出在叶片内侧具有非常大的弦宽和非常高的叶片扭转角，最大弦趋向于非常大，比有效结构上的情况宽得多，而且对于操作和运输同样是有问题的。由于更高的（设计）升力剖面将有一个相对较小的相关优化弦宽，因此这只是一种可能的解决方案。根据 FFA[12]、Risø[13]和 Delft[14]确定的目标已开发出很多更高的升力剖面。

实现内侧叶片加厚的替代方案是将翼型截短。

㊀ 风力发电机组的空气动力学始于一种看法，即其翼型设计经历了两次世界大战和许多年的民用航空器运行磨练之后，飞机制造工业当然必须“万事通”。最初的翼型选择很不合理，例如广泛用于直升机技术的 NACA 230xx 截面的性能对于来自沙漠尘土和昆虫的粗糙表面过于敏感。

早在 1984 年，苏格兰格拉斯哥豪顿风机有限公司（Howden Turbines Ltd.）开发设计的 750kW 的风机在叶片风机的基础上逐步增加了 NASA LS 截断部分的 21%。因此，尽管相对于最初完整的翼型弦，截面保留了 21% 的厚度，但是相对于截弦，它们的厚度被大大增加。被截尾的翼型截面从跨度中点内侧到最大弦促进了叶片的结构设计和制造，而且不对预期的气动性能做出妥协。对截尾翼型的兴趣正在强烈的复兴，对于在使用中的靠近叶柄处的结构收益和轻微的能量增益，现在经常被描述为“平背”翼型[15]。

1993 年，处于完全不同的目标，为了研究用于控制功率和限制叶轮超速的设备（SLEDGE－滑动前缘）[16]，在伦敦帝国学院对由 NASA LS 21% 截面的首个 20%～30% 的弦组成的各种各样的“D”字截面进行了风洞试验（见图 2.2 的插图示意）。图 2.2 的插图数据对于“D”字截面显示出出乎意料的接近 3 的高升力系数。与从机翼后缘测量的一样，高达 80% 的弦的极端截尾当然远远超出将用于电能生产的内侧叶片剖面的水平。然而它也报告出了“D”字截面的高升力特性，解释了为什么寄希望于被截断的剖面上存在高升力，或者等价于截尾通常对提升性能的影响很小。这也启发了人们为什么像 Sanonius 型的叶轮（第 13 章）不是纯粹的阻力设备。

从事于特定的翼型设计目标，如失速调节叶轮的低升力和内侧翼型剖面的高升力，很快扩展到了对整个叶轮的定制翼型设计。例如，代尔夫特大学开发的截面现在非常广泛地应用于工业中。

表 2.2 和图 2.3 是由 van Rooij 得出的[14]。图 2.3 中的 DU 截面已被 GE Wind、Repower、DeWind、Suzlon、LM Glasfiber、NOI Rotortechnik、Fuhrlander、Pfleiderer、Euros、NEG Micon、Umoe blades、Ecotecia 和其他公司广泛应用。

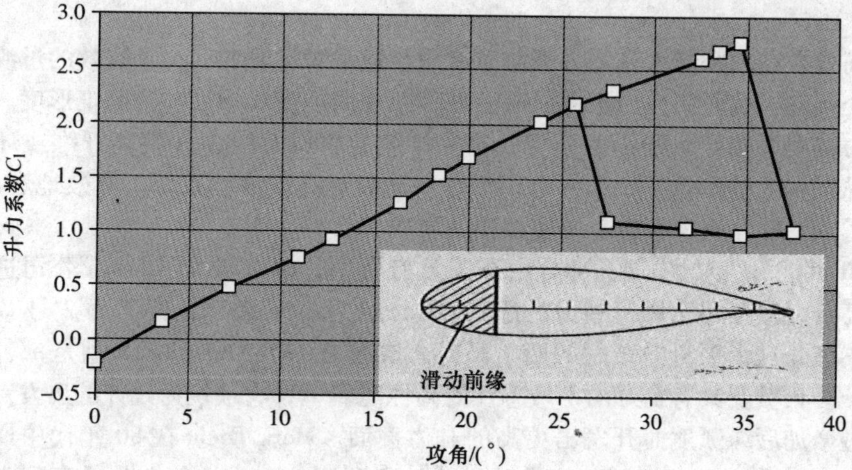

图 2.2 “D”字截面的升力特性

在丹麦 Risø 可再生能源实验室对很多翼型进行了开发。Risø – B1 翼型系列被开发用于具有变速和变桨距的兆瓦级风机。

表 2.2 水平轴风机翼型综述

一般航空翼型	风机专用翼型
NACA 63 – 4xx	S8xx（NREL，美国）
NACA 63 – 6xx	FFA W – xxx（FOI，瑞典）
NACA 64 – 4xx	Risø – A1 – xxx（B，P 系列，Risø，丹麦）
—	DU xx – W – xxx（Delft，荷兰）

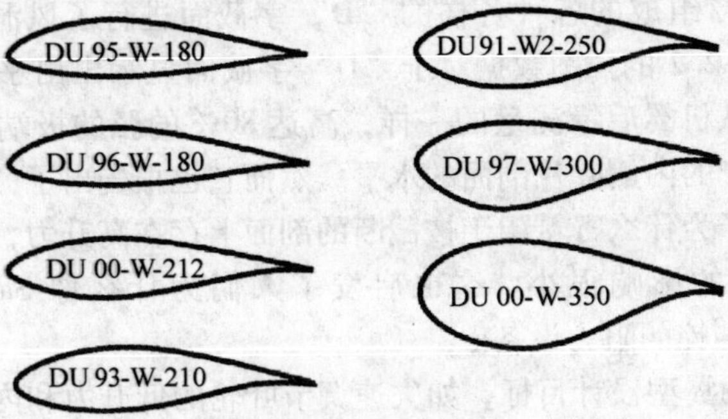

图 2.3 DU 翼型综述

对厚弦比在 15% ~ 53%、覆盖了风机叶片整个跨度的 7 种翼型进行设计。这些翼型被设计成具有很高的最大升力，而且高设计升力允许细长的柔性叶片，同时维持很高的气动效率。这一目标可以被看作恰好与 2.2 节中所讨论的问题一致。

高升力在减小最大弦宽方面明显有用，通常对运输和结构上有效的过渡到叶柄是个问题。然而高升力也可以减少外部叶片的硬度，增加叶片的锥形度。虽然高升力截面可能导致很小的弦宽，这在传统的材料系统中（玻璃纤维或环氧树脂）从结构上效率低下，但它可以很好地适应更高强度的系统，有效地利用碳，并通过减少叶片表面积避免屈曲加固的要求。

20 世纪 90 年代中期，部分由英国政府资助，GL Garrad Hassan 公司进行了探索高升力翼型用于风机潜力的研究。Garrad Hassan 公司的高升力 2 号 GHP_HL2 翼型是这个项目中开发的两个高升力翼型之一。NASA LS18 型是一种用于风机、对粗糙度具有良好的不敏感性的高性能翼型，它被视为设计的出发点，而且通过增加后缘弧度而开发出更高的升力截面。Mark Drela 在 80 年代中期开发出了 XFOIL 代码用于翼型剖面设计，并且所预测的二维性能在伦敦帝国学院的风洞试验中被证实。虽然这项工作没有进一步开发一系列的用于风机叶片的翼型，但出现了一些具有启发性的结果。

图 2.4 显示了 GHP _ HL2 翼型在雷诺数在 1000000 ~ 4000000 时升阻比的变化。NACA 63421 翼型在 Re = 3000000 时的升阻极性也被包含在内，可用于比较。

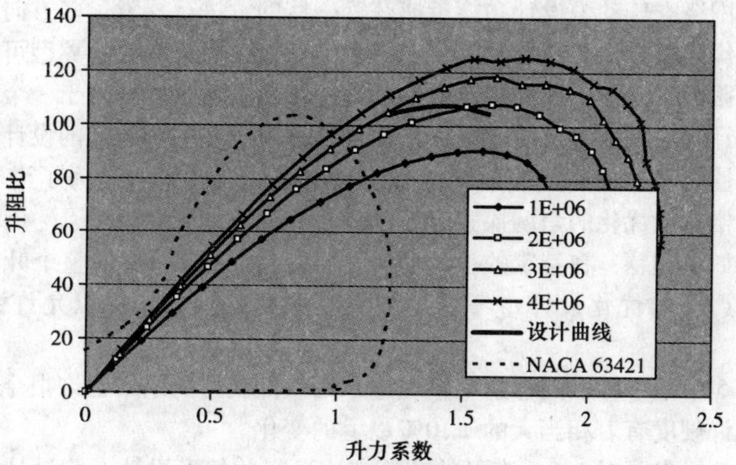

图 2.4 升阻比比较

按设计意图，GHP _ HL2 翼型在最大升阻比时的升力系数高达 1.5 ~ 1.7，这取决于雷诺数。假设一个使用 GHP_ HL2 翼型的设计是基于 2000000 的雷诺数，设计升力系数为 1.5，这将决定一个如式（1.46）中所定义的、满足最佳升力分布 $\Lambda(\lambda, x)$ 的最佳弦 c_{opt}。增加或减少弦超过局部最佳值时会增加或减少局部雷诺数，而最大的升阻比只有微弱的变化。这用图 2.4 所示的一系列被描述为“设计曲线”进行了说明。最终的结果是，弦宽（对于结构设计允许最佳选择）可能出现相当大的变化，而叶轮性能没有任何显著的退化。图 2.4 中的设计提升系数变化为 1.2 ~ 1.6（约为 ±14%），在弦宽选择上允许约 30% 的总变差［见式（2.1）］，同时保持最大升阻比的变化约在 4% 以内，这对最大值 C_p 的影响极小（见图 1.10）。

因而，在最大升阻比附近具有平顶的升阻极性有利于翼型设计。弦和雷诺数之间的补偿关系，导致设计点特征比在任意固定雷诺数的极性特征都要平坦，这是一个更为明显的好处。一般而言，这不是专门针对高升力翼型的设计，尽管特定的高升力 GHP – HL2 设计具有非常有趣的特性。除了在弦宽选择方面允许设计灵活性之外，当跟踪最大 C_p 值到偏离设计的运行状态时，这将降低功率性能的灵敏度。

2.5 气动性能对平面形状的敏感性

考虑了气动性能、结构与负载、声学性能、生产实践等问题的叶轮设计，极其复杂，越来越多地采用精细的最优化设计工具[19]。在接近结构设计的一般性质之前，围绕空气动力设计和能量捕获等一些问题进行探索。多方向风荷载作用下的结构优化梁将比传统的叶片更像一个锥形管，而最有效的翼型可能有相当脆弱的后缘截面，且对于弦的最佳厚度比理想结构要薄得多。由于一个最佳的空气动力学设计几乎可以肯定结构上不是最佳的，对于一些所选定的设计，最佳弦宽对于功率性能和能量捕获的敏感性可能被考虑到。此想法是为了潜在的结构收益，从严格气动优化的角度探索自由度的存在以改变弦宽。

考虑如下问题：在特定的设计场所，年能量超过0.5%的整个叶轮上没有净损耗，在严格的优化设计中考虑不同翼型系列的设计，可以允许弦宽多大的变化?

图2.5中基于标准的叶素动量理论采用软件获得的结果也许很令人吃惊，因为可以允许硬度有着相当大的±10%以上的变化。

图2.5提出了对100m直径的叶轮变速运行的外形设计。此设计是基于在叶片的跨度内具有典型范围内 t/c 值的NACA 634xx翼型剖面。除了对过渡到叶片叶轮区域通常的修改和使最大弦宽降低到低于最佳值之外，图2.5中的实线代表由式（1.46）中标准叶素动量理论确定的理想最佳形状。图2.5中的不规则形状是由于在通过跨度时翼型剖面特性发生了变化，在最终的叶片设计中会使之平滑。其他的线代表边界，在边界线内，叶片的整体形状可能发生变化，其能量的总体损失可能不会超过0.5%。

从结构的角度来看，如果该区域被发现是临界应力，这允许叶片有一系列的锥形比或在靠近中跨度处形状有明显的拓宽。

表2.3中的结果是从能量对形状变化的敏感性分析中得到的。任何能量计算均是基于假定的风场条件，在这种情况下，风场的年平均风速为8.5m/s及Rayleigh风力分布。对表2.3中的结果作以解释，硬度的变化范围为21%～25%（取决于选择的翼型形状），相应的大致在±10%～±12%，相对于严格的气动优化设计，年能量的损失不会超过0.5%，这是可能的。

现在还没有决定性的理由来选择0.5%作为一个权衡的限制，除非能源是风机系统的主要产出，而且只有相当小的能量牺牲，才可能有益于整体能量成本。此外，图2.5中给出的结果对特定的翼型选择和运行参数是很具体的。然而它是普遍的情况，即叶轮设计的能量捕获能力对形状变化具有实质性的限度。这也部分解释了“设计曲线”（见图2.4）对于失去最佳（C_l/C_d 最大值）性能的敏感性比特定雷诺数时任何 C_l/C_d 极性还要小。此容差非常有助于叶片设计。它允许在负载、能量和叶片（或其他组件）的成本之间进行权衡，可以在能源成本整体最优化的过程中充分利用，以满足设计目标，而不是纯粹的能源捕获最大化。

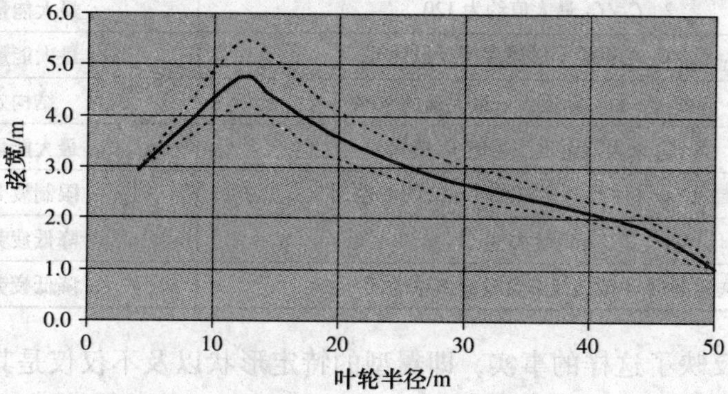

图 2.5　基于 NACAxx 翼型的形状包络线

表 2.3　翼型类型对百分比硬度变化的容差

NREL S816/7/8（%）	NACA 634xx（%）	高升力 GHP _ HL2（%）
21	24	25

2.6　翼型设计规范

本节围绕翼型设计和叶轮最优化的一些问题进行了讨论。表 2.4 提出了对用于附着流方向上变速风机变桨距调节（如没有直接利用失速）的翼型开发进行定性定义的需求。此翼型设计规范反映了一些特点，一些对能量捕获是必需的，一些对结构效率是必需的，一些对动态性能和疲劳载荷的限制是非常重要的。并不是所有的这些标准都可以很容易地在设计中定为目标或同时满足。动力方面外侧叶轮有更大的重量，而且内侧叶轮在结构上有进一步的改善。

回顾表 2.4，首要的设计需求起因于一种方法，在该方法中从结构上确定的局部硬度将隐含着被要求设计的 C_L 值。这适用于最综合型的设计方法，其中翼型设计（或至少选择）与结构设计相互作用。至于第 2 项和第 3 项，高升阻比的需求对几乎所有的气动机械都是必需的，这些值反映了目前切实可行的、能够维持大量湍流并避免过度粗糙敏感性的翼型。粗糙敏感性对于非失速调节设计完全不是必然的，因为大部分的敏感性表现为朝着最大升力方向的分离进展，直到翼型被设计为有实质性的层流。

表 2.4 翼型设计规范

设计需求	理由
1. 与结构符合的 C_L 值（C_L/C_D 最大时的值）	最佳叶片剖面结构
2. C_L/C_D 最大值约为 120	最大能量捕获
3. C_L/C_D 的粗糙不敏感度接近设计 C_L	最大能量捕获
4. 有效 t/c 的实际值大于最大值的 90%	结构效率
5. C_p 最大值附近平坦的 C_P 曲线	最大能量捕获
6. 避免 C_L 设计值和最大值时 α 之间的差别	限制疲劳负载
7. 良性失速	降低疲劳负载
8. 失速滞后（帮助缓解负升力斜率的回环）	降低疲劳负载

需求 4 反映了这样的事实，即翼型的特定形状以及不仅仅是其最大 t/c 值，均与其结构效率直接相关。有效 t/c 的比值 $(t/c)_{eff}$ 在 3.5 节中进行了定义和讨论。

其他的标准反映了风机动态性能的方面。需求 5 对于变速风机良好的 C_p 跟踪（更确切地说是对不完善的 C_p 跟踪提供了容差）是很重要的。需求 7 和 8 不是初步设计的考量，但它对避免任何特别不利的失速特性肯定是合适的。对机器疲劳对于失速特性的敏感性进行或多或少的通用设计研究是可行的。然而把具有任意精度的这些特性整合在一起，作为翼型设计过程一部分是极其困难的。

参 考 文 献

[1] International Standard IEC (2005–2008) 61400-1. *Wind Turbines – Part 1: Design Requirements*, 3rd edn, International Electrotechnical Commission.

[2] International Standard IEC (2009) 61400-3. *Wind Turbines – Part 3: Design Requirements for Offshore Wind Turbines*, International Electrotechnical Commission.

[3] Germanischer Lloyd (2010) Rules and Guidelines, IV – Industrial Services, Part 1 – Guideline for the Certification of Wind Turbines. Edition 2010.

[4] DIBt (2004) Schriften des Deutschen Instituts für Bautechnik, Reihe B Heft 8, Richtlinie für Windenergieanlagen – Einwirkungen und Standsicherheitsnachweise für Turm und Gründung, Fassung März 2004 einschl. Korrektur Dezember 2006 (Writings of the German Institute for Construction Technology, Series B Issue 8, Guideline for wind turbines–effects and stability analysis for tower and foundation, version March 2004 including correction December 2006).

[5] DNV (2007) Offshore Standard DNV-OS-J101. *Design of Offshore Wind Turbine Structures*, Det Norske Veritas.

[6] Tangler, J.L. and Somers, D.M. (1985) Advanced airfoils for HAWTs. Wind Power 85, San Francisco, August 1985.

[7] Tangler, J.L. and Tu, P.K.C. (1988) Peak power and blade loads on stall regulated rotors as influenced by different airfoil families. IEA Meeting, R&D WECS Joint Action on Aerodynamics of Wind Turbines, Lyngby, November 1988. Also SERI report TP-3334.

[8] Giguère, P., Selig, M.S. and Tangler, J.L. (1999) Blade Design Tradeoffs Using Low-lift Airfoils for Stall Regulated Horizontal Axis Wind Turbines. NREL/CP-500-26173, National Renewable Energy Laboratory, February 1999.
[9] Tangler, J.L. and Somers, D.M. (1995) NREL Airfoil Families for HAWTs, NREL/TP-442-7109, January 1995.
[10] Tangler, J., Smith, B., Jager, D. and Olsen, T. (1990) Atmospheric Performance of the Special-Purpose SERI Thin-Airfoil Family: Final Results. SERI/TP-257-3939, September 1990.
[11] Tangler, J.L. and Somers, D.M. (1987) Status of the Special Purpose Airfoil Families. SERI/TP-217-3264, December 1987.
[12] Björck, A. (1990) Coordinates and Calculations for the FFAW1-xxx, FFA-W2-xxx and FFA-W3-xxx Series of Airfoils for Horizontal Axis Wind Turbines. Report FFA TN 1990-15, Stockholm, Sweden.
[13] Fuglsang, P., Bak, C., Gaunaa, M. and Antoniou, I. (2004) Design and verification of the Risø-B1 airfoil family for wind turbines. *Journal of Solar Energy Engineering*, **126** (4), 1002. doi: 10.1115/1.1766024.
[14] Timmer, W.A. and van Rooij, R.P.J.O.M. (2003) Summary of the Delft University wind turbine dedicated Airfoils. *Journal of Solar Energy*, **125**, 488–496.
[15] Chen, X. and Agarwal, R. (2010) Optimization of flatback airfoils for wind turbine blade. ASME 2010 4th International Conference on Energy Sustainability (ES2010), Phoenix, Arizona, 17–22 May 2010.
[16] Jamieson, P. (1993) SLEDGE – A Novel Braking Device for Horizontal Axis Wind Turbines. Report WN 5119 for ETSU, 1993.
[17] Jamieson, P. and Rawlinson-Smith, R. (1994) High lift aerofoils for horizontal axis wind turbines. Proceedings of 16th BWEA Conference, Stirling, June 1994, pp. 85–90.
[18] http://web.mit.edu/drela/Public/web/xfoil. Accessed August 2010.
[19] Fuglsang, P. and Madsen, H.A. (1999) Optimization method for wind turbine rotors. *Journal of Wind Engineering and Industrial Aerodynamics*, **80** (1–2), 191–206.

第3章 叶轮结构的相互作用

3.1 叶片大体设计

与其他地方类似，设计的重点在于从顶级的参数化视角获得风机叶片材料和结构的基本信息。尽管叶片设计只是在轮廓层面上讨论，但集成叶轮设计及处理结构和空气动力学设计之间的相互作用已作为一个新的重点被提出来。作为对参数化研究层面上的简单回顾，及揭示详细叶片设计和制造中潜在的复杂性的修正，本章提出了工业叶片技术方面的一个片段（见3.6节）。

就叶轮叶片而言，风机技术规模的增长是非常明显的[1]。在图3.1中，Vestas叶片是在希腊Didima地区附近通过海上运输的。每个制造商都花了许多年的时间去掌握这些技术，叶片制造商普遍开始充分地致力于[2]开发特定的材料系统和特定的流程。提出开发更大叶片的需求、制造过程的复杂性、进行彻底测试的必要性及维持每一次发展的质量保证的必要性，这是完全可以理解的。

图3.1 运输中的Vestas叶片公司生产的叶轮叶片。Vestas技术研发公司版权所有，授权发表

---

[1] 与最新的巨型叶片相比，作者可以回忆起（1984年访问苏格兰西部马尔岛风场期间）在车顶支架上运输一个（从一个故障叶轮中挽救回来的）航空之星3.5m叶片的情形。

[2] 技术的不断进步都或多或少地推进其更彻底的发展，例如Aerpac从用聚酯树脂手糊成型转换到环氧树脂灌注的发展。

在这种情况下，更广泛的、更普遍但是对于叶轮系统实现能源成本（COE）最低的最佳材料系统也是最相关的问题通常还未解决。因此，这里尝试用简单的顶层参数分析来检验该问题，其目的是说明气动设计（它提供了风机主要的功能性输出——能源生产）与结构设计（通过影响叶轮载荷进而影响叶片成本与系统成本）之间重要的相互作用。正如本书中提出的诸多参数分析，通过这样的调查不会得到任何最终的答案。他们的目的是在更加深入地分析详细设计阶段之前启示和指导技术开发的选择。

3.2　叶片结构基础

叶片设计是空气动力学与结构的结合，前者需要细长的翼型剖面使阻力最小，后者寻求圆形剖面以便在全方位载荷的作用下有较好的鲁棒性。因此两者之间需要一定的妥协，很自然地通过结构控制内侧叶片（生产的电能较少但能维持最大的弯曲载荷），通过空气动力学对跨度外侧的 50% 进行裁定，图 3.2 对此情况进行了总结。叶柄端部面临着典型的结构性挑战之一——如何设计金属和复合性材料结构之间的有效过渡。叶片复合材料主要的强度在于其纵向纤维，一个流行的解决方案是用锥形螺栓连接到尽可能多的纤维，用内螺纹调节螺栓将叶片端部固定到轮毂法兰上。

恰好在叶柄区域以外，这在现代设计中几乎是普遍流行的，过渡发生在气动叶片大约 25% 跨度开始的地方。这一区域的加载路径非常复杂，每单位长度的叶片表面积正最大限度地引入对屈曲皮的关注。进一步考虑移动外侧空气动力学变得越来越重要，一场维持翼型厚度而不对气动性能做过多妥协的战争正在进行中。

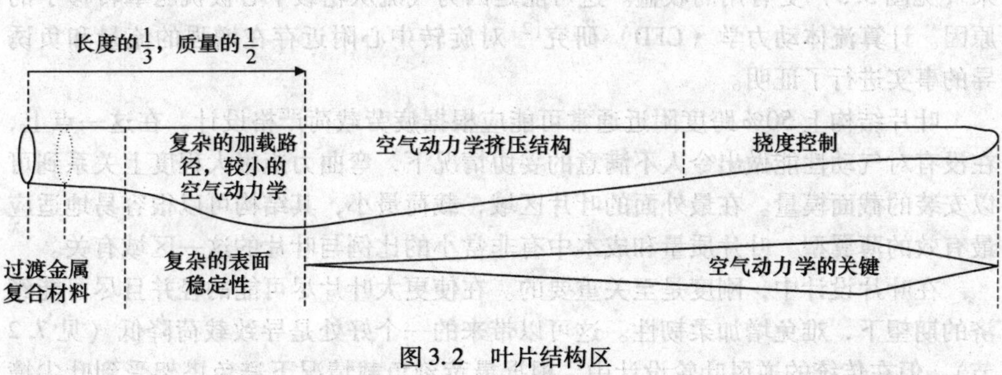

图 3.2　叶片结构区

典型的功率随叶片跨度的分配（见图 3.3 中基于运行于低于额定风速的 3MW 风机分析），显示了对外叶片重要性明显的倾向。电能生产随着半径线性增大至某一点，在这一点上尖端效应又使之减弱。还应注意25%跨度附近最大弦的电源内部的下降以及来自叶柄端部附近即便是非常小的负贡献。概略的COE估计（见9.6节）表明在大地为基础的风场和少量的海上风场中叶轮叶片的资本价值可能大约是全生命周期成本的1/10。因此，每1%的能量捕获要比1%的叶片成套成本价值高10倍甚至更多，必须非常谨慎小心地考虑任何气动效率对于结构舒适度之间的权衡（如已在第2章讨论过的内容）。

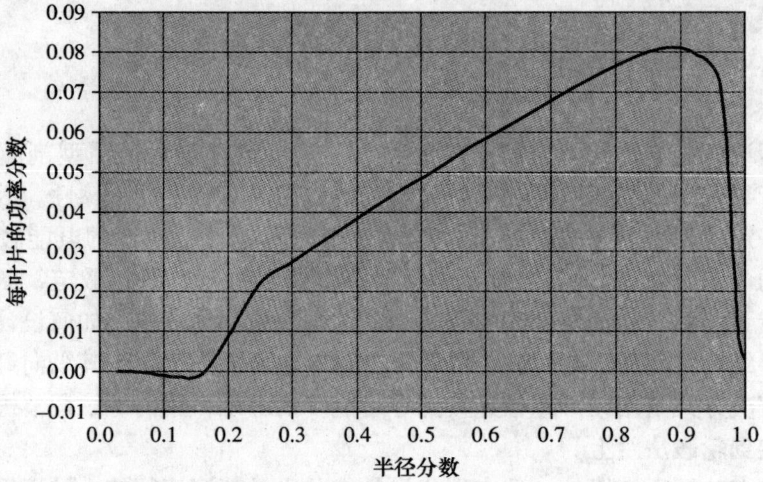

图3.3 叶片功率分布

虽然电能生产与叶片最深处的部分关联很少，但最近的研究[1]表明在轮毂附近改进叶轮气动设计可能得到比从简单的叶素动量（BEM）分析所预期的结果（见图3.3）更有用的收益。这可能是因为气流从轮毂中心被机舱罩转移了的原因。计算流体动力学（CFD）研究[2]对旋转中心附近存在增强的流量和负诱导的事实进行了证明。

叶片结构上50%跨度附近通常可能应根据疲劳载荷严格设计。在这一点上，在没有对气动性能做出令人不满意的妥协情况下，弯曲力矩很大程度上关系到可以安装的截面模量。在最外面的叶片区域，载荷最小，其结构可以很容易地适应最有效的薄翼型。叶片质量和成本中有非常小的比例与叶片的这一区域有关。

在叶片设计中，刚度是至关重要的。在使更大叶片尽可能的轻并且尽可能经济的期望下，难免增加柔韧性。这可以带来的一个好处是导致载荷降低（见7.2节），但在传统的逆风叶轮设计中，根据最苛刻负载情况下避免塔架受到叶尖撞击的关键要求，柔韧性当然是受限制的。

3.3 简化的盖梁分析

在许多叶片设计中，风机叶片的主要承载结构是一根圆木，其功能本质上是作为横梁（箱形梁或工字梁取决于剪切网的排列）使用。从典型的叶片设计中提取的盖梁可能被描述为一个简单的梁（见图 3.4）。此处是假设挥舞弯曲载荷（极端或疲劳）驱动着叶片的设计，但这通常就是现实的情况。

图 3.4 中的符号如下：

b	梁宽
d	梁厚
L	梁长
M	外部弯矩
E	弹性模量
I	截面惯性矩
t	翼型剖面厚度 = 梁深
t_i	内部梁深

现在考虑两种可能性：

1）该设计是由挠度极限驱动的。因此，即使叶片可以独立地维持更大的挠度而没有损坏，在最临界负载情况下即当叶尖撞上风力发电机组的塔架时，显然也必须阻止其偏离太远。

2）设计强度有限。在这种情况下，叶片可能很柔韧（可能是在顺风的叶轮结构中），也可能很僵硬以至于挠度足够大在撞向塔架之前就已折断。

现在的问题是如果以一个最小质量的梁为目标，每一种情况下的材料和尺寸特性相互之间是如何关联的。在任何给定的材料系统中，这样的梁成本将是最低的，但在分析过程中也允许在不同材料系统之间进行最基本层次的比较。

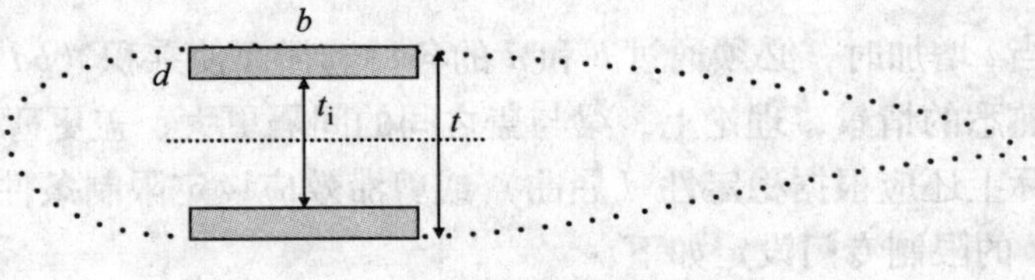

图 3.4　盖梁参数

3.3.1 规定挠度的最小质量设计

规定挠度为 δ，并引入常数 k，其值取决于梁剖面的细节：

挠度 $\delta = \frac{kML^2}{EI}$。

允许应力：$\sigma_a = \frac{Mt}{2I} = E\varepsilon_a$，其中 ε_a 是允许应变。

梁的质量：$m = 2\rho bdL$。

截面惯性矩：$I = \frac{bdt^2}{2}$。

由此可以推断：$m = \frac{M\rho\delta}{kLE\varepsilon_a^2}$。

对具有固定 δ、给定梁长度 L 并定义了外部载荷 M 的材料进行比较，相关的参数有 $\mu = \frac{\rho}{E\varepsilon_a^2}$。

对于碳：$\mu_c = \frac{1530}{138 \times 0.269^2} = 153$。

对于 E 玻璃：$\mu_g = \frac{1673}{26.8 \times 0.358^2} = 487$。

上述两值比值几乎等于 3：1。因此作为“副本”（相同的表面几何结构）且为增加刚度而设计的碳纤维增强塑料（CFRP）叶片，其质量通常是玻璃叶片的 1/3。

3.3.2 疲劳强度设计：无挠度限制

在规定挠度的情况下，很容易证明：

$$m = \frac{2M\rho L}{\sigma_a t}$$

质量 m 随着 t 的增加而降低，没有特别的限制，但是 $Z = \frac{2I}{t} = bdt$ 必须保持不变。

因此，当 t 增加时，必须通过 b 和 d 的各种选择而使乘积（bd）降低。此时出现了一个熟悉的情景，理论上，梁与盖之间的间隔更大、盖更薄，使得梁变得更轻，但实际上还应根据稳定性（屈曲）或剪滞效应设定限制条件[3]。

对增加 t 的限制专门设定如下：

1）如果 d 太薄，会产生屈曲或冲击；

2）如果 b 太小，则边缘的刚度不足。

如果定义各种材料 d 和 b 的限制制定好了，那么不同材料系统的最小质量才可以进行比较。

例如，如果将最小厚度 2mm 的玻璃与最小厚度 1mm 的碳相比，那么引入

$t\alpha 1/b$ 表示为 $\lambda = \left(\frac{\rho d}{\sigma_a}\right) = \left(\frac{\rho d}{E\varepsilon_a}\right)$ 是关联参数。

对于碳 $\lambda_c = \frac{1530 \times 1}{138.2 \times 0.269} = 41.2$。

对于玻璃：$\lambda_g = \frac{1673 \times 2}{26.8 \times 0.358} = 348.8$。

两者质量比为 8.5∶1（玻璃∶碳）。这是相当极端的，但只考虑过单向性能。然而，5∶1 的质量比（玻璃∶碳化纤维强化塑料）是通过比较实现的，在比较过程中可能对每一个平台设计均进行了优化使其更适应材料，此结果是可信的（此结论得到 3.5 节中讨论的包括概要叶片设计的参数研究的支持）。保持纤维对齐以实现其全强度是至关重要的，而且许多制造商不敢在叶片中使用大量的碳纤维。该情况随着供应的不确定性和成本的增加而加剧。不过仍然存在叶片中使用的材料更少、含碳量依然非常高而叶片更轻的潜力。㊀

前述的分析是非常简单的，但其结果在一定程度上也可得到叶片制造过程中实际经验的支持。法国 Atout Vent 公司生产的小型、本质上全碳的叶片，与当时的玻璃叶片具有相同的气动设计，它具有或多或少的成本优势，实现了所预计的“碳副本”：玻璃的质量恰好以 3∶1 的比例减少。因此，更大的质量降低可能导致玻璃和碳化纤维强化塑料叶片在一定的情景中进行比较，在该情景下，叶片直径和能量捕获相同，但平面形状的设计不同，并已经被进行了优化以适合所选择的材料系统，此结论是可信的，已得到 3.5 节中讨论的参数化叶片设计研究的支持。

3.4　翼型剖面的有效 t/c 比

翼型厚度指的是垂直于其弦线的最大直径，通常以弦宽的百分数表示。不妨假设，为了保持足够好的气动性能，翼型规格将限制最大允许的有效厚弦比（t/c）。如图 3.5 所示为叶片跨度方向 t/c 值的典型分布，该图表明在具有结构要求的叶片外跨度上，气动需求的主要影响集中体现在其最内部的 1/3。

虽然翼型剖面的 t/c 值是关于横向弯曲翼型剖面的剖面深度和结构效率的粗略指标，但它不能区分较宽的范围内接近最大值（t/c）的翼型及具有更大的局部最大值的翼型。

㊀ 然而，人们不会意识到碳的供应和潜在的成本降低，除非风机叶片制造商的需求在全球市场上占主导地位，并放弃主要的碳供应商，而主要集中在航空航天工业的零星需求上。

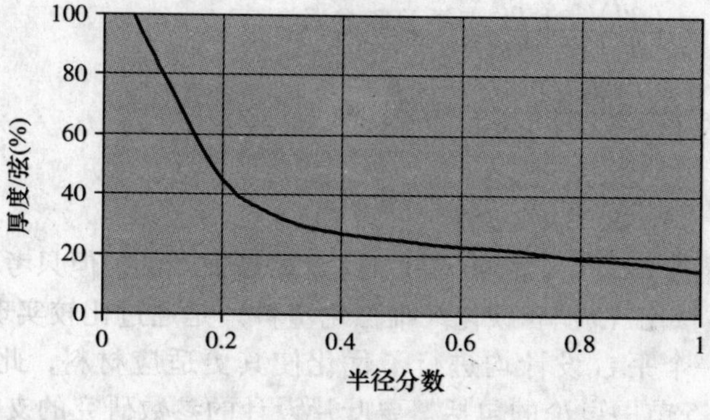

图 3.5 典型的翼展方向厚弦比分布

在参数化叶片设计的研究中，定义一个有效的 t/c 值是很有用的，该值由（定义了翼弦方向的范围和单位厚度的）盖梁的 I 值（截面的惯性矩）定义，此惯性矩在具有最大 t/c 值时，与相同宽度上均匀的叶片相比，它是基于实际的叶片形状。盖梁需要被安置于所期望的剖面剪切中心和质量中心，这样具有最大厚度的翼型距离翼型前缘太远，可能减少结构效益。这也影响到边缘刚度，还涉及其他结构和制造方面的考虑。

对于典型的盖梁宽度，当要求 $(t/c)_{eff}$ 值在 90% 以上时对翼型设计/选择过程可能是一个适当的设计依据。这要通过在风机上使用结构上最有利的叶片实现，典型的有 NACA 和 NASA 系列。

这里将 NACA 63 - 221 的光滑剖面（见图 3.6）与美国太阳能研究所（SERI）的翼型 S818（见图 3.7）进行了对比，S818 由于具有更奇特的形状，在最大厚度附近具有更高的曲率，结构效率 $(t/c)_{eff}$ 有所降低，约 85%。

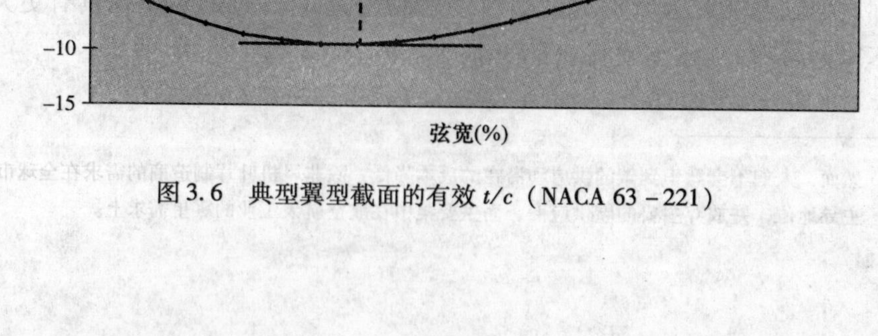

图 3.6 典型翼型截面的有效 t/c（NACA 63 - 221）

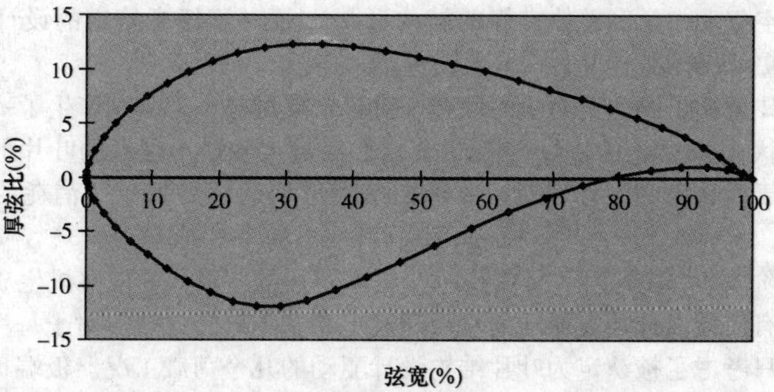

图 3.7　S818 翼型

3.5　叶片设计研究：参数化分析实例

叶片的设计，实际上可以说大多数风机组件的设计都是一个复杂的过程。首先必须考虑场地类型和环境，并遵循典型的基于风机带指定负载运行情况的详细仿真，及根据核准的设计标准进行的负荷计算得到的负载规范开发通用的规范。这就为结构设计阶段提供了依据，该阶段一般将涉及迭代与气动设计、载荷、闭环控制及监督操作策略和性能的迭代。

以下方案描述了一项顶级的调查，它深入分析了材料系统及其对叶片设计问题，尤其是质量和成本的影响。此调查以比较的形式提出了大约 1MW 等级系统叶片设计的结果。

主要目标是确定材料系统、翼型选择和最可能允许的最低成本叶片运行策略。提出了下列 5 个阶段的工作计划：

1）不同翼型类型的气动设计优化：美国国家可再生能源实验室（NREL）、NACA、高升力翼型。

2）产生一组候选的平面形状，覆盖翼型类型和允许的平面形状变化范围。

3）概略确定载荷规格。

4）概略确定结构设计。

5）叶片性能评价：质量、刚度、成本。

在阶段 1 中针对每一类翼型类型开展了气动优化设计，重点放在制约研究的一些问题上，并将翼型同现有的或多或少的一些共性差异进行比较。所选择的翼型类型是 SERI㊀翼型（气动性能高，但结构上却不是最适应的）、NACA 翼型（具

㊀ SERI 是美国太阳能研究所，现在称为 NERL，是美国管理计划中由美国能源部资助的主要的可再生能源组织。

有优良的空气动力学和总体良好的结构形状）及对于任意给定的设计尖速比均可以实现更纤细的最佳叶片的高升力翼型。

阶段 2 遵循了图 2.5 所示的理念。对每个翼型类型，分别产生了一系列不同的平面形状（整个研究中大约有 60 个）代表最大和最小楔形的叶片形状，以此类推，对于所选定的设计场所，要求在平面形状的边界每年所消耗的能源不超过 0.5%。

对于阶段 3，首先为（目前技术发展水平）的基准风力发电机生成一组综合负载，所有后续设计均在相同的直径和额定功率下进行比较。对于每一个新的叶轮设计，只考虑了被认定为叶片结构设计驱动的几个荷载工况。极端负载可以根据平面硬度变化进行标度，而疲劳载荷依据迭代过程中叶片的柔韧性㊀进行标度（因为评估叶片刚度需要轮廓结构设计）。

在阶段 4，根据所选的材料系统开展每一平面形状对应的叶片轮廓设计。结构设计的概念包含 E 玻璃或碳、玻璃蒙皮、稳定的轻木核和玻璃剪切网制造的盖梁。应进行应力分析以确定每个叶片所需的铺设材料（单向和/或双向纤维），以适当的安全裕量满足设计载荷。

根据阶段 4 的设计，可以估计出关键的输出（阶段 5）、质量和总的叶片成本。根据叶片制造工艺的一般经验，已将制造成本附加到材料成本中。

在图 3.8 中给出了相对叶片质量的结果。相对挠度是每一个新设计的挠度与特定负载情况下基准设计的比率。在叶片设计中提供的扭转刚度水平通常是很慎重的，这可能与人们对颤振稳定性的关注有关，尽管为了传送提供叶轮转矩的升力，至关重要的一点必须是保证最低水平的扭转刚度。本研究探索了将某些能降低扭转刚度但仍保持可能的安全水平的双轴材料剥落所带来的好处。在不影响挥舞刚度（flapwise stiffness）的情况下，单位相对偏差质量的减少（再次相对于基准设计）反映了双轴材料减少。

具有低硬度外形的碳梁是基于更高设计升力系数的翼型设计的，其使用可明显地允许整体重量非常大的境地。考虑到这不是纯粹的碳设计，相比玻璃设计，其重量降低率大约为 4:1，这与 3.3 节中与基本材料系统的比较结果非常吻合。

将采用 E 玻璃的 NREL 翼型数据连贯起来形成一条曲线，该曲线的形状稍后进行解释。根据 3.3 节从盖梁分析所做的预测，用碳梁（高升力碳）制作的、只限制强度不限制挠度的叶片允许采用质量非常低的柔性叶片。高强度材料适用于翼型具有高设计升力系数的细长叶片，玻璃叶片超级灵活，但质量相对较大。采用 NACA 剖面图设计的叶片有望形成一条类似于 NREL 数据确定的曲线，但由于提高了翼型的结构效率其质量略低（见图 3.6 和图 3.7）。

㊀ 这里采用了早先所进行的叶片柔韧性对动态载荷影响的研究成果。

将图3.8中的数据从质量转变为估计成本，碳和玻璃设计的数据出现了很大的收敛性。图3.9中的结果显然取决于玻璃和碳的相对成本，但也表明如果围绕碳这种材料进行设计而不是将其作为传统叶片的“碳副本”，那么含有大量碳的叶片可能性价比更高。这对于具有高柔韧性的顺风旋翼叶片是最有意义的，正如同对高速叶轮所提出的那样（见7.2节），其中设计尖速比的增加而非高升力翼型的使用将会轻易地导致更细长的叶片形状。

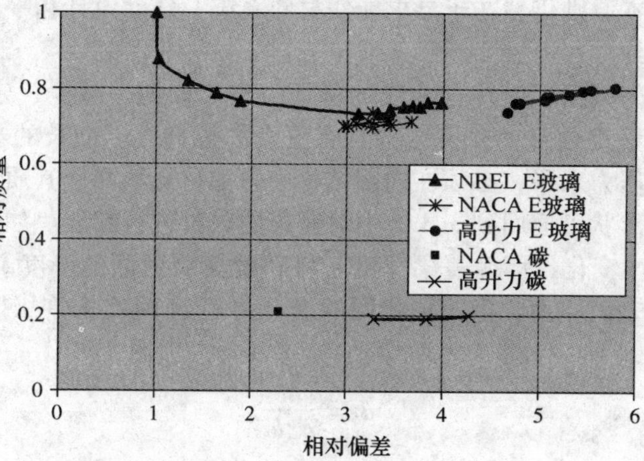

图3.8　叶片的相对质量

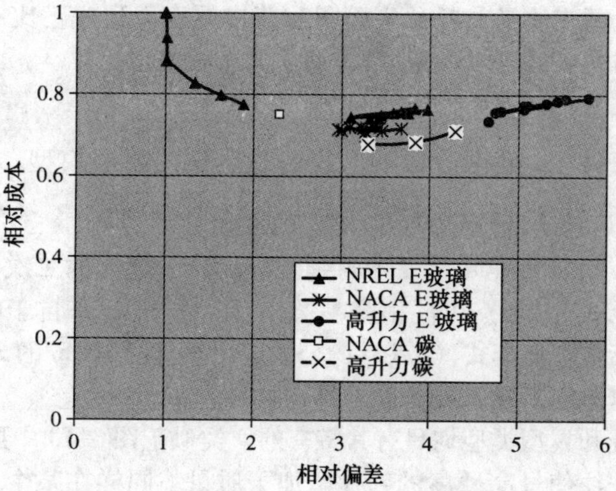

图3.9　最小成本时的叶片设计

这项研究可追溯到某一时期（约1999年），当时，适用于风机叶片的碳纤维成本正在下降。目前（2009 年）碳市场正处于过渡状态。风机所用的物资供应和成本受航空航天领域变幻莫测的需求所支配。然而众所周知，如果风能技术部门意识到海上风机市场的预期增长[4]，那么他们将主导全球优质碳的需求。这可能会刺激额外供应能力和最终相对较低的碳价格的发展。领先的制造商，例如 Vestas 和 Gamesa 目前已与主要的碳供应商如 Zoltec 公司达成协议。对于当前叶片设计的实际情况，在任意给定的时间点，排除一些明显至关重要的成本细节，设计的基本原则仍然在于寻求能使材料系统、气动设计和平面形状都非常匹配的一体化设计。

图 3.8 中的数据近似符合曲线的特征类型。最初，减少一定的硬度（叶片弦宽）会减轻蒙皮质量，并使结构具有更大的柔韧性。细长的柔性叶片最终将难以保持安全压力水平，必须在内部结构中增加材料从而使其质量上升。

该曲线的形状可返回到 3.3 节中对盖梁的分析进行解释。如果平台硬度，即局部弦宽 c 发生变化，那么盖梁宽度 b 将随着翼型剖面的厚度 t 成比例的变化。为了保持叶片表面应力，当施加相同的设计力矩 M 时在容许极限 σ_a 处，梁厚 d 也必须改变。

盖梁厚度：$$d = \frac{M}{\sigma_a bt}。$$

假设 $b \propto c = k_1 c$，那么盖梁质量：$m_{spar} = 2\rho bdL = \dfrac{2M\rho L}{k_1 \sigma_a c}$ 随着弦宽呈反比例变化。

然而，叶片蒙皮质量与叶片表面积和蒙皮厚度大致成正比（忽略可用于稳定蒙皮的轻质材料，如轻木或泡沫），两者均与弦成正比。

因此蒙皮质量：$m_{skin} \propto c^2 L$

忽略次要条件㊀，可得出如下形式的总质量的粗略模型：$m_{total} = \dfrac{2M\rho L}{k_1 \sigma_a c} + k_2 c^2 L$，此处的 k_2 是从设计分析角度确定的常数。

根据式（2.1），最佳叶片设计的弦宽与设计尖速比的二次方成反比，就设计尖速比而言，式（3.1）可能很容易被改写。图 3.10 来自于叶片结构设计的简化模型，包括将类似于式（3.1）的公式应用于直径 100m 的 3MW 风机叶片设计中，该风机以单向 E 玻璃作为基本结构材料。

每一种系统和翼型类型均具有其特有的、类似于图 3.10 中形式的特性曲线。对蒙皮屈曲的关注使最高硬度的叶片增加了质量。同样在某个点处由于硬度降低，在给定的材料系统中很难进行设计，而且难以实现设计应力的限制。于是，最

㊀ 如果在较大的叶片上使用了较厚的层压板，或者使用了较多相同厚度的层压板，凝胶涂层或涂料的质量将与面积有关，并且胶水或树脂的质量也趋向于与面积有关。

关键的叶片剖面部分几乎变为实心体，在中轴附近具有许多的材料，这种设计在载荷抗弯方面效率非常低。相比于 E 玻璃，碳纤维复合材料翼梁的曲线转变为具有非常低的质量值，但也是向着更柔韧的叶片方向发展，此结果在盖梁设计中进行了逻辑上的解释，但可能最初并没有料想到玻璃比碳具有高得多的应变极限。

在商业叶片设计中，尽管碳纤维复合材料可提供高效的设计，但由于存在供应的有效性、成本以及为确保纤维精确对准而不断增加对制造质量的需求等问题，制造商一般仍需格外谨慎。

随着叶片柔韧性的增加，接着出现的问题是保留逆风叶轮是否可行。顺风叶轮比较罕见，当叶轮高速运转并且整个系统重量较轻时，唯一明智的是采用这种低硬度的柔性叶轮，此案例将在 7.2 节中提出。

如图 3.10 所示，提高设计尖速比意味着使弦更小且柔韧性增加。图 3.8 中设计尖速比并没有变化，但柔韧性的增加归因于通过改变翼型选择或材料选择减少了弦宽。因此，就特征形状而言，图 3.10 符合图 3.8 中显示的结果。

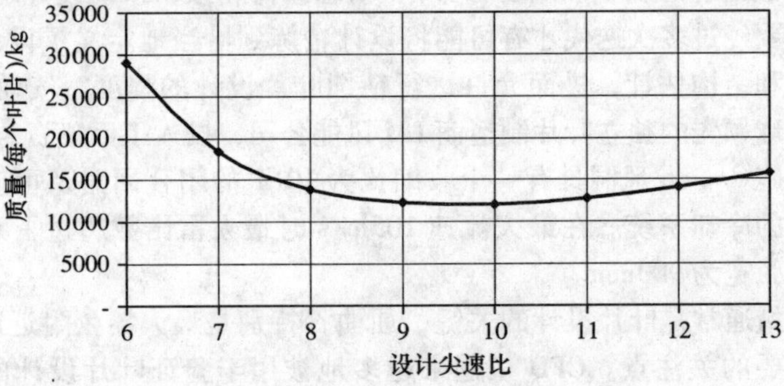

图 3.10　对应于设计尖速比的叶片质量

图 3.10 与图 2.1 有着非常重要的关联性。很明显从图 3.10 中可以发现，由于设计尖速比从 9 降到 7，叶片质量（和成本）产生了重大的损失。如果最大允许叶尖速度约为 75m/s，与可能应用在以大地为基础的风场一样，这种风场的噪声排放是一个关注点，能量捕获的损失必须应用在设计叶尖速比为 9 的情况下，因为在这种情况下需要以低于额定风速的、一定范围内的恒速运行（见图 2.1），以避免超过叶尖速度的限制。

根据式（3.1）描述的曲线已经在包括玻璃、碳晶石和木材—环氧树脂叶片等各种材料系统的不同叶片设计中得到了验证。

前面的讨论旨在为叶片设计中的翼型选择、材料和结构绘制一幅入门的设计手册。以下将就工业叶片生产方面作以介绍。

3.6 工业叶片技术

3.6.1 设计

风力发电机组的设计始于设计规范，包含定义风场类型和环境约束的目标市场需求。在整个系统的设计中，需要开发运行策略以定义设计尖端速度的极限和速度变化的范围，包括超速限制等。还将开发安全系统，在该系统中定义故障情况下应对系统进行保护的硬件相关的不安全行为。其次是监控系统，包含风机所有正常状态（停止、起动、偏航、电能生产）的软件控制和不同级别的故障检测（假设控制系统本身是正常的）。例如，监控系统中将存在闭环控制系统，如叶片的变桨距控制。上述这些设计内容只有在确定了叶片的空气动力学和结构特性及一般系统动力学之后才能详细确定。

在进行初步的气动设计时可能会加上结构设计的工具。气动设计、结构特性的估计（特别是叶片质量和刚度分布）、动态载荷和控制系统设计均具有很强的交互性，需要经过多次迭代才有可能将设计精炼到恰当地定义了设计驱动负载、叶片外表面和结构估计，进而允许进行精细叶片设计的程度。气动设计日益成熟，比如全球领先的独立叶片制造商 LM 风能公司，投入了巨额资金购买了一台室内风洞设施[5]。此风洞具有一个收缩比为 10:1 的闭合回路及可应对 1MW 最大风机功率的冷却系统。在最大流速 105m/s 时最大雷诺数超过了 6000000，其翼型模型的弦宽为 900mm。

接合区域通常是叶片设计的关键，屈曲，特别是最大翼弦附近区域的屈曲，通常也是主要的关注点。CFD 正越来越多地被用于验证叶片设计的气动特性，现在在各向异性复合材料的有限元分析（FEA）中也常会用到。如图 3.11 所示是一个由叶片表面和剪切网组成的典型叶片有限元网格。

3.6.2 制造

现代叶片生产始于 1980 年左右用聚酯树脂浸润的随机型手糊玻璃纤维，是一种在造船时常见的简陋的劳动密集型过程。随着风机市场日益成熟的制造业的发展，树脂灌注的生产和预浸料的使用已变得非常普遍，自动化的叶片加工流程现在也在考虑中。例如预见到叶片需求的持续增长，MTorres（Torres de Elorz，西班牙）公司与 Gamesa 公司合作利用其强大的航空背景带来了一些最先进的自动化技术融入叶片生产中。他们开发了一套门架式叶片生产的理念，这是他们全自动叶片厂愿景的核心系统。

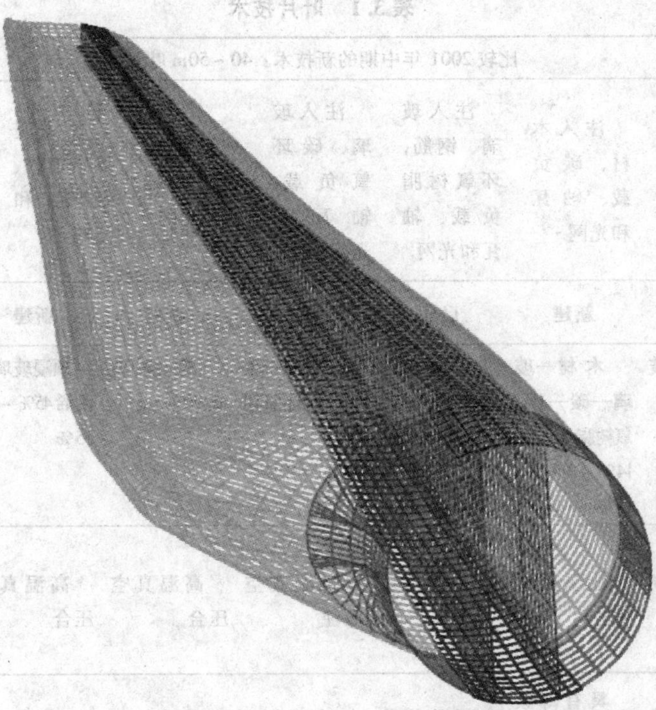

图 3.11 风轮叶片有限元网格。WINDnovation 工程解决方案有限公司版权所有，并授权发表

3.6.3 设计开发

作为决策过程的一部分，关于未来叶片发展方向，NEG Micon（现在属 Vestas 公司所有）公司在 2001 年中期的一段时间内，进行了开发 40 ~ 50m 长的叶片制造替代方案最高级别的审查。将材料、工艺、所得到的叶片性能和开发新产品的时间等主要选择总结在表 3.1 中，清楚地列出了新叶片发展最为关键的环节。

NEGMicon 公司提出了在 2001 年开发过程中的一些注意事项见表 3.1：

- 成本很难依赖于采购量、制造地点和未来时间的适用性。例如，碳成本上升或下降，原因在于空中客车公司 A380 型飞机的需求量。
- 循环次数随着设备的质量和自动化水平或假定的固化时间加速度而变化。
- 从每一种技术类型对相同形状的叶片进行结构设计，而材料和工艺可以围绕不同的形状进行最优化设计。

最后一点是本章的主题。

表 3.1 叶片技术

比较2001年中期的新技术：40～50m叶片							
	木环氧树脂负荷轴瓦和光网	注入木材、碳负载、轴瓦和光网	注入玻璃、钢筋，环氧树脂负载、轴瓦和光网	注入玻璃、碳环氧负载、轴瓦和光网	预浸玻璃负载轴瓦和光网	预浸玻璃碳负载、轴瓦和光网	预浸玻璃灯壳和承重梁
	2001年现状	新建	已建	新建	新建	新建	已建
材料比重	木材—玻璃—环氧树脂66%－8%－22%	木材—玻璃—碳—环氧树脂50%－14%－3%－18%	干玻璃—湿环氧树脂50%－40%	干玻璃—干碳—湿环氧树脂26%－24%－40%	预浸玻璃90%	预浸玻璃聚丙烯45%－35%	预浸玻璃环氧树脂90%
过程类型	低温手糊和湿态	低温真空灌注	低温真空灌注烤漆完成	低温真空灌注	高温真空压合	高温真空压合	高温真空压合，梁制作于旋转轴上
结构	强劲的蒙皮，整数解单腹板	具有薄碳层的强劲蒙皮，整数解，单腹板	强劲的蒙皮，分离根，双腹板	光蒙皮，分离根，双腹板	强劲的蒙皮，分离根，单腹板	光蒙皮，分离根，双腹板	光蒙皮，强劲的梁，分离根
材料成本(%)	100	100	112	125	143	163	143
生产周期/h	32	10	10	10	12	12	12
叶片性能							
重量(%)	100	67	67	51	67	51	66
钢度(%)	100	80～100	60～100	70～100	50～70	60～100	50～70
环境影响(%)	良好	最好	一般	一般	一般	一般	一般
发展问题							
原型开发时间/月		6	12	12	18	18	24
生产开发时间/月		12	24	24	36	36	48

自 1980 年左右以来的 30 多年里，在一个国家范围内，当风力发电成为一种电力的商业来源时，叶轮发展工艺可通过数量、质量、现代化叶片制造的复杂度、风场产量的增加（见第 8 章）以及风力发电机叶片相对质量的降低（见图 4.5）进行估量。

参 考 文 献

[1] Kooij, J.F. (2003) One-dimensional Variations: Blades. Report on Task 5 of Seminar. Dutch Offshore Wind Energy Converter Project (DOWEC), September 2003.

[2] Johansen, J., Madsen, H.A., Gaunaa, M. *et al.* (2009) Design of a wind turbine rotor for maximum aerodynamic efficiency. *Wind Energy*, **12** (3), 261–273. doi: 10.1002/we.292

[3] Cox, B.N., Andrews, M., Massabo, R. *et al.* (2004) Shear lag and beam theories for structures. Structural Integrity and Fracture International Conference (SIF'04), Brisbane, 26–29 September 2004, pp. 63–69.

[4] BTM Consult ApS (2010) International Wind Energy Development, Word Market Update 2009, March 2010.

[5] http://www.lmwindpower.com/Blades/Technology/Test/Aerodynamic%20test.aspx. Accessed August 2010.

第4章　风力发电机组的尺度升级

4.1　简介：尺寸和尺寸限制

最近几年中一直存在一个很大的问题——风机将做成多大规模？回首20世纪80年代，对于早期的商业风能见微知著，最新制造的海上风机具有令人敬畏的规模，它们现在是人类历史上最大的旋转电机的实例。

成本模型已经发展起来[1,2]，可预测升级后的风力发电系统的经济性，现在正有项目在开发或评估多兆瓦级设计，即20MW等级㊀。本书中所陈述的缩放问题实质上或多或少包括了高层次的、关于设计变化的复杂经验模型，必须在组件的物理模型和相似性尺度缩放的基本规则上确定技术进步。在目前的风能技术局势下，尺度升级已成必然，这意味着就要扩展到比现在已有生产更大的尺寸。正是在这种背景下，尤其是能有效描述历史罗盘（篡改）中数据的经验模型，如果对设计随着相似性缩放如何变化没有一个的合理解释，就是不可信的。

考虑到20世纪出现的设计，从历史发展来看，风机尺寸的增长已经相当不规则。然而当风能技术（和一般的可再生能源）还是一个边缘的研究兴趣方向时，这已经很大了。

早期风机设计显著的一个例子是Smith - Putnam风机（1942年），它提供了很多关于其成功实施创新的信息。此设计汇集了当时最优秀的一些科学家和工程师（进行气动设计的von Karman，进行动态分析的Den Hartog）。额定功率1.25MW（在商业化生产中大约再过一个50年，风机也不会超越的等级水平）、叶轮直径53m的风机，第一次把功率输送到公共电网。它比20世纪80年代一些兆瓦级的机器运行更成功、时间更长，从1941年10月到1943年，主轴承开始出现故障。随后，1945年叶片也出现故障，战争造成钢材短缺导致发电机被拆除。由于钢是唯一公认的结构工程材料，为克服其自重而采用工程悬臂式叶片所引起的弯矩问题是非常严重的㊁。设计的解决方案是给叶片安装铰链。与此相

㊀ 欧盟顺风向第六框架方案基于标准的三叶片概念提出了10MW和20MW风力发电机组存活率的问题。该项目还创建了成本模型，在此模型中内在的尺度效应从逻辑上与质量和技术进步引起的成本降低是分离的。

㊁ 另一个早期的风机具有15m直径的钢叶片，是由约翰布朗工程公司设计的，架设在奥克尼群岛（苏格兰北部的岛屿）的哥斯达黎加山上（一个具有非常严重的高湍流的风场，平均风速约为11m/s）。鉴于用钢材制造大型悬臂叶片的困难，再次选中了铰接叶片的设计路线。

关的整体结构如图4.1所示。

图4.1　史密斯－普特南风机叶片的铰链机制。照片来自卡尔·威尔科克斯（Carl Wilcox）的档案，Paul Gipe版权所有并授权发表

2000年，Henrik Stiesdal㊀当时担任丹麦供应商的技术主任，Bonus AS（现在属于西门子公司）公司统计了公司生产中心连续几年中风机的尺寸，观察到风机尺寸呈持续的指数增长趋势。尽管更大的风机是最近（2011年）才开始考虑设计的，但2004年左右该指数趋势随着Siemens/Bonus公司停止㊁，其工业也接着一起停止（见图4.2，并注意“y”轴的对数刻度）。Stiesdal也将风机技术的增长同飞机技术进行了比较，观察到了相似的基本模式（见图4.3）。

这两种技术都符合基本的二次方—三次方定律（在4.2节中进一步解释），该定律可体现在叶轮扫掠面积（风机）和起重翼区（飞机）对系统体积和质量的比率上。这两种技术在初始阶段都表现出长期的指数增长，直到其接近某一限制尺寸。此外，这些限制可能比技术更经济有效。图4.3显示，在飞机制造业中经过一段时期的指数增长，从1935年的DC3到1970年的波音747型飞机之后，尺寸上已经有30年没有大幅增长。2008年空客A380型飞机（表现为图4.3中来自通用数据中的孤立点）稍稍逆转了这一趋势。

㊀　在丹麦风能产业的发展过程中，从20世纪70年代的农家实验到成为现代发电产业的重要组成部分，Stiesdal一直是“相处很好的可靠的朋友”。

㊁　图4.2中的数据是最近根据Stiesdal和Kruse发表的信息进行的升级[3]，由西门子风力发电有限公司的H. Stiesdal提供在此处发表。

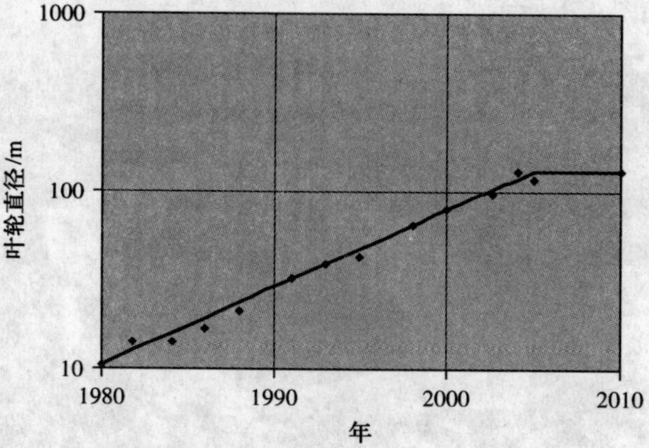

图 4.2 风机的尺寸增长

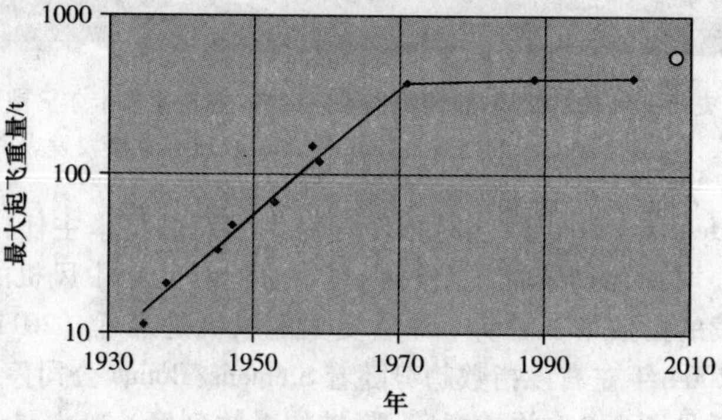

图 4.3 航空工业的增长方式

图 4.3 中平坦的顶部已经持续了 30 年，可以合理地断定几乎不会有更大的飞机出现。然而发展较大规模的风力发电机组仍有很大的势头。Clipper 于 2009 年宣布为他们的大不列颠项目[5]投入资金开发 10MW 海上风机，美国超导公司授权许可进行一项 10MW 的风机设计：Sea Titan[6]。

因此，关于风机增长唯一安全的结论是，几年到目前的千年期间，其增长趋势不再是指数规律。

并网发电的风机尺度升级存在一些传统原因：

1）电力设施主要用于为多兆瓦级机组提供功率。

2）在风电场中，有一批基础设施项目（除了机组本身之外也包括维护）降低了每兆瓦的装机容量成本，进而使得风力发电机组的容量就越大。更大的单位容量意味着要实现给定的总容量所要安装的风机装置数量将更少。

3）更大的风机能更有效地利用土地和风能。

4）在风能的公共资金中，尺寸往往被视为一个技术进步的指标。

大型风机对环境有正面和负面的影响。通常一台单一的大型风机的视觉冲击力可能会比许多小型的更易于接受，然而较大的风机有更大范围的能见度。第 2 项问题对海上风场甚至更为重要，海上风场中对于最大型风机，其地基、风机的互连以及与岸上的电气连接等基础设施成本等问题就是示例。

为了客观地探讨风机技术尺度升级的影响，现在概要地介绍一下扩展基础。

4.2　二次方—三次方定律

风力发电系统的主要价值是其产生的能量，该能量与叶轮扫掠面积成正比，因而与叶轮直径的二次方成正比。另一方面也与系统中材料质量有关的成本和体积成正比，进而与直径的三次方成正比。这种关系被称为二次方—三次方定律。这意味着，对于独立的风力发电机组，不包括风电场的基础设施，单位容量的资本成本将随着风机规模线性增加。尽管从 1997 年连续 10 年来，《Windkraftanlagen Markt》杂志曾公布了目录价格，但风力发电机组的成本数据依然是很难获得的。考虑了更高叶尖速度的影响（更近的海上风机）和不同的塔高之后，仔细分析此数据[7]可支持对兆瓦级风机每额定千瓦成本增加的预期［风机的硬件只包括安装和所有的配套设施（BOP）］。

系统中的质量和材料成本依次由必须承受的设计负载确定。考虑到载荷如何测量及不同尺寸的各种影响，当考虑系统的详细建模时对二次方—三次方定律进行了许多修改，但它本质上是正确的。如后面将要讨论的，它往往在表面上，但在大多数情况下仅仅是在表面上，与商业数据相矛盾。

4.3　缩放基础

对于“缩放”这个词有许多意思，它意味着一组对象之间的相似性，这样它们的主要区别就只有尺寸了。显而易见的是，一个特征维数为 D 的均匀固体对象，其表面积按 D^2 缩放，而体积和质量将按 D^3 缩放。

当物体处于流体流场中时，气动特性的扩展规律是怎样的呢？保持风机系统尺度缩放时的相似性最基本的规则是保持设计尖速比恒定。如果叶轮随着几何相似性放大，保持叶尖速度则需要保持通过叶片的流动几何特征。严格来讲，这仅仅是近似正确，因为雷诺数（Re）随着尺寸而变化，因此流量不是绝对相似的。对于大型风机，Re 通常以百万计，缩放对流量相似性的影响很小。通常将 Re 定义为

$$Re = \frac{\rho Vc}{\mu} \tag{4.1}$$

式中，ρ 是流体密度；V 是速度；c 是与流体相互作用的对象的特征尺寸⊖；μ 为流体的运动黏度，固定流体黏度的尺度会导致 Re 的变化（体现为 c 的变化）。

在任何实际设计的尺度升级过程中，总是违背严格的相似性。这是因为存在影响风机性能但永远不会随风机尺寸而改变特征维数的绝对尺度。这样的绝对尺度如下：

1）原子尺度；

2）地球的海洋和地形的尺度；

3）大气结构的相关尺度（包括风涡流）；

4）人类尺度。

原子尺度肯定与风机的宏观系统不相干吗？不完全正确。黏度是由分子的平均自由程决定的，而原子尺度设定了分子的尺寸及其相关参数。黏度是影响风机性能中两个边界层的决定因素。在地球的边界层中，通常会存在一个风速对高度的梯度。因此，给定风场中大型的风机不会将相同的风力识别成更小的风力。同样，由于黏度和翼型边界层上 Re 的相关影响，即使在相同的风速条件下，大型和小型风机之间没有精确的流动相似。再次跟踪黏度和分子的平均自由路径，出现这种情况是因为分子拒绝随着风机一起增大！

平均自由程：

$$\overline{s} = \frac{1}{\sqrt{2}\pi n d^2}$$

式中，d 是分子有效直径；n 是单位体积的分子数。

黏度：

$$\mu = \frac{\rho \, \overline{c} \, \overline{s}}{2}$$

式中，$\overline{c}$ 是平均分子速度；ρ 是密度。

大气结构、气候和长期风场变化与太阳能资源、土地和海域的差热效应及由于地球旋转产生的科里奥利（Coriolis）力有关。局部湍流很多情况下是由陆地地形或海洋状态、与表面粗糙度有关的地球边界层厚度决定。虽然湍流风的变化是随机的，但仍然具备识别统计、光谱特性和特征长度尺度等性质。这些性质对于风机疲劳载荷和极端载荷的建模是至关重要的。文献［8］讨论了风湍流理论，依据国际领先的标准对用于风机载荷计算的模型进行了定义[9]。湍流与黏度之间的相互关系由 Lewis Richardson 进行了深刻而著名的描述（1922 年）：

1）大涡漩套小涡漩；

2）速度有增；

⊖　风机叶轮 Re 的指示值可能是基于叶片约 70% 跨度上的弦宽。

3）小涡旋套微涡旋；

4）黏滞乃生。

就缩放的影响而言，其底线是风湍流所具有的绝对尺度，因此通过整个叶轮盘面的风力条件在空间和时间的变化将不仅在时间上随机变化，而且在整体统计特性中都会跟随风机尺寸而变化。

“人类尺度”是另一个绝对尺度，这意味着，在某种意义上需要不同的制造和处理方法，因为系统规模在增大而人员出入舱口和其他尺寸的大小不变。因此，关于人类的（近似）固定尺度，有点违反相似性。

缩放趋势往往可由一个具有分数指数的单一幂律表达式近似，而实际上在多个方面有不同的依赖性。例如一个喷了涂料的实心钢立方体，边长为 D，很显然，若涂层厚度相同，钢的质量扩展为 D^3 而涂料的质量扩展为 D^2。一个带 2~3 单一分数指数的总质量的幂律可能非常好地拟合特定范围内“喷了涂料的立方体”的数据，但这会出现错误的推断。立方体越大，质量越大，将按 D^3 的规律增加。这是常见的代数结果，即随着 $x \to \infty$，最高次幂 x 将最终占主导地位。

4.4　风力发电机组的相似律

4.4.1　叶尖速度

在扩大风力发电机组的规模时，比较的持续一致性要求保持具有代表性的叶尖速度为常数。这样就依据任意给定的运行点上叶轮速度与风速之间的关系保持了流动的几何特征㊀。维持在任何给定风速下给定的叶尖速度意味着在尺度升级时，叶轮角速度 ω，必须随直径 D 成反比的变化，随着风机尺寸的增加而减小。参照图 1.7 右图，很显然，当轴向感应设定为约 1/3 的最佳值时，在每一半径分数 x 处的最佳流动几何将通过固定叶速比 λ 的值而保持住。因此相似性缩放将在恒定的设计尖速比和恒定的设计叶尖速度条件下进行。

4.4.2　气动力矩的缩放

风机叶片任何轴、径向站的气动力矩可扩展为 D^3。

这些力矩是由局部气压、面积和力臂的乘积之和产生的。在任意给定的叶轮半径分数下，当地的大气压力与尺度无关，为 $1/2\rho W^2$，其中 ρ 是空气密度，W 是局部流入速度。在任何几何尺度一致的叶片上，任意相应的面积和力臂的乘积

㊀ 严格的相似性是不存在的，因为雷诺数随着风机尺寸的增大而增加，但此影响对于额定功率 50kW 以上的风机是非常小的，对兆瓦级和多兆瓦级范围之间的系统可以忽略。

必然正比于 D^3。因此气动力矩按 D^3 缩放。

4.4.3 弯曲剖面模量的缩放

梁的弯曲剖面模量是宽度和厚度二次方的乘积，因此具有立方的特征维数，对任意给定的风机叶片横截面，按直径的三次方缩放。由于所采用的气动力矩和剖面模量均按三次方缩放，在纯几何扩展时，弯曲应力将与尺度无关。

4.4.4 张力剖面的缩放

风机叶片的每一剖面通常都会在与叶片旋转相关的离心力作用下产生张力。这种力正比于 $M\omega^2R$，其中 M 是质量，ω 是叶轮角速度，R 是半径。由于 M 明显地按三次方规律扩展并且 ω 与直径成反比（见上边第 1 项），所以整体来看，离心力项按直径的平方规律扩展。它作用于剖面面积上，很显然随着直径的二次方扩展。因此，在缩放相似性时，叶片张力应力是与尺度无关的。

4.4.5 气动弹性稳定性

已知离心力的扩展规律是 D^2，如果一个叶片部件通过角度 α 向平面外移动，则恢复离心力的力臂将正比于 $D\sin\alpha$，合力矩正比于 $D^3\sin\alpha$。引起这种位移的外平面气动载荷将按 $D^3\cos\alpha$ 扩展。把这些内容等同看待，发现 $\tan\alpha$ 继而 α 是不随扩展变化的。这相当于锁数［见 17.4 节的式（17.2）］不随扩展变化，说明气动弹性稳定性也不与尺度相关。

4.4.6 自重载荷的缩放

然而很明显，由于自身重量产生的叶片弯曲载荷正比于按 D^3 缩放的质量和按 D 缩放的力臂的乘积，因此由于自重产生的叶片弯矩将按 D^4 缩放。这样，如果叶片非常大，以至于自重弯矩达到设计驱动力，那么必须增加叶片质量（对于一个给定的材料系统）使之超过 D^3 以保持恒定的弯曲应力。在这些情况下，可能只在风机的表面几何结构中保持相似性，但内部结构不保持。

4.4.7 叶片（叶尖）挠度缩放

前述讨论中只考虑气动载荷给出了弯矩和剖面模量，叶片尖端挠度将随着 D 呈线性规律扩展。由于塔架尺寸和叶尖间隙缩放的相似性，在气动载荷方面对塔间隙进行尺度升级是没有问题的。然而由于自重叶片弯矩将耦合到叶片的动态挠度上，并将按 D^4 扩展，那么塔间隙将由于尺度升级而成为更麻烦的问题。

4.4.8　更微妙的缩放效果及影响

4.4.8.1　尺寸效应

所谓的“尺寸效应”与材料的断裂力学有关。对于均匀材料，样本尺寸越大，在给定样本中存在致命缺陷的可能性就越大。这意味着，在某些水平的尺度升级，对于恒定应力的设计是不够的。因此必须采取减小允许应力的方式，这相当于质量按大于三次方的规律缩放。

4.4.8.2　翼型边界层

风力发电技术中存在着两处基本的违反缩放相似性的地方，这些都与流体边界层有关。一处是关于叶片翼型剖面的边界层。根据雷诺数描述的影响特征，可以发现翼型周围的流量及与其相关的升力和阻力特性不仅取决于翼型的形状，也受其大小的影响。正如前面所提到的，此影响很小，对于中型和大型尺寸的风机几乎可以忽略不计。

4.4.8.3　地球的边界层、风切变及湍流

地球边界层的影响比翼型边界层更显著，在那里大气与地面之间的摩擦在风速中会产生很强的梯度（风切变），在地面以上的高度上的梯度随着风力增加而显著增加。该情景是一种很常见的情况，但它却是对风切变梯度整体的简化，一般依赖于大气稳定性，在反型层存在时可能为负值（风速随高度减小）。

地球的边界层与地面粗糙度和空气黏度有关。粗糙度取决于表面地形特征的不同，例如，短裁剪的植被、树木、建筑物、起伏的山丘等。这反过来又会影响到风中的湍流，并赋予风能统计一个绝对尺度。由于风湍流产生的负荷通常是风机设计的驱动力。在一般情况下，其载荷会随着风机尺寸的增加而变差。特征湍流长度尺寸与大型风机叶轮的尺寸可比，继而会出现比通过小叶轮更大的差异负荷通过叶轮盘。

风切变意味着尺度升级所实现的风机功率的增加大于按扫掠面积或直径的二次方规律的增加，因为随着轮毂高度的增加，相关的风速也增加。

然而人们往往草率地断言，这大大影响了“二次方—三次方定律”（待讨论），而忘记了原则上，风速随高度的增加也意味着负载的增加。

半径为 R 的风机叶轮在稳定的风场速度 V 下获得的功率 P，正比于 V^3R^2，假设满足几何相似性，轮毂高度 h 正比于 R。在风切变存在的情况下以风切变指数 α 描述其特征，V 正比于 h^α 比例。因此，功率 P 正比于 $R^{2+3\alpha}$。叶片上的弯矩 M 正比于 V^2R^3，由同样的分析可知 M 正比于 $R^{3+2\alpha}$。因此，在没有风切变时（$\alpha=0$），功率对负载的比值为 $1/R$（与面积对体积或质量的比值相等），而在风切变存在时，为 $1/R^{1-\alpha}$。

因此，原则上当传统风机尺度升级时，风切变可能带来与略大于负荷增加的

功率增益相关的收益很小。然而在现实中，在湍流风条件下，此增益可能由差异负荷随着风机尺寸的增大而抵消。相比较风场的准确定性特征，设计驱动负载更依赖于湍流的统计数据。有时设计驱动负载可能产生于这种确定性特征如风切变（或极端风向变化），但这些是人工荷载的工况，并且用于负荷计算的这种极端风切变值在实际运行时作为放大后的风机的潜在能量增益是不合适的。

4.4.9 变速器缩放

如果变速器的输出速度保持不变，那么齿轮比必须增加，同时输入转矩按三次方倍扩展，两者一起导致变速器质量和成本缩放超过了三次方倍（被一个小于三次方倍缩放的发电机抵消）。如果按通常在传统的风机设计中所采用的那样，保持发电机输入转速恒定并进行尺度升级，那么发电机转矩随着功率而变化，该功率导致发电机的质量和成本正比于直径的二次方。直驱发电机很显然是一种更简单的情况，此处认为此发电机是动力传动系统的整体，它近似按照三次方的规律扩展（如随着输入转矩）。

4.4.10 支撑结构缩放

常规风机的支撑结构（塔架）类似于风加载悬臂梁上的叶片，根据同样的原因，塔架也可按三次方规律缩放。然而可能注意到，随着塔头质量基本上按三次方规律缩放，那么也使得屈曲力矩按 D^4 规律增长。

4.4.11 功率/能量缩放

影响功率和能量捕获的主要因素是所安装的叶轮面积，然而在风中的风切变或其他系统结构的存在引入了一些并发症。

在现在的工作中采用了一种风切变指数为 1/7（0.143）的标准的风切变分布。它适用于典型的以陆地为基础的风场。海洋表面的粗糙度、湍流强度和风切变（所有互连的）通常比以陆地为基础的风场要小，对于海上风场设计采用约为 0.1 的风切变指数可能更具有代表性。

4.4.12 电气系统缩放

在某些情况下存在非常详细的成本模型可用于缩放电气参数。然而电力发电机和系统组件的缩放本身也是另一个重要的主题，从基本的研究角度来看还未被过多探索。本书中所用的能量成本法是假设主电机从根本上随着转矩等级而扩展。如果输出电压固定，那么转矩等级相当于电流等级。这也意味着（再次考虑恒定电压），对于发电机输入速度固定的系统进行升级，其发电成本将随着功率等级而标定。

4.4.13 控制系统缩放

当根据相似性进行尺度升级设计时，保持叶尖速度意味着相应地降低转速或叶轮频率。频率降低和时间常数延长是风机尺度升级的一般特征。偏航率和变桨距率随着直径的增加正比例下降。由于控制系统的复杂性及其为适应传动系统和叶轮特定的动力学而进行的调谐，即使在相当理想化的假设中确定缩放规则也是相当困难的。

最佳模式增益是可变速风机在低于额定叶轮速度的状态下运行时为保证适当的转矩跟踪（遵循适当的转矩－速度特性以使叶轮功率最大化）而设定的一个控制参数。其定义为

$$K_{\mathrm{opt}} = \frac{\pi\rho R^5 C_{\mathrm{p}}}{2\lambda^3 G^3}$$

式中，ρ 是空气密度；R 为叶轮半径；C_{p}是 λ 处的功率系数；λ 是期望的设计尖速比；G 是变速器比。

在严格的相似性设计中，变速器比 G 将保持不变。因此，在直驱系统（$G=1$）中，K_{opt}（和叶轮的转动惯量）按 D^5 规律增加，而在典型的常规系统中，当变速器输出速度在固定的范围内时，G 随着 D 增加，K_{opt} 仅随着 D^2 扩大。

4.4.14 缩放小结

从4.4.1~4.4.3节可得出这样的结论：如果风机不是以这样的尺寸或者不是用这样的材料（自重荷载成为设计驱动力）制造的，那么依据几何相似性进行缩放在很大程度上应主要从应力的角度进行。物理原理规定相似物体的质量按三次方规律缩放。因此如果以气动载荷为设计的驱动力，那么基本（负载设计）组件质量的缩放也应按三次方规律进行。

根据相似性进行尺度升级（假设风输入不变）：

1. 保持

1）所有空气动力学相关的应力和挠度；

2）叶轮叶片的离心应力；

3）叶轮的气动弹性稳定性；

4）风机系统的固有频率正比于叶轮频率。

2. 减少

叶轮转速及相关系统频率。

3. 增加

1）自重荷载产生的力矩按 D^4 规律缩放。

2）由于叶片质量力矩按 D^4 缩放的影响，塔间隙的缩放小于 D 的正比例规律

（根据相似性所期望的值）。

正如前面论述中所指出的，由于边界层效应（4.4.8.3 节）以基本的方式将分数指数引入到扩展中，设计中的几何相似性仅仅是一个近似。对于中、大型叶轮，翼型边界层效应可以忽略，但地球边界层要重要得多。更复杂的边界层效应输出的能量所满足的规律通常是超过了 D^2 但远远小于 D^3，以减轻“二次方—三次方定律”的复杂程度。此外，所增加的轮毂高度处的风速获得的额外能量，意味着相应的一定负载水平的增加。

因此，从对风机系统特定质量㊀（和成本）影响的出发点考虑，尺度升级从根本上讲是不利的。因而，只有当特定的运维（O&M）成本或具体的收支费用降低超过了用于抵消增加的部分时，才调整尺度升级。不管运维和收支成本随着扩展如何变化，甚至降到明显非常不现实的零，风机各主要部件按照三次方倍升级意味着，在某个比例上会出现经济上的限制。这看起来优先于任何利用当前技术水平的叶片材料设计的最终悬臂梁尺寸的技术可行性限制。

4.5　商业数据分析㊁

对于风机尺寸、部件质量等商业数据的分析困难重重。设计一般是针对不同风况、不同的监管需求背景，依据不同的设计标准，体现不同的设计理念。尤其引人注目的是从中可观察到的一些一致的趋势。

在目前的大型风电技术的概述中，很值得回顾一下一些主要的参数，如质量、成本、每额定千瓦成本、每单位叶轮扫掠面积成本等随着风机尺寸是如何缩放的。相关的数据可以从风机制造商在设计时生成的技术数据表获得，也可以从提供信息来源的制造商，如对风机数据进行整理和发表的 Windkraftanlagenmarkt[7] 或 Windenergie[10] 获得。然而制造商的数据表频繁地进行修订，公布的资料难免不出现错误。此外，所报道的数据很少是在完全相同的标准上（尤其是成本和质量）对组件和系统进行分类，这些组件和系统在不同资源间是会发生变化的。

缩放的趋势需要非常小心地进行解释。数据随意地堆砌在一起可能暗示着虚假的趋势，或者至少只提供粗浅的描述，而不是深入洞察其中的基本问题，如随着尺度升级带来的固有的具体成本（每千瓦或每千瓦时的成本）趋势。一些主要的问题体现在：

㊀ 这里“特定”质量和成本指单位安装容量（kW 或 MW）的质量或成本。

㊁ 本节中所出现的数据和文章部分内容类似于或大体上类似于欧盟出版的《Wind Energy the Facts》中的内容。这不是抄袭，因为这些文件中的相观文本均是本作者提供的。

几何相似性——具有严格的几何相似性，体积、质量和项目成本趋向于随着任意特征尺寸的三次方规律缩放。如果将所有尺寸组合在一起，非常小的风机（<30kW 输出功率等级）一般都不一样，对于较大的风机所采用固有的缩放规则不能有效地对此进行解释。

参数相似性——理念基本相似的设计（如三叶片、变桨距玻璃钢叶片和管状塔架）对关键参数可能有明显不同的选择。叶尖速度是直接影响塔顶质量和风机成本的关键参数。不同功率等级或塔高对直径的比率也会明确地影响质量和成本。这些影响有时可以通过在标准化的流程中允许更多的数据集组合在一起而被有效地考虑到。

职责相似性——机械设计、质量和成本都受到设计场所类型，即风条件的影响。

发展阶段——最新、最大型的风机处于制造商最先进的技术阶段，他们越来越重视影响设计成本和质量减少的因素。如果所有的尺寸都处于技术成熟的相同阶段，这会掩盖可能出现的缩放趋势。查看直径增大的轴类似于沿着时间轴看，因为在现代风力发电技术的发展历史过程中，风机的尺寸普遍增加。

也有许多其他因素使得缩放变得比较复杂化，如制造商对电动或液压系统，或对简单的重型结构与更轻的优化结构的偏好等。最后，超越技术问题，对于成本——解决缩放技术问题主要的动机是了解它们将如何影响大型风力发电机组的成本——增加了一些非技术因素（汇率、全球范围内劳动力成本的变化、营销策略等）。

4.5.1　叶片质量缩放

这里首次提出了对叶片质量趋势相对较旧的一些数据的分析。由老数据得到的启发是技术如何随时间变化以及它可能会怎样掩盖固有的缩放趋势。

对数据的幂律拟合作为一个整体（见图 4.4）产生的指数为 2.29。因此，叶片质量会随着叶片尺寸增加而按照明显小于三次方的幂率缩放。这主要是因为：

- 40m 或更长的大型叶片是非常稳定的结构，它们促使着正在进行的开发工作降低质量成本；
- 最大的叶片时间上更近一些，处于更先进的制造技术阶段。

图 4.4 中对叶片质量趋势进行了进一步的分类，图中列出了从制造商的数据表中获得的叶片质量数据（三叶片组的质量）。很明显（见图 4.4），Atout Vent（ATV）公司的小型碳叶片非常轻，因为它们以碳纤维增强塑料（CFRP）作为唯一的结构材料，其尺寸正是所期望的。NEG Micon Aerolaminates 公司[⊖]生产的

⊖ NEG Micon 公司被 Vestas 公司合并，Vestas 公司现在拥有木质环氧叶片技术。

木质环氧叶片（见图4.4中标注的Aerolam），正如所预期的一样，由于其尺寸的原因也很轻。

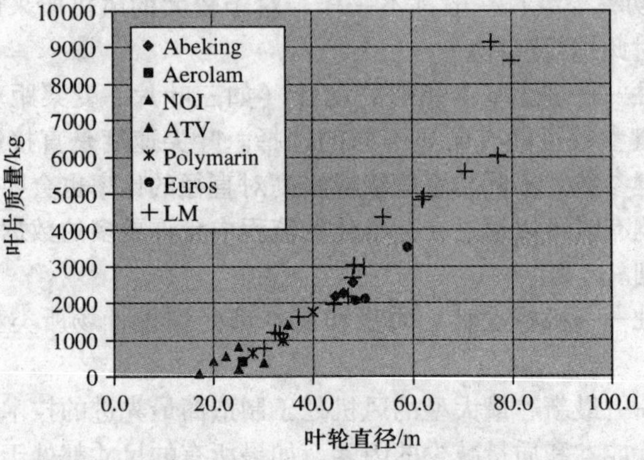

图4.4　基于叶片制造商数据的叶片质量发展趋势

表4.1证实了注释中解释的为什么叶片质量按照小于三次方的规律明显增加。这里对每个制造商的数据采用了最佳拟合幂律曲线的形式去确定其趋势线方程（为避免混乱，图4.4中没有显示）。就拥有小型叶片一贯技术的ATV公司以及仅作为叶片制造商的Euros公司来说，其背后的开发时间非常短，幂律指数接近于所预测的三次方关系。其他制造商，如LM、NOI[⊖]和Polymarin，已经经营了很长时间，他们的技术经历了重大的发展，一致认为，幂律指数似乎小于三次方。

还应指出的是，鉴于小数据集及其一定程度的散射，幂律指数不能用任何显著的统计严谨性来确定。毋宁说，叶片质量按三次方缩放的基本规律在统计中不会被有限的可用数据所肯定。基本的逻辑是在仔细考虑了技术变革后对数据进行分析，得出的比例应该是三次方，这与按三次方比例缩放没有什么矛盾。

表4.1　叶片质量与直径的曲线拟合指数

NOI	2.05
ATV	3.07
Polymarin	2.76
Euros	2.92
LM	2.30

⊖ 所有的最低指数适用于NOI公司这是合乎逻辑的，因为它们的叶片范围包括最原始的由湿铺工艺制造的聚酯树脂，而所有最近设计的大型叶片均是基于环氧树脂灌注。前面提到的有一些制造商在风机业内不再进行交易或被进一步收购。

当对一组连续的设计在类似的状态下进行评估时，一般很明显也可以得出接近于三次方的比例。WindPACT 计划对风机叶片缩放的研究[11]中包含了一些对大型叶片设计详细的案例研究，并完全证实了这一结论。

UPWIND 项目中的可再生能源中心（CRES）[12]通过最近对叶片质量缩放趋势的研究也进一步强调了上述结论，该中心已经开发了针对各种不同叶片材料系统和制造方法的三次特性曲线（见图 4.5）。由此很明显可以看出，商业叶片设计随着叶片越来越大将一直得到持续发展。

从最古老的叶片技术（手工制造的含有聚酯树脂的玻璃钢绞线垫）到最新的技术之间大约有 30 年的发展，图 4.5 强调大型叶片的质量相对减少已经得到了实现。图 4.5 中还表明了如何辩证地估计 10 ~ 20MW 等级、直径达 250m 的非常大型风机的叶片质量。商业叶片质量的数据，通过嵌入在图 4.5 中的各点来表示。图 4.6 中有一条接近于二次方定律的趋势线，它是针对叶轮直径大于 40m 的风机数据更详细的视图。然而需要注意的是从图 4.6 中也显示出，最大的风机正在努力避免叶片质量的增加超过二次方定律的趋势。

由于叶片质量扩展从根本上是满足三次方的规律，从图 4.6 中看到功率的扩展较小，主要是因为 40m 或更长的叶片是非常稳定的结构，它们促使正在进行的开发工作（见图 4.5 所证明的）降低质量成本。最大的叶片从时间上也因此更近一些，并处于更先进的制造技术阶段。

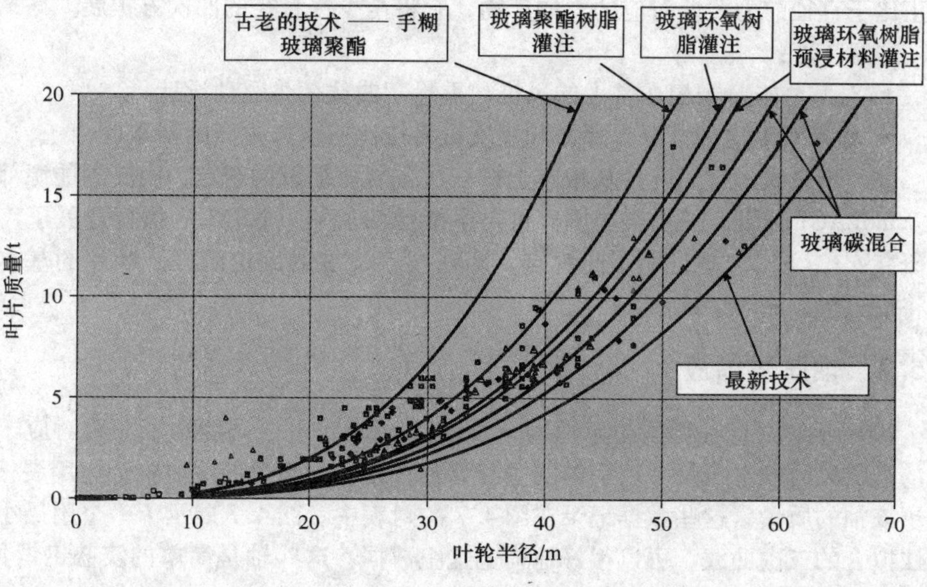

图 4.5　叶片相关技术的叶片质量扩展

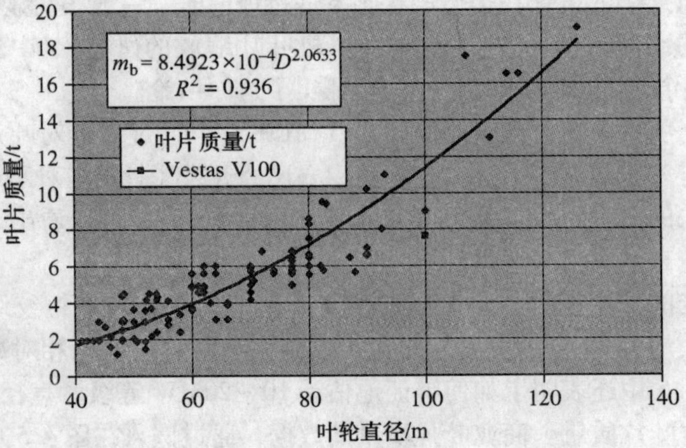

图 4.6　叶片质量趋势

叶片质量对叶片成本的影响（直接成正比）及叶片质量对轮毂疲劳载荷的影响对最小化叶片质量都是强大的激励，这是因为风机正变得越来越大。采用碳纤维预浸材料的 Vestas 叶片技术生产出了非常轻的叶片，图 4.6 中明显考虑到了 V100 的这一点。

值得注意的是自重弯矩，作为叶片重力（至少㊀以直径的三次方进行缩放）和正比于直径的力臂所对应的力的产物，它将至少按直径的四次方扩展。

这意味着：

- 对某些本身规模非常大的风机，重量弯曲载荷将驱动设计。
- 如果发生这种情况，那么叶片质量将按比三次方更高的幂缩放。

进一步来说，针对叶片从根本上按三次方规律缩放的观点，由美国能源部支持 WindPACT 计划，并由美国国家可再生能源实验室（NREL）执行开展了广泛的研究[11]（NERL 也证明了此观点，即在技术发展的固定阶段，叶片的基本质量将按三次方的规律缩放）。

4.5.2　轴质量缩放

2001 年 9 月，在德国胡苏姆风能大会上，Enercon 公司展示了一组对应于它们的直驱风力发电机尺寸范围内的主旋翼轴，它们在每个展览的轴旁边用展板标出了该轴的质量，这些数据记录在图 4.7 的附表中。图 4.7 展示了一个用最小二乘法拟合的三次曲线，可以很好地描述这组数据。这些轴是简单的实心钢锻件，

㊀ 本书中用“至少”这个词是因为质量增加三次方以上将需要额外的叶片材料以扩大设计规模，满足自重载荷。如果质量增加多于三次方，那么质量矩的增加将多于四次方。

图 4.7 用令人信服的数据证明，在没有某些因素，如材料的改变、设计理念变化或技术发展干预的影响时，根据叶轮转矩或弯曲力矩设计的组件是按三次方规律缩放的。

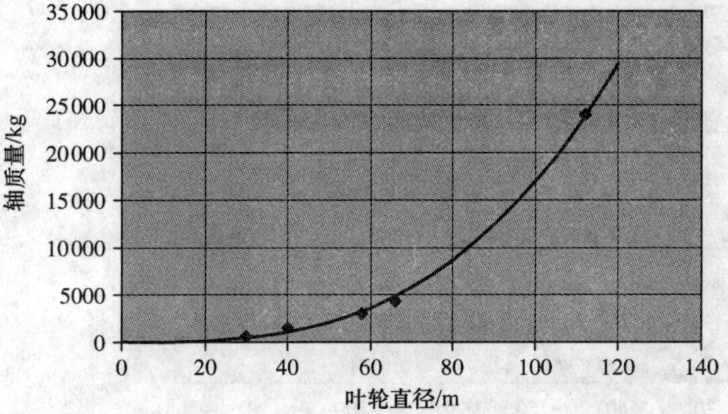

风机设计	轴质量/kg
E30	550
E40	1500
E58	3000
E66	4300
E112	24000

图 4.7　Enercon 公司叶轮轴

4.5.3　机舱质量和塔顶质量的缩放

图 4.8 中展示了机舱质量（除了叶轮和轮毂之外超过偏航轴承的质量）的趋势线。该趋势线对于 80m 或更大直径的大型风机呈三次方的关系。如果考虑直径超过 20m 的风机的所有数据，可以发现趋势线指数在 1.8 左右。这样，整体数据可以被分成两个不同的组，一组是较老的、规模较小的设计，其中技术进步已经限制了随着规模的增加而增加的质量，另一组是直径 80m 以上的最新设计，其技术开发正在进行，但目前未能避免按三次方规律缩放。

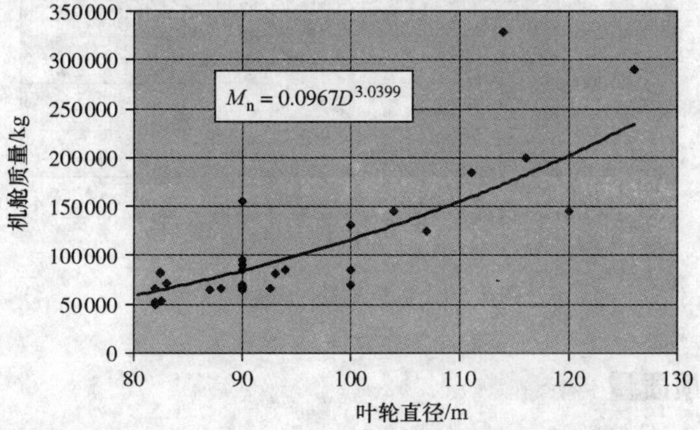

图 4.8　机舱质量趋势

图4.9中转矩随着直径的变化趋势接近于三次方的关系（根据严格的缩放相似性应该是精确的三次方），缩放指数大约为2.8。偏离三次方的关系几乎完全可以由设计叶尖速度随着直径的增加而升高的趋势解释（见4.7节）。

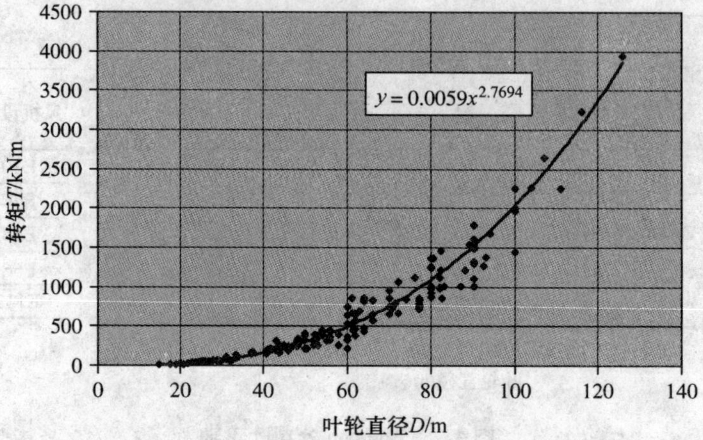

图4.9 转矩趋势

图4.10显示出了机舱质量随着风机转矩等级基本上呈线性趋势发展。

图4.8～图4.10显然是相互关联的，均与非常大型的风机大致按三次方扩大的规律一致。

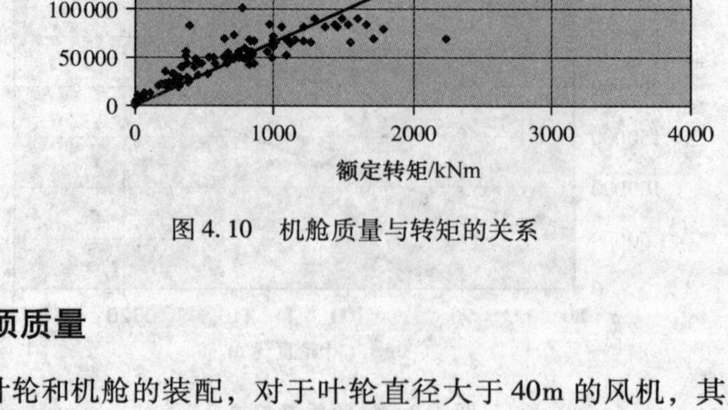

图4.10 机舱质量与转矩的关系

4.5.4 塔顶质量

考虑到叶轮和机舱的装配，对于叶轮直径大于40m的风机，其完整的塔顶质量（见图4.11）缩放趋势类似于二次方律的叶轮。如果只考虑较新的、直径80m以上的大型风机，不出所料，指数上升到2.8左右。

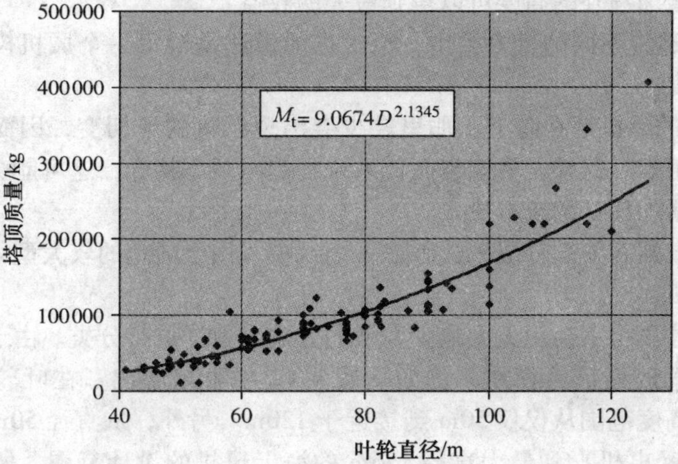

图4.11　塔顶质量

4.5.5　塔架缩放

4.5.5.1　高度与直径的关系

轮毂高度明显随着叶轮直径增加（见图4.12），平均约等于叶轮直径。图4.12中的数据表现出极大的分散性，主要有3个原因：

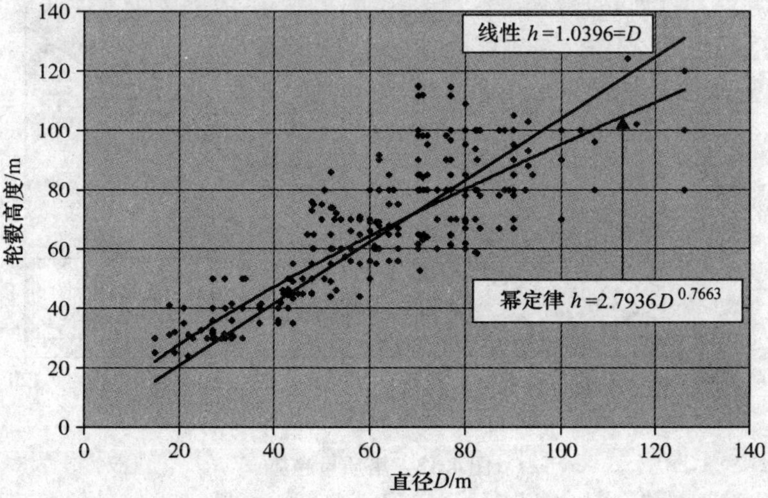

图4.12　轮毂高度趋势

• 在小规模时，为了使风流能畅通无阻地通过障碍物（树木、建筑等），塔的高度相对较高。小型风机还运行在地球边界层最接近大地的区域，那里的风切变最严重，增加额外的高度可以得到最大的收益。

• 为了适应不同的风力类型，很常见的做法是对每一个风机模型提供一系列的塔架高度。

• 最大的风机都在海上。那里较少会出现严重的风切变，因而从更高的塔架中受益也很少。此外，塔架越高，系统的基本频率越低，这可能会使波浪载荷更严重，并增加地基的成本投入。

总之，数据需要被分成三类考虑：小规模、用于陆地的较大型风机和非常大型的海上风机。

然而，这里将不会用大大减少发散的方式对数据进行分类。由于风力类型的影响，大的发散将仍然存在。例如从图 4.12 中可以看出，在叶轮直径为 70m 时，塔架的高度范围从仅仅 50m 到接近于 120m。另外，从直径 50m（在低风速风场的 800kW 电机）到最大直径 126m 的海上风机的设计范围，所采用的塔架高度是 80m。

4.5.5.2 质量与直径的关系

轮毂高度的发散是塔架质量数据大量发散的结果（见图 4.13）。考虑任意给定直径时不同的塔高和质量，若不采取某种使结果正常化的方法，趋势线和在相似性条件下（固定设计的场地条件，技术和材料系统的固定状态）塔架质量随直径内在的变化均不会受影响。

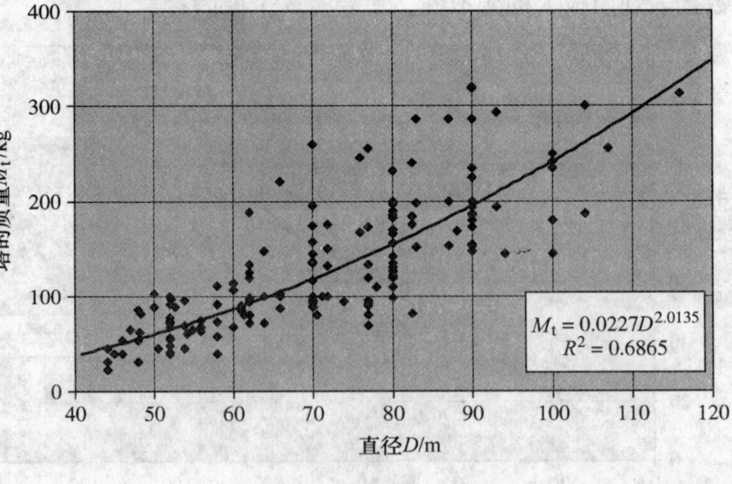

图 4.13 塔质量趋势

在本节中混凝土和桁架塔被排除在所有的讨论之外。其缩放预计不会有本质的差别，但与钢管塔相比，这两种塔缺乏数据。然而它们的实际质量却将大大不同，混凝土塔比钢管塔的质量要大出约一个数量级。桁架塔本质上比钢管塔更轻、更硬，不过它们存在其他的设计问题，例如保持螺栓扭矩以及保持塔台部件准确对齐的问题。

4.5.5.3　归一化的质量与直径的关系

塔架的设计有很大不同，而且应非常适应场地条件。对于给定的风机模型，可能有多达 5 种塔架高度的选择，类似于由平均风速和湍流条件所决定的那样，通常反映了不同的风力类型。因此数据点中的竖列（均具有相同的叶轮直径）通常会反映出一个事实，即不同高度的塔系列仅与几个不同的风机模型相关。为了合理地说明塔架和风机系统的质量及成本数据对减少数据发散和揭示趋势时的问题，采用一种使塔的质量和成本标准化的方法是非常有用的。

由于各种各样的原因，塔的质量和成本数据还存在很多发散，不同的设计代码、不同制造商的方法和商业因素等。因此没有必要尝试一个非常复杂的归一化进程。

现提出如下假设：

- 假设对于所有的塔架高度，塔基弯曲应力恒定。
- 假设对于任何给定的叶轮直径，作用在塔顶的气动设计正压力恒定。
- 随着塔高的变化塔基厚度与塔基半径成正比例变化。

以下符号的含义为

σ	塔基弯曲应力
h	塔高
M	塔基弯矩 = Fh
I	薄圆柱体的截面模量
R	塔基半径
t	塔基厚度
y	到中性轴的距离 = R
F	塔顶部气动推力
M_t	塔的质量

$$\sigma = \frac{My}{I}$$

$$\sigma = \frac{Fh}{\pi R^2 t}$$

$$M_t = 2\pi\rho Rth$$

假设 F 为常数，σ 为常数，且随着 h 的变化 $t \propto R$。那么

$$\sigma \propto \frac{h}{R^3} \qquad t \propto h^{1/3} \qquad M_t \propto h^{5/3}$$

由于塔架高度一般正比于直径（见图 4.12），塔架质量由因子$\left(\frac{D}{h}\right)^{5/3}$进行归一化。很明显，这种归一化显著减少了发散（比较图 4.13 和图 4.14）。

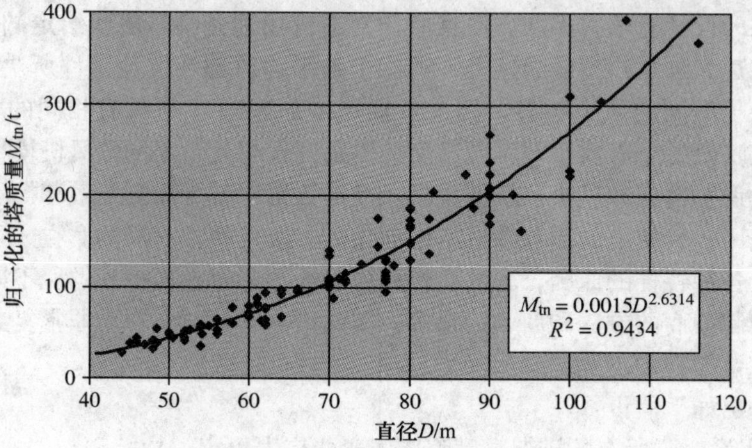

图 4.14 归一化的塔质量趋势

在相似直径下仍然有大量垂直散布的数据，但与图 4.13 中最初的混乱相比已出现了相当程度的秩序。作为归一化的优化测试，改变通过分析提出来的预测指数值 5/3，对应于没有采用任何归一化因子的数据修正指数，该值为 0。

很明显（见图 4.15），对于 1.6～1.8 范围内的指数，R^2（见图 4.14 中最佳拟合幂律方程修正系数的二次方）接近于最大值，特别的是对于理论确定的指数 5/3 = 1.667。这两条曲线是从 2002 年的有效数据分析得出的结果（那时候该方法被首次构想出来），接着后来用 2007 年更多的数据集进行了重复验证。

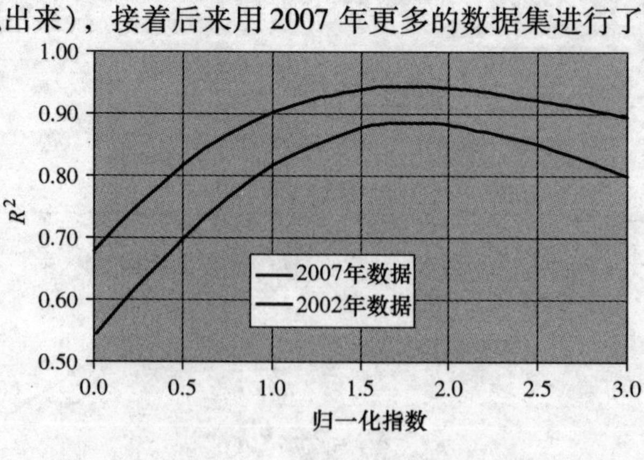

图 4.15 归一化指数修正

这印证了目前的归一化分析结果，因为它表明利用不根据经验选择的指数来对数据进行归一化明显优于理论确定的值 5/3。还令人鼓舞的是，对新的、更大的数据集进行归一化得到的数据趋势与较老的、较小的数据结果相似，使更大的数据集的关联性得到了改善。还应该强调的是，就其发展而言，归一化是减少数据发散及揭示趋势的一种方法。对于缩放相似性，归一化的塔架质量值对应的是平均轮毂高度，而不是实际的轮毂高度。这个过程表明，由于通过归一化过程减小了发散，从图 4. 14 中得到的指数 2. 6 比图 4. 13 中更低的值 2. 0 更能反映塔架缩放的趋势。

尽管归一化在减少数据发散方面很成功，但对于几个特定的叶轮直径数据仍然有一定程度的垂直发散。据推测，这主要是由于缺乏足够的信息而没有考虑风力类型对设计的影响。

指数值 2. 6（见图 4. 14）几乎更接近指数 3，这通过简单的缩放逻辑分析就可以预测到。事实上，考虑到风切变增加了轮毂高度的风速，也增加了风机规模，同样可以预期得到大于 3 的指数。然而主要是由于许多具有 70m 左右直径的大型风机对低风速场所的补偿作用，目前的等级趋势表明，倘若不考虑风切变，功率等级和叶轮正压力会按直径的二次方规律增加。因此，如果该等级关系保持不变，可以预期得到 3 左右的塔架质量缩放指数。

4. 5. 6　变速器缩放

图 4. 16 是基于 Winergy 和其他互联网上公布的数据得出的趋势，它大致证实了预期的变速器质量与转矩的直接关系。Bosch 及其他差动齿轮器越来越多地被应用于大型风机的设计中，在某些情况下，明显较轻。尽管输入转矩和齿轮传动的第一阶段主导了变速器的质量和成本，但变速器的主要目的还是提供齿轮比，而质量和成本将对图 4. 16 中没有反映的数据有一定的敏感性。

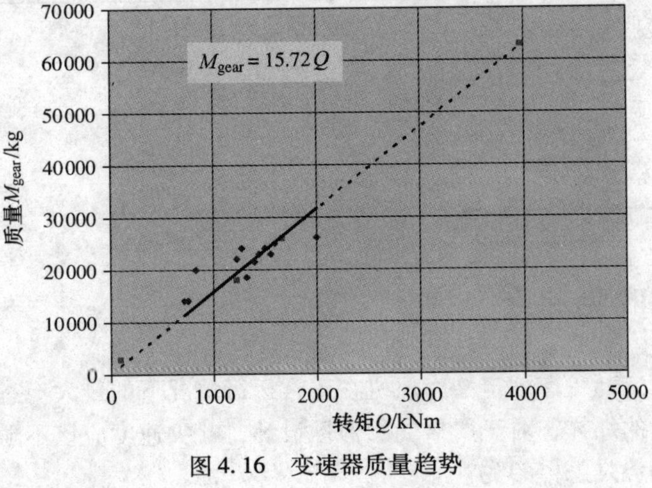

图 4. 16　变速器质量趋势

4.6 垂直轴风机的尺度升级

在第 13 章中对水平轴和垂直轴风机（VAWT）的设计进行了比较。虽然大规模的垂直轴风机设计从未在商业上实施，但是人们已经意识到了这项技术未来的潜力。Malcolm[13]研究了一个 Darrieus 叶轮风机上尺寸对叶片和中心柱的影响，这在 L. Schienbein 协会的一篇评论中被引用[14]。截取该评论可以看到：

……假设采用相似的结构和材料，它们的质量（也可能是成本）正比于叶轮尺寸直径的三次方。这也适用于主要的传动系统的成本（变速器和离合器），这样很可能使制造总成本按直径的三次方增加。这个结论可能是乐观的，因为大型组件通常用得更少并需要特殊的制造技术。大型组件也不太可能享受大规模生产的成本效益。其他的主要成本是用于运输、现场准备和基础设施的费用，这些可能至少会按直径的二次方增加。

然而，能量的捕获正比于扫掠面积和风速的三次方。在“正交”垂直风切变的区域这将导致总能量按直径的 2.4 次幂增加。因此，增加尺寸会带来整体的负收益。如果将单位扫掠面积上（叶轮和拉缆）的总质量与现行的及计划使用的机械设备的扫掠面积作对比，可以对有关尺寸的负收益的结论给予一定的支持。

关于 Darrieus 型垂直轴风机总质量（包括叶轮和拉缆或钢架）的有限数据（见表 4. 2）显示出在扫掠面积高达 500m^{2}到 Eole 风机的 4000m^{2}之间质量对扫掠面积比率的大幅增加。这表明尺度升级的幂次比直径的二次方明显更高。

表 4. 2 Darrieus 型垂直轴风机的质量趋势

风机	扫掠面积/m^2	总质量/kg	质量/面积/（kg/m^2）
FloWind 17m	241	7254	30. 1
FloWind 19m	315	10962	34. 8
Adecon 19m	316	9100	28. 8
Indal 6400	495	17770	35. 9
Eole	4000	300000	75. 0

4.7 额定叶尖速度

这里将额定叶尖速度定义为风机在正常运行情况下的最大稳态叶尖速度。正如前面所指出的那样，对于严格的相似性设计，叶尖速度应该不随尺寸而变。那么观察到的趋势是怎样的呢？

从图 4.17 中可以看出，随着叶轮直径的增加出现了朝着更高叶尖速度的渐进漂移，更严重的是因为最新的非常大型的风机多用于海上风场，在那里的噪声可能对叶尖速度没有限制。请注意，γ60，一台两叶片风机，具有 138m/s 的非常高的叶尖速度，而且 Lagerwey LW 80 作为很典型的通用设计路线被排除在拟合趋势线之外。在最近的设计中湘潭电气制造有限公司（XEMC）的 Darwind 5MW 风力发电机组具有特别高的 108m/s 的速度。

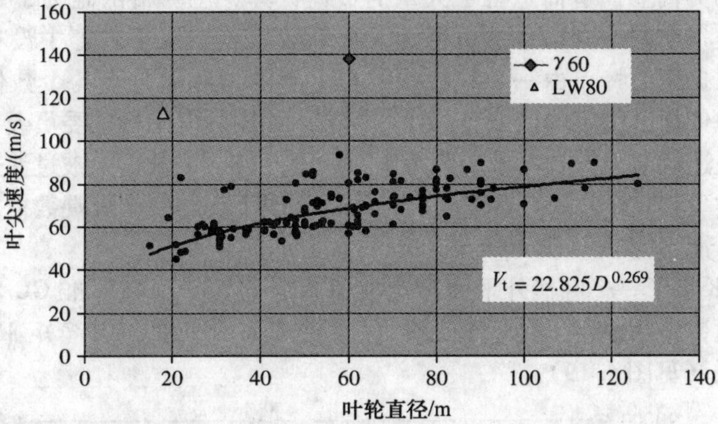

图 4.17 叶尖速度趋势

图 4.17 中数据点的极大发散性和极低的相关性（见表 4.3）可能对上升的叶尖速度问题作出解释。然而这种解释综合参考了转矩趋势（见图 4.9）和功率趋势（见图 9.3），两者中每一个都有更好的关联数据。

表 4.3 叶尖速度/转矩/功率趋势

变量	指数	参考	R^2
叶尖速度	0.27	图 4.17	0.41
转矩	2.77	图 4.9	0.96
功率	2.05	图 9.3	0.96

对于额定功率 P、额定转矩 T、直径 D 及额定叶尖速度 V_t，满足：

$$[V_t] = \left[\frac{PD}{T}\right]$$

因此，从表 4.3 中，可以推断出叶尖速度的指数为(2.05 +1 −2.77) =0.28，这接近于直接从图 4.17 中由叶尖速度趋势线数据测定的值。

4.8 载荷升级

4.4 节的相似性准则一般而言可以提供简单、直接的风机载荷升级的预测。当考虑实际数据时这种预测能维持到何种程度?

在这种情况下，实际数据意味着商业风机被设计的负载。多年来 GL Garrad Hassan 公司为商业制造商进行了大量的负荷计算，主要目的是为了进行设计认证。为保证每个制造商信息的机密性，个别数据点在以下内容中没有出现。因此，每个数据集的特点由一个趋势线方程、R^2 的值和数据点的个数体现。负荷计算一般是依据已制定的认证负荷计算标准，如国际电工标准委员会（IEC）[9]。除了排除失速调节设计及考虑变桨距调节的设计外，该数据未被过滤过。因此不同的风场类型都集中在一起，并且在极端的情况下，与每个极端数据点对应的负载情况也可能不同。

图 4.18 举了一个叶柄外平面弯矩极值趋势的例子（在标准 GL 坐标中指定的 M_y），此数据集显示出接近于三次方的趋势。内平面的叶片弯矩 M_x 也取得了类似的结果（见图 4.19）。

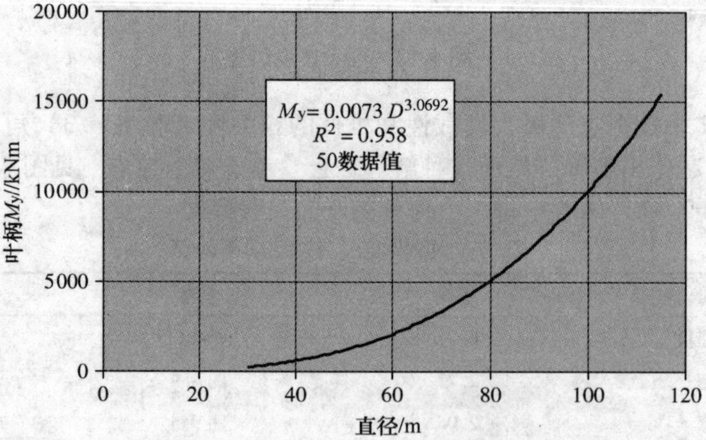

图 4.18 极端叶柄外平面弯矩

随着风机尺寸的增加，风湍流的影响既改变了关于湍流长度标度的叶轮尺寸，又改变了地球边界层上风湍流随高度的变化。为研究这个问题，依据相似性对风机的设计进行了从 5WM 到 10MW 及 20MW 比例的扩展。

图 4.20 显示了塔架上的偏航转矩 M_z。还包括 6 台商业设计的情况，显然更小的尺度似乎位于陡峰上，但是近似为三次曲线。目前还没有迹象表明，湍流对 20MW 以上的弯矩扩展没有强烈的影响。然而从所考虑的 3 个设计的相似性来

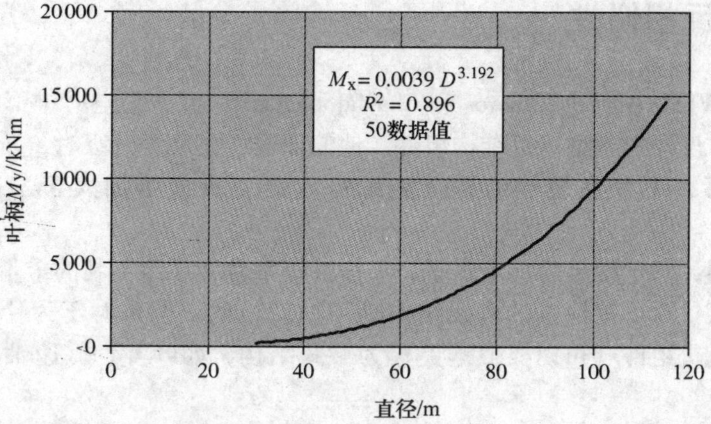

图 4.19　极端叶柄内平面弯矩

讲，如果湍流没有影响并且指数略微高于 3，那么将可以预计到严格三次方规律可能发生。

即使有来自 50 个或更多的风机的设计数据，仍然有太多的变量能够区分设计和几乎没有统计确定性（任意趋势都是明确确定的）的负荷情况。然而迄今为止，大多数弯矩按直径的三次方规律以及力按直径的二次方规律的简单缩放几乎是没有争议的。

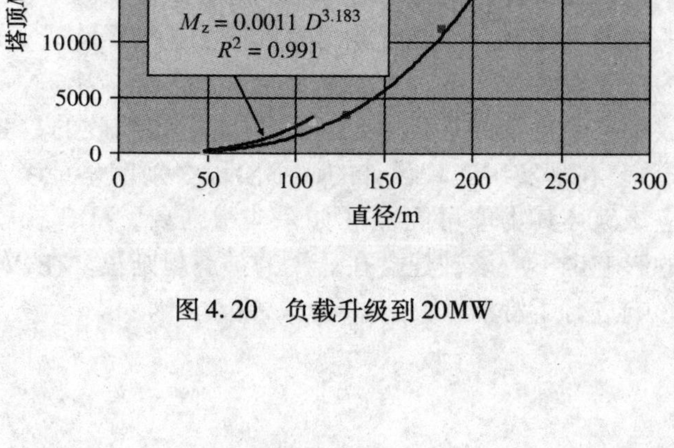

图 4.20　负载升级到 20MW

4.9 违反相似性

在 UPWIND 项目中，Sieros 和 Chaviaropoulos[15] 将一个空心锥形塔评定为依据弯曲应力设计的典型风机结构组件。他们证明，在尺度升级时，若自重载荷举足轻重，那么不存在最佳的设计路线可以避免质量增加大于三次方，结论是……。

这表明，对于给定的技术水平，尺度升级常常会导致不利的重量增加。尽管这些结论仅仅对于被检查的塔架结构是“精确”的，但是对于为什么它们不适用于其他风机组件（可以类似地建模为梁式结构，如叶片、低速轴等）没有明显的理由。

风机主要组件的成本一般与已讨论过的质量升级有关。然而一些组件却具有在很大程度上独立于尺寸的固定成本。这通常适用于与智能化相关的功能——更大的风机不需要更大的“大脑”（控制计算机），但如果能带来任何收益人们就很容易买得起。一台非常大型的风机可以更容易对昂贵的场面成本（光学定向和测距（激光雷达））做出合理的解释：他们能更好地观察风力，并用于风机控制从而更有效地缓解系统负荷。在某些情况下，重量在联锁成本设计的影响下，超出了成本对组件本身的影响，更昂贵的材料（所谓的在叶片中采用更多的碳）可能会优化整体成本，例如降低轮毂成本和重量。然而这并不能从本质上使得扩展后的系统比原来的小系统更有竞争力。

在工程中经常会出现有效组件尺寸的离散性变化，并扰乱连续升级时的相似性。在几乎无限的列表中举 3 个例子：

- 标准公制螺栓大小（ISO 898 - 1—1999 的 3 ~ 7 节和附录 A）；
- 发电机机座尺寸；
- 与发电电压水平的选择相关的组件。

实际限制被应用在提升高度的起重机升力上、可能被卷成筒状的钢板尺寸上、基桩的最大直径上及各种类型的铸件上。这些限制反映了全球工程标准的惯例，而非最终的物理可能性。风能行业的大规模发展已经改变了这些限制，这已超出了已建立的工业实践。

在组件缩放中缺乏平滑的连续性往往会明显扭曲缩放的趋势（见 9.7 节对轮毂扩展的讨论）。在现实中工程设计的详细阶段必须明确地考虑所选用标准的实用性，但不应该破坏其物理可能性（如果非常需要，M13 螺栓也可以制造），这种阶跃变化的影响也不应该被建立在通用的扩展规则里。在 9.7 节的讨论中就缩放对成本的影响进行了澄清。

4.10　成本模型

4.5 节的商业数据表明固有的缩放趋势可能会怎样与通用技术进步相混淆，特别是如果组件或系统的技术趋势随着时间的推移有条不紊地朝着更大规模发展。Sørensen 等人[16]提出了一种方法可以将这些问题正式分离开。他们开发了一种基于风险的大型风机优化设计理论框架，其中考虑了 3 个层次的规划：

1）基于风险/可靠性的规划；

2）基于确定性及编码的规划；

3）简单的确定性规划。

他们特别对一般成本模型进行了论述，在该模型中技术随时间变化的影响与相似性期望的固有扩展是分离的。

从 Sørensen 的文献［16］中摘录的基本方程为

$$\begin{aligned} C(sf,\ T)_{\text{comp}} &= C(1,\ T_0)_{\text{comp}}\frac{c(sf,\ T)}{c(1,\ T_0)}\frac{m(sf,\ T)}{m(1,\ T_0)} \\ &= C(1,\ T_0)_{\text{comp}}\frac{c(sf,\ T)}{c(1,\ T_0)}\frac{m(sf,\ T)}{m(1,\ T)}\frac{m(1,\ T)}{m(1,\ T_0)} \\ &= C(1,\ T_0)_{\text{comp}}\frac{c(sf,\ T)}{c(1,\ T_0)}sf^{\alpha_{\text{comp}}(T)}r(T) \end{aligned} \tag{4.2}$$

式中，$C(sf,\ T)_{\text{comp}}$是当按比例因数 sf 缩放时，技术 T 对应的组件成本；$m(sf,\ T)$ 是当按比例因数 sf 缩放时，技术 T 对应的组件质量；$c(sf,\ T)$ 是当按比例因数 sf 缩放时，技术 T 对应的组件单位质量成本；$\alpha_{\text{comp}}(T)$ 是基于相似性的组件缩放因数；$sf^{\alpha_{\text{comp}}(T)}$ 是基于相似性，技术 T 对应的质量升级；$r(T)$ 是从技术 T_0 到 T 对应的质量的技术进步（减少），例如可通过评估相同尺寸组件中技术进步对质量的影响进行估算。

成本可被拆分成如下因数：

$C(1,\ T_0)_{\text{comp}}$——不进行缩放时技术 T_0 对应的组件成本。

$c(sf,\ T)/C(1,\ T_0)$——从技术 T_0 到 T 按比例因数 sf 升级时单位质量成本的“技术进步”。这里考虑了由于材料、制造工艺变化引起的单位质量成本的变化。

在执行这种成本模型时所遇到的实际问题往往是缺乏足够优良的数据以便将技术进步清晰地从固有缩放趋势中分离出来。这主要是因为该数据集如风机的设计，即使在一个时间点上，也包含了每个组件和整体系统设计的各种技术。然而不管现有数据是以什么样的限制方式制定的，采用这种缩放模型都是非常有价值的。因此成本模型中的相似性缩放作为一个核心元素被体现出来。进而，任何对缩放比例超过相似性规则进行修正的因数均被这样认为，而且可以避免做出

“它们一定适用于所有尺度”的因果假设。

4.11 缩放的结论

由于实际工程系统缩放中的复杂性和差异性，简单的缩放规则往往被认为是无用的并且过于简单。事实上远非如此。因为相似性经常被违反，可能也限制了其直接应用，但它们也奠定了深入理解缩放行为的唯一坚实的基础。

基础物理的考虑规定相似条件下的缩放规则将只有整数指数或将这些整数取倒数时出现的合理的分数指数。而根据经验进行的缩放关系中充满了任意的分数缩放指数。只有在非线性关系存在时才能对这些指数进行物理证明，例如这通常出现在黏性流中。因此如果一个变速器（在固定比例时）没有精确地随转矩缩放，原因应该在于油的非线性行为及相关的传热关系。这种非线性关系物理意义深远，此分形关系的出现与雷诺数从边界层及其与湍流的相互联系方面对翼型产生影响完全一样。

其中浮现出来的基本规则是，如果没有一个根本性的、非常简单的物理模型可以体现这些数据中的大致趋势特性，所预测的尺度升级模型不应该根据经验数据进行调整。鉴于可靠的成本建模的目的，考虑一个典型的随着叶片直径 D 的缩放项 aD^n，相应的规则应该是基础物理和工程考量决定了缩放指数 n，而系数是随着材料、设计风格、制造工艺技术或任何能够被一条技术学习曲线覆盖的因素而变化的函数。此外描述组件成本缩放的多项式关系 $\sum_i a_i D^{n(i)}$ 通常是基于现实的考虑，即一些成本构成典型与体积相关，而另一些，如喷漆，与表面积相关。显然如果用单幂律项近似这种关系，将失去其外推的有效性。

在许多情况下均提出了“打破二次方—三次方定律”的技术进步。如果标度能带来切实的好处，那么所要面临的严峻考验不仅在于新技术降低了与相似性缩放得到的预期的成本或重量，还在于对于大型尺寸它也有独一无二的好处，但却不能同样地应用于较小的规模中。而后者的需求往往被遗忘，因此它很少能得到满足㊀。

鉴于目前如此强调风能产业的尺度升级设计，缩放规则在估计质量、成本和更大规模设计的可行性方面是至关重要的。基于经验缩放的成本模型可能是出于得到合理精度的插值的目的，但其基本公式被限制在一定的比例范围内，并被限制在特定的时期内，在该时期某种技术和技术解决方案已广为流行。可以开发物理上基于相似性规则、而其他效果从功能上独立的成本模型，其中方法学和底层

㊀ 偶尔会有数百千瓦范围内较小的风机的设计重现，原因在于它们出现了新的市场需求。该方法通常是升级旧的成熟设计，而不是保证更长的开发计划以完全更新具有最新技术收益的设计。

结构不需要改变，但输入信息毫无疑问将改变。

参考文献

[1] Harrison, R. and Jenkins, G. (1994) Cost Modelling of Horizontal Axis Wind Turbines. Energy Technology Support Unit (ETSU) W/34/00170/Rep, University of Sunderland, Sunderland.

[2] Fingersh, L., Hand, M. and Laxson, A. (2006) Wind Turbine Design Cost and Scaling Model, National Technical Information Service. Technical Report NREL/TP-500-40566, December 2006.

[3] Stiesdal, H. and Kruse, H. The Growth in Turbine Rating–a Case Study, Bonus Energy A/S, Brande.

[4] (2009) *Wind Energy the Facts. Part 1 Technology*, Earthscan. ISBN: 978-1-84407-710-6.

[5] http://www.clipperwind.com/pr_091609.html. Accessed January 2011.

[6] http://nextbigfuture.com/2010/05/american-superconductor-sea-titan-10-mw.html. Accessed January 2011.

[7] *Windraftanlagen Markt.* Issues from 1997 to 2007, Sun Media GmbH.

[8] Batchelor, G.K. (1982) *The Theory of Homogeneous Turbulence*, Cambridge Science Classics Series, Cambridge University Press. ISBN: 0 521 041171.

[9] IEC (2005) International Standard 61400-1. *Wind Turbines–Part 1: Design Requirements*, 3rd edn, International Electrotechnical Commission, August 2005.

[10] *Windenergie* (1999) (and other years). Bundesverband WindEnergie e.V. ISBN: 3-9806657-0-4.

[11] Griffin, D.A. (2001) WindPACT Turbine Design Scaling Studies Technical Area 1 – Composite Blades for 80 to 120 m Rotor. Subcontractor Report NREL/SR-500-29492, by Global Energy Concepts, April 2001.

[12] Chaviaropoulos, T., Lekou, D. and Sieros, G. (2011) Cost models applied to blades. Presentation for Work Package 1B4 Upscaling (ensure that this is public by mid 2011).

[13] Malcolm, D.J. (1990) Feasibility of large scale wind turbines. 6th CanWEA Wind Energy Conference, 1990, October 1990.

[14] L. Schienbein Associates (1992) *Darrieus Wind Turbine Assessment Study*, Renewable Energy Systems Ltd, December 1992.

[15] Sieros, G. and Chaviaropoulos, T. (2010) Aspects of upscaling beyond similarity. TORQUE 2010 Conference, Heraklion, Crete, 28–30 June 2010.

[16] Sørensen, J.D., Chaviaropoulos, T., Jamieson, P. *et al.* (2009) Setting the frame for up-scaled off-shore wind turbines. ICOSSAR Conference, September 2009.

第5章 风能转换的概念

图5.1介绍了风能转换器的顶层概念图。黑粗体的路径定义了被认为是主流的方案路线。图5.1中并不过度追求分类的全面性或严密性，只是对风能转换概念的主要方案给予了说明。

1.8节中对基于叶轮而不是基于转换或振荡翼型的可选方案的优势进行了解释。基于转换或振荡翼型的系统具有与源流面积相对应的尺寸，因此在能源领域所需要的大量能量提取材料中对它们的需求要多得多，且与叶轮相比可能其成本效益更低。

无叶轮的概念包括静电式风能转换器（见8.4.3.1节）和压电式风能转换器（见15.8节），各种各样的系统，包括机载系统如风筝（见8.4.2节），以转换翼型为基础。振荡翼型在实验室的颤振发动机上进行了演示，但已基本上被拒绝用在风能转换器上。1983年，South和Mitchell对3个振荡翼型转换器的概念进行了评估[1]：

- 拉伸电缆的挥舞特性被气动外形从电缆末端的线形振荡运动中提取的能量所增强；
- 振荡叶片的概念中包括柔性或灵活安装的垂直叶片；
- 利用升力做功所提取的能量在垂直轨道上垂直于风向上下振荡的翼型。

最后得出的结论是这些方案并不比传统叶轮解决方案更有优势，相反还拥有大部分无叶轮概念的根本劣势，具体详见1.8节。

考虑到图5.1中基于叶轮概念进行的设计，虽然水平轴是主流而垂直轴（详见第13章）是经深入考虑后剩下的唯一选择，但是仍有许多合理的叶轮轴结构。叶轮中主要有刚性的或者半刚性的叶片被设计为强有力的升力面，尽管一些更原始的设计，如Savonius叶轮是基本的但不是唯一的阻力装置。一些较为古老的叶轮设计，这其中有克里特岛的拉西锡平原上著名的风力泵[2]，则采用了帆布叶片。

现代叶轮的本质是被设计为具有高升阻比的翼型剖面，这种剖面的功能完全来源于其不变的形状。然而如图5.1所示以及1.2节所讨论的，升力体或非升力体（圆柱体）可积极地利用空气喷射控制边界层或通过剖面旋转来产生升力。作为产生升力的一种方式，很显然对于工程师来说该方法比传统翼型剖面要麻烦得多，不过此方法却有非常可观的优点，即此升力是可调节、可关闭甚至可反向旋转的。

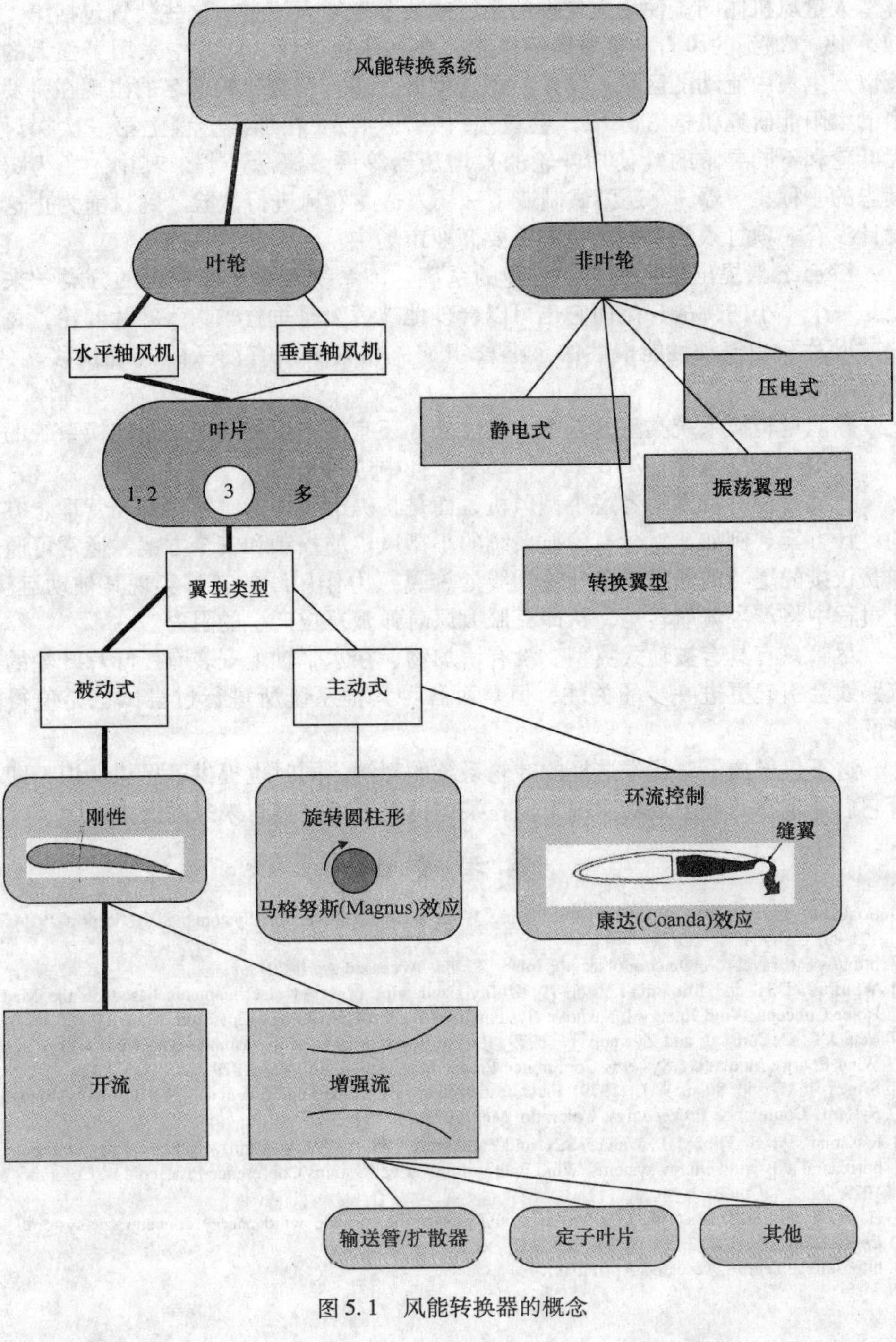

图 5.1　风能转换器的概念

大量风机倾向于使用大规模的系统或装置来增大流量。这些装置包括第1章和第18章提到的风管和扩散器的概念，在一些独创性的设计中采用了强大的涡流以产生集中流动的区域。早期对创新型概念进行调查比较著名的出现在科罗拉多的太阳能研究机构（SERI）会议上（1979年）。在那次会议上第一次探讨了无叶轮和不同寻常的（使用叶轮的）增压器等许多概念[3-6]。其中，尤为踌躇满志的一种集中器[4,7]还尝试制造了一场人造龙卷风进行试验。到目前为止这些设计没有一项打入到大型风机的主要商业市场中。

Kitegen[8]提出了一个非常有趣的系统，该系统对这里所提出的分类学来说也是一个小小的挑战！然而它也可以合理地被视为是垂直轴、多叶片叶轮，每一个“叶片”由气动性能惰性的系绳段组成，在其末端有活跃的（轻快移动的）翼型剖面。

除能量转换系统类型的基本方案之外，还有很多机械和电功率转换系统的方案，其中一部分系统在第6章的传动系设计中进行论述。

此处并没有特别地考虑小型风机，而是将提出更多的，特别是经营理念方面的设计方案。例如，对含有偏航系统的小型风机的控制和安全方案，通常可通过弹簧铰接的尾叶或通过来自叶轮轴线处旋翼拉力作用线的转移实现其被动运转，此过程中将产生偏航转矩，从而克服大风时弹簧复位产生的阻力。

尽管只有具有被动式翼型、没有增加物、在水平轴上安装有三叶片叶轮的主流路线会引起更进一步的关注，但是对各种其他系统所进行过尝试也是值得注意的。

这不仅增加了对优先选择的叶轮系统的理解，同时也提供了思想认识，即尽管它们并未在商业上成功实现，但在某些情况下可能具有未来的潜力。

参考文献

[1] South, P. and Mitchell, R. (1983) Oscillating Wind Energy Conversion Systems. SERI Report WPA NO. 171-83, US DOE, December 1983.

[2] http://www.travel-to-crete.com/place.php?place_id=84. Accessed April 2011.

[3] Whitford, D.H. and Minardi, J.E. (1979) Utility-sized wind-powered electric plants based on the Madaras Rotor Concept. Wind Energy Innovative Systems Conference Proceedings, Colorado, May 1979.

[4] Yen, J.T., DeCarlo, J. and Zywan, W. (1979) Recent developments of the tornado-type wind energy system. Wind Energy Innovative Systems Conference Proceedings, Colorado, May 1979.

[5] Sforza, P.M. and Stasi, W.J. (1979) Field testing the vortex augmentor concept. Wind Energy Innovative Systems Conference Proceedings, Colorado, May 1979.

[6] Lissaman, P.B.S., Hibbs, B., Walker, S.N. and Zambrano, T.G. (1979) A definitive generic study of augmented horizontal axis wind energy systems. Wind Energy Innovative Systems Conference Proceedings, Colorado, May 1979.

[7] Haers, F. and Dick, E. (1983) Performance analysis of the tornado wind energy concentrator system. *Wind Engineering*, **7** (4), 223.

[8] http://kitegen.com/. Accessed April 2011.

第 6 章　传动系统设计

6.1　简介

传动系统包括一系列在气动叶轮和电力输出终端之间传送能量的硬件设施。本章的目的是为了特别强调重量、成本、效率和能量捕获等新概念的含义。本章还讨论了合理地优化传动系统设计的方法，而非简单地对若干传动系统类型进行点对点的调查。电气、液压、磁力等设计的“最优化”，具有几乎不限数目的备选系统组件，这比踌躇满志的想法更重要。尽管如此，在各种方案的尝试中仍会得到许多启示。机械结构设计、轴承类型、轴承配置、铸件、组合的机舱支撑结构等存在诸多问题，而这些问题主要留给详细设计讨论，不在本书的讨论范围之内。

传动系统设计现在是创新最活跃的领域之一。现在已经出现了许多兆瓦级范围的新型风机设计，它们使用永磁发电机（PMG），一些采用直驱（无变速器），其他还有带有一个、两个或三个阶段的传动装置。美国能源部提供资金支持了传动系统选择方案的主要研究[1,2]，这其中就包含美国国家可再生能源实验室（NREL）管理的风协议（Wind PACT）项目。这进而也带动了新型传动系统的生产和全面的实验测试。

6.2　定义

继叶轮之后，在风机系统中感兴趣的下一个开发的关键领域是能源转换系统或由叶轮的轴功率产生电网标准电力的传动系统。“传动系统”㊀应用广泛，通常涉及所有风机中气动叶轮和主电缆连接点之间的重要设备。

为避免混乱，现对用于通用传动系统和专用传动系统的术语分别规定相应的界限。传动系统的一般术语如下：

- 常规装置——变速器和多极高速发电机；
- 直驱——不带变速器的传动系统；

㊀ 将该术语称为“动力系统”可能更好，因为动力传输系统通常包括电子元器件，而不仅仅是机械“传动”变速器和发电机，然而术语“传动系统”更通用。

• 混合动力——自带变速器，但不具有传统性能，如多极（磁极数多于 8）的发电机[㊀]或差动传动；

• 多组发电机——超过一个发电机的传动系统；

• 多动力——特指 Aerodyn 公司许可的单级变速器和永磁发电机组合。

术语“混合”动力并不是指工业上约定俗成的含义，本书中采用此术语的目的是作为众多系统的通用名称，它比传统高速发电机拥有的传动装置级数更少，因此特指中速多极发电机。

6.3 传动系统创新的目的

研究传动系统技术的主要目的如下：

• 提高可靠性——例如在直驱发电机中消除像变速器之类的组件；

• 提高效率——并且在这种连接中，部分载荷效率具有尤其重要的作用；

• 降低成本——通过寻找性价比最高的系统，在某些情况下彻底改变观念，另一些情况下，通过更加综合的设计来实现。

沿着传动系统发展的一般性历程进行回顾，这里的讨论将回到可靠性、效率、成本和能量成本的影响等话题上。

6.4 传动系统技术图

现绘出两张图，包括：

• 顶层技术图（见图 6.1）概括了传动系统的发展；

• 更详细的技术图（见图 6.2）显示了从气动叶轮输入到与电网连接点之间的功率流动相关的联系。

图 6.1 中的总图用黑体粗线描绘了双馈感应发电机（DFIG）的主流设计路线。也有一些制造商因在设计中举例证明了特定的技术而被引用到。由图 6.2 可知，除了 Multibrid 和 Gamesa 公司外，其他公司也在进行混合传动系统的设计。

双馈感应发电机是传动系统的主要选择，它提供了足够的无级变速能力，可最大程度地实现能量捕获和运行的灵活性。然而欧洲市场的电能质量要求使得设计普遍朝着具有更广泛的速度范围发展，包括全额定功率变换器的系统。超导发电机有望实现约 10WM 等级的大容量系统质量的大幅降低，但是这也面临许多技术上的挑战，尤其是在风机系统的长寿命、低维护任务方面。维持低温系统，

㊀ 将“混合动力”作为一个整个传动系统的术语，不要将其与混合发电机相混淆，混合发电机是一种既拥有像永磁发电机那样的磁性，也拥有励磁绕组的发电机。

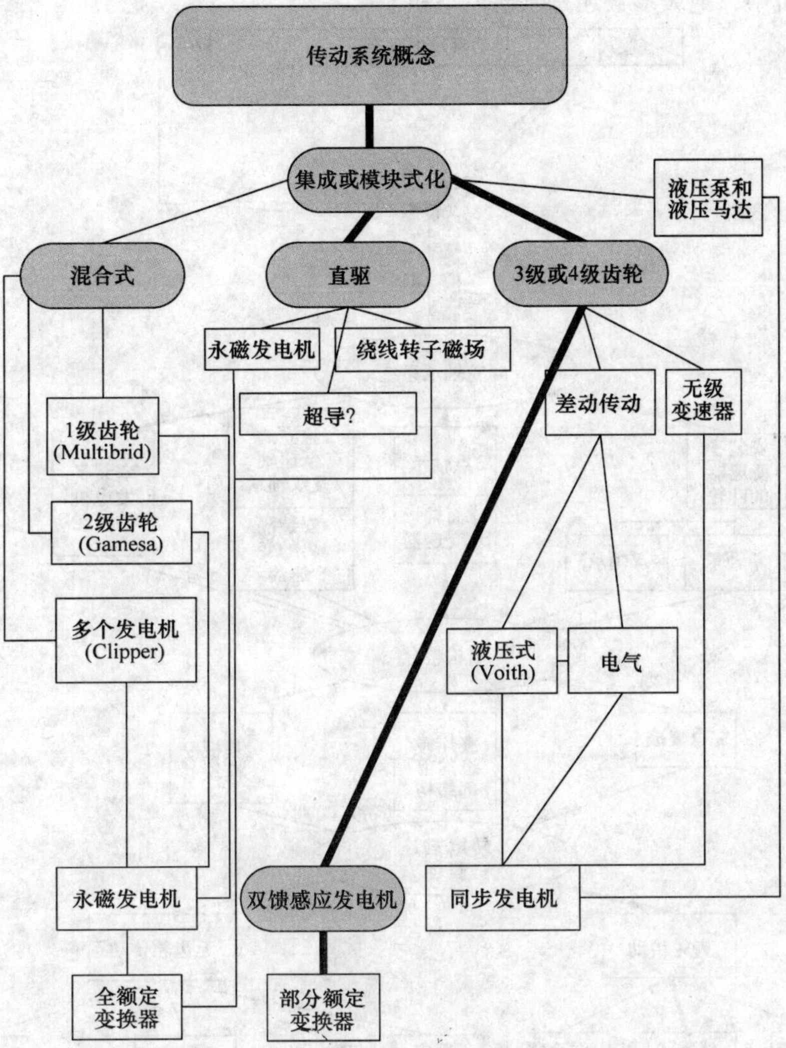

图 6.1　传动系统顶层技术图

尤其是冷却时间，以及在中断运行后恢复运行的需要也是设计的一个关注点。

直驱系统在新型设计中越来越受欢迎。具有绕线式转子的励磁同步发电机，是由领头制造商 Enercon 公司在市场上经过长期摸索而形成的一种解决方案。然而有了相对便宜的高强度钕磁铁后，WindPACT 和其他近期的研究都倾向于采用永磁设计，人们对直驱发展的兴趣主要在永磁发电机的设计上。在直驱系统发展的同时，混合动力系统也已出现了演变，如 Multibrid（来源于 George Böhmeke 的设想[3]）具有一级或两级齿轮传动，而并非传统的四极或六极多兆瓦级范围的高速发电机所要求的三级或四级。这些新颖的传动系统被集成到一个或多个中速发电机中，绝大多数还是永磁发电机。

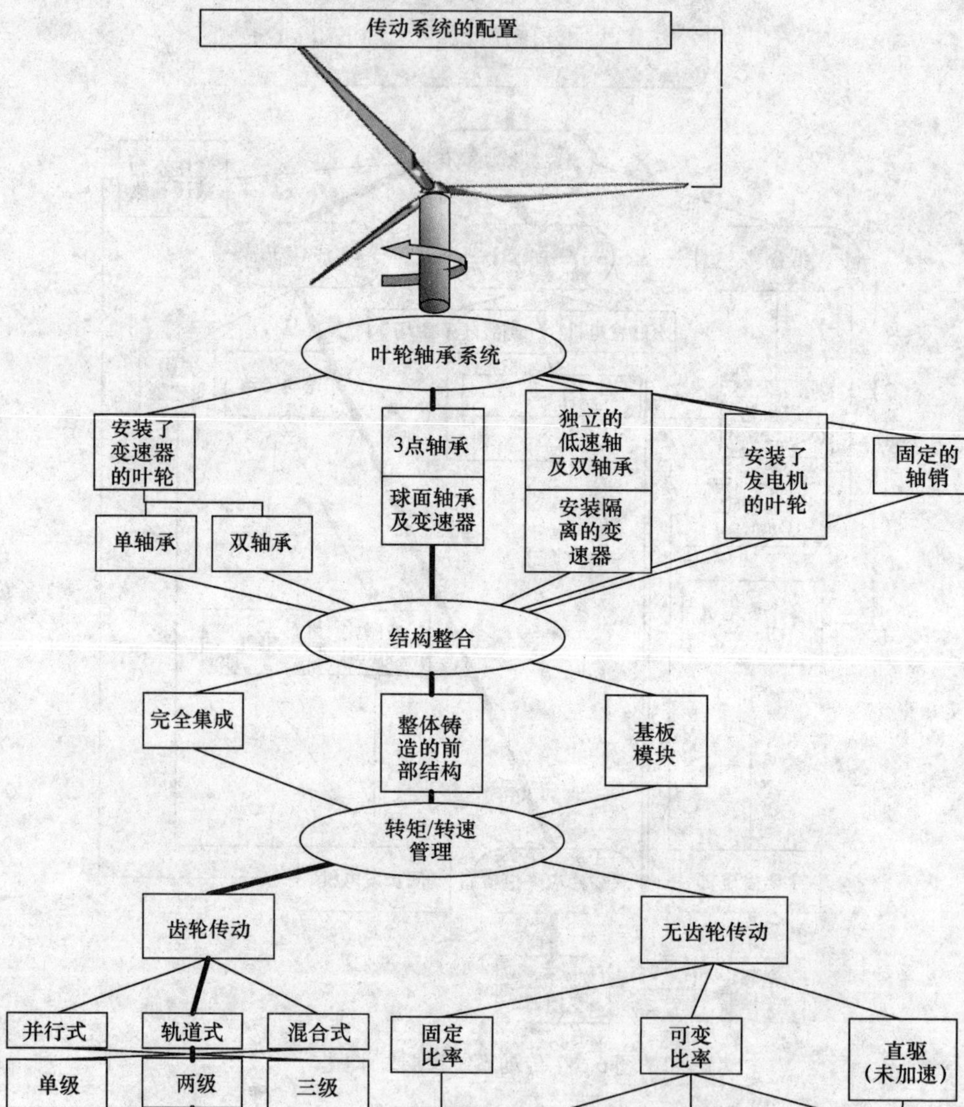

图 6.2　传动系统系统层技术图

变速原则上可通过机械或流体机械实现，而不用依靠电力系统。通常，这样的系统可作为无级变速器（CTV）进行分类。这些系统，如 Torotrak[4] 以牵引力为基础，而另外的由 GL Garrad Hassan 评估的系统[5]引入了陀螺力矩传输系统，其变速比是由对陀螺仪速度和/或角位置控制所产生的。Torotrak 系统被建立起来并专门用于一些无风场合，但 GL Garrad Hassan 先前的研究表明，若想将此技术应用到有足够疲劳耐久性的兆瓦级风机系统上还有相当大的挑战。陀螺力矩传输系统（详见第 20 章）有很多吸引人的特性，但还有待进行样机的开发。

Artemis 智能电源公司开发了液压变速器系统[6]，在风能、波浪和汽车应用方面有很大的潜力（详见 6.7 节）。但是液压变速器系统仍只能出现在商业领域，对于电动机的部件测试及运行中的风机整体系统的场测试方面还需进一步的发展。然而液压技术的能源密度表明多兆瓦级海上风机在实现机舱系统的紧凑结构和轻便质量方面可能非常有希望。2012 年，Chapdrive 公司[7]与挪威国家石油公司期望能够联合设计出装配了液压变速器的 5WM 风力发电系统样机。因此尽管液压变速器现在仅处于研究阶段，但其未来可能有巨大的发展。

传动系统装置以及各个系统的转矩与速度管理的关系进一步在图 6.2 中进行了分类。传动系统仍需关注一些问题，具体如下：叶轮和变速器或直驱发电机轴承是否整合、将齿轮和发电机轴从弯曲载荷中隔离出来的愿望、变速器和发电机物理尺寸的平衡，以及在带动旋翼载荷通过机舱结构到达塔顶的整个负载路径上，如何整合个人对结构刚度和支撑的需求等问题，均被绘制在一张合适的系统设计图中。

主叶轮轴承系统中已考虑了各种各样的装置。最初，主轴直接连接到轮毂上，在一对轴承之间旋转的叶轮则是最常见的装置。近来，人们不断尝试新的替代品，如将叶轮直接安装在单个回转轴承上（如 Vestas 公司的 V90 系列），及在轴承上安装叶轮轮毂，使其围绕固定的轴销旋转。

风能行业最初倾向于模块化的设计方式，这样，变速器、轴承、发电机等都是分离的组件，它们或多或少均可得到有经验的组件制造商所提供的标准供给，因为这些制造商能提供有效的规范，并为这些组件的设计负责。而渐渐地，更加私人化的设计开始出现，例如 Vestas 公司的 V90 系列单一轴承、通用电气风能公司和三星公司带有高速永磁发电机的设计、WinWind 公司、Multibrid 公司的产品等。

图 6.2 中提及的谐波齿轮传动是一种优良的同轴传动，它是由 Markham 在 1994 年左右于英国发明的，用于 750kW 风机的变桨距调节驱动器上，但它现在并不适用于足够大机组的变桨距调节驱动器或兆瓦级风机的主传动系统。

另一种完全不同的控制速度或转矩的方式是在传动系统的低转矩端采用差动驱动。差动驱动是行星级，其中输入速度与输出速度的线性组合成正比，每一输出转矩分别正比于其输入转矩。实际上，此理念中通常假设一个恒定的速度输出和一个可变的速度输出。原则上，要么是电力变速装置，要么是液压或机械变速装置可能被连接到变速轴上，或连接在两个输出轴之间。在一些实践过程中，差动驱动本质上是绕线式感应发电机的机械模拟，集电环在将轴速从场循环的同步转速中解耦的过程中会出现不同的速度。

差动传动系统举例如下：

- 1982 年，风能源集团 LS1[8] 发明的早期 3WM 样机，在变速轴上安装小型电机，从而产生窄带变速。
- 在 WindPACT1 的研究中作为 Henderon 系统讨论的 Windflow500，在变速轴上安装液压减速器从而提供变转差，进而消除转矩尖峰。
- 在 Voith - Winddrive 系统[9] 中，流体动力耦合器提供了输出轴之间的变速关系。

图 6.2 的传动系统图还包括发电机技术、电力电子及网络连接等多样化的选择。电力转换的方案很大程度上取决于发电机速度。

关于处于主导地位的“高速”发电机方案，有以下 4 种常见的选择：

- 用感应发电机固定速度，可允许小幅度的滑动；
- 变转差——本质上相同，但滑动范围大幅增加；
- 限制变速，这在双馈感应发电机中十分常用，作为替代的无刷结构并未大规模使用；
- 全范围变速。

对于“中速”方案，发电机直径将更大。通常会发现低速、大直径的感应电机吸引力较低。因此，与“高速”发电机不同，只有同步电机特别是永磁发电机，才会被考虑。

对于“低速”方案（即直驱），曾经探索过开关磁阻发电机，但其不具竞争力。这就使得同步机，主要是永磁发电机，作为中速的实施方案。对于直驱来说，其应用的特殊性抛出了一系列额外的设计决策。转换器可由背靠背的绝缘栅双极型晶体管（IGBT）单元组成，或者可将机侧变流器与定子绕组进行整合。

6.5 直驱系统

在风能技术发展过程中的某段时间内，变速器曾颇受争议。根据风能产业收集的统计数据，引起风力系统中故障最为频繁的是电气部分，而其中变速器故障却是最主要的[10]。变速器技术在大部分商用风机设计中仍然是不可或缺的，然而对可靠性的关注和对具有较少组件的更简单的传动系统的论证激发了人们对直驱技术的兴趣。

在所有直驱风机设计的各种方案中（见表6.1），永磁发电机受到越来越多的关注。尽管在许多新型设计中，这是通用的解决方案，但没有必要将直驱和永磁发电机这两个特征结合在一起。

表6.1　直驱风力发电机

	直径/m	额定功率/MW	备注
Enercon E126	126	6.00	绕线式转子
Darwind DD115	115	5.00	永磁发电机
Siemens	107	3.60	Converteam 永磁发电机和转换器
Scanwind SW3500	91	3.50	Switch 永磁发电机和转换器
Vensys（Goldwind）	90	2.50	最流行的永磁发电机设计
Northern Power Systems	80	2.00	永磁发电机
Leitwind LTW 77	77	1.35	永磁发电机
Harakosan	71	2.00	永磁发电机
Mtorres TWT	70	1.65	永磁发电机
Koncar	57	1.00	绕线式转子——克罗地亚新型设计
Unison U50	50	0.75	永磁发电机（第一代韩国风机设计）
Northwind 100	20	0.10	永磁发电机

如今最流行的直驱系统是由Enercon公司开发的（例如，具有12m直径发电机的E126风机），该公司是迄今为止在商业领域中最早的直驱风机供应商。该公司的设计包括由励磁电流而非永久磁铁提供励磁的绕线式转子。在20世纪90年代因为钕铁硼磁铁价格要贵得多，而使用铁氧体磁铁设计的永磁发电机又十分笨重，因此绕线式转子设计最初很被看好。与永磁发电机相比，绕线式转子（转子上绕制着一套独立的电气绕组）可以对转子磁场进行附加控制，包括将其关闭。然而绕组及集电环均需要供电，除此之外，具有绕线式转子的直驱发电机似乎普遍要比永磁发电机更重。

尽管Enercon公司比其他公司更早探寻直驱技术，如今也在直驱风力发电机的世界市场中占据了统治地位，但是位于第八位（根据2008年的世界市场占有率㊀）的Goldwind公司以其永磁发电机技术为基础，在直驱系统方面快速增长，已经取得了德国Vensys公司的技术专利。

出于成本和维修方面考虑，均要求在直驱系统中去掉变速器，然而现在的直

㊀ 基于2009年的BTM市场报告。

驱解决方案显然并不比传统齿轮传动系统更轻便实惠。低速直驱发电机需要相对较大的直径以实现气隙中足够的速度。而大直径更意味着需要大量与电磁功能相关的结构材料，从而使其质量超过了最低限度的基本质量要求。因此需要把注意力放在更高的结构效率的概念上，以降低质量和直驱系统成本[11,12]。

NewGen 公司直驱发电机的基本理念是为了避免与通过中心主轴到发电机叶轮边缘的负载路径相关的刚性需求。而发电机叶轮的刚性需求反而由于将大直径的轴承装配于邻近空气间隙处而大大降低。观察图 6.3 的滚柱轴承可知，NewGen 公司研制出 1.6m 直径的发电仅供实验室研究使用，主要是为了验证结构的概念。NewGen 公司声称额定转速 19r/min 的 4MW 机组设计中发电机重量将达到约 37t。因而相关的输入转矩为 2010kNm。在此输入转矩下传统变速器的质量可由图 4.16 推断出约为 30t（但并不十分确定或精确），因此 NewGen 公司的解决方案很有可能更具有竞争优势。

图 6.3　NewGen 公司 140kW 中型试验规模的发电机。
AgirKonsult AB 公司版权所有，并授权发表

如今，用于直驱发电机的超导技术（电阻和损耗可忽略的传导）引起了人们越来越多的兴趣。1911 年，荷兰物理学家 H. Onnes 首次发现超导性，他观察到当温度降至 4.2K 时，水银将显示超导性。虽然引起了人们极大的兴趣，但此发现在当时却没有实际价值。然而直到 1986 年，发现超导性还能出现在温度高于液氮温度（77K）时，这项技术才有了实际应用的可能，从而发展了所谓的高温超导体（HTS）技术。

由于高温超导体的发现，人们有了在同步发电机的转子场绕组中使用高温超导线材的想法。高温超导线材所能承载的电流近似为铜导线的 10 倍，从而使大型发电机提升效益和减少质量成为可能。

德国西门子公司 2005 年记录了由 EAS 公司基于高温超导线材设计和制造的世界上第一台用于海洋技术的 4MW 发电机成功起动运行。美国超导体公司拥有 Windtec 技术，而该技术正被 Sinovel 公司所采用，他们还为风能产业提供了变换器和故障穿越设备。Sinovel 公司表示他们所设计的风力发电系统，如海洋巨人（见 4.1 节）即将问世，它们可以做到使损耗减半，重量减少至 1/3。

6.6 混合型系统

混合型驱动系统包括中速多极发电机，这些发电机几乎均为永久磁铁，当前所举的一些例子（2009 年）已列在表 6.2 中。不管是在直驱型还是混合型等传动系统的新型设计中永磁发电机均占据了主导地位，甚至被用于一些具有三级变速器的传统传动系统中。在直径 100m、2.5MW 的 GE2.5x1 型风机中采用了高速永磁发电机和全额定变换器，由此提供了高效的传动系统，以及在不更换任何硬件的情况下能够运行于 50Hz 或 60Hz 电网的能力。

表 6.2　混合型传动系统

直径/m	额定功率/MW		备注
Clipper windpower Liberty	89 ~ 100	2.50	具有 4 台永磁发电机的系统
Innovative wind power - Falcon	62 ~ 70	1.25	两级变速器和永磁发电机
Gamesa G10X	128	4.50	两级变速器和永磁发电机
Multibrid	116	5.00	传动比 9.92 和永磁发电机
WinWinD	90 ~ 100	3.00	具有永磁发电机的 Multibrid 理念

倘若发电机和变速器在尺寸上更好地匹配，混合型传动系统就能促进机舱的配置更加紧凑。

WinWind 公司的 WWD－3 型风机传动系统（见图 6.4）清晰地显示出变速器、发电机以及主机舱结构组成了非常紧凑的配置。在塔顶的左侧悬挂着一个更轻的子结构，用于支撑功率变换器、变压器和其他辅助设备。

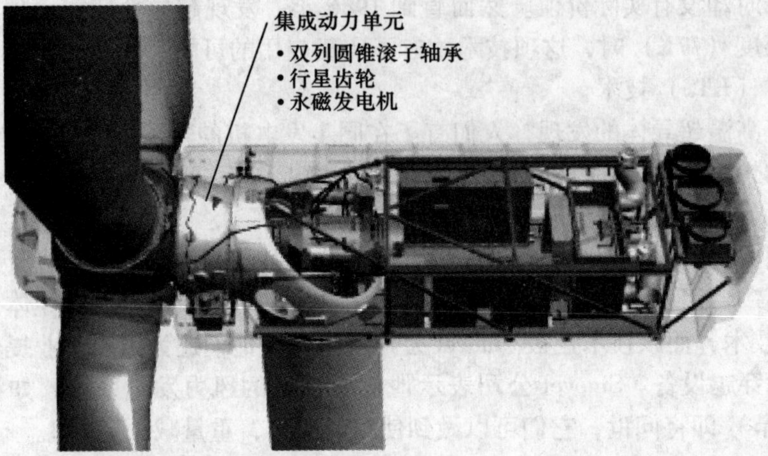

图 6.4　WinWind 公司 WWD－3 型风机。WinWind Oy 公司版权所有，并授权发表

Clipper Wind 公司最初考虑用 8 个感应发电机作为直驱装置[13]。在对这 8 个感应发电机系统进行技术审查后，它们认为这样需要的零件数太多，不是最优选择，因此采用永磁发电机技术和 4 个发电机进行改进设计。有趣的是，尽管 Clipper、Northwind Power System 和通用电气风能公司分别提出了 3 种完全不同的直驱系统理念：多发电机、直驱和高速发电机，但是 3 家公司在最近的设计中却均偏向于采用永磁发电机技术。

荷兰的 Nedwind 公司（已停产）更看重多发电机的直驱系统，但 Clipper Windpower 公司是独一无二的现代商用风力发电机生产商，它反复研究直驱技术，开发出了高度创新的直驱设备。Clipper Windpower 公司自主设计的 2.5MW 风机中装有 4 个永磁发电机，使得变速器的布置更加紧凑，负载平衡，并使得传动系统更容易维护。每一台发电机都很容易操纵，也很容易用内置吊车将其从机舱后部移除。

6.7 液压传动装置

液压传动装置是重工业应用中的常见设备，在风机中同样有所考虑。原则上，液压系统的高功率密度允许传动系统降低质量。此外，液压系统很容易对传动系统提供阻尼作用，并保证系统的合规性。然而早期的研究[14]强调了在建设具有现成商业液压部件的风机传动系统时遇到的几个关键问题：

1）兆瓦级风机所需要的功率和转矩范围内的泵和电动机在市场上是买不到的。

2）部件效率较低。

3）设计寿命一般较短。

4）可靠性不高。

在 Schachle – Bendix 设计的早期 3MW、50.3m 直径的风机上这些问题明显令人沮丧。针对第一个问题，设计中在机舱中装备了 14 台液压泵向基准面的 18 台液压发动机输送高压液体[15]。至于效率和可靠性的问题，通过运行在靠近棕榈泉的南加利福尼亚州爱迪生电力公司 Devers 试验场地中的样机，证明了其有效性和可靠性。受英国工业部委托所进行的后期研究迫使其测试市面上的液压技术，简单地确认了上述所列的问题。

苏格兰爱丁堡的 Artemis 智能电源公司得到英国碳信托基金的支持，开发出了风机的液压传动系统。为解决上述的历史遗留问题，对包含长寿命径向凸轮泵和高速液压发动机的主要组件进行了定制。图 6.5 中展示的额定功率 1.6MW 的泵由 68 个内部模块组成，每个模块由滚筒和活塞组构成，由径向凸轮驱动。它

图 6.5　Artemis 智能电源公司的液压泵（左）和电动机（右）。
Artemis 智能电源公司版权所有，并授权发表

由来自电控提升阀的非常快速的控制响应进行调节（由爱丁堡大学开创的关键促成技术，Artemis 公司随后进行了 20 多年的开发）。因此由泵负责对风机的叶轮进行变速控制，同时向液压发动机输送一个受控的恒压（同样见图 6.5），从而以恒定的速度驱动同步发电机。Artemis 公司过去曾经对组件效率进行过测量，期望能够提供一种与传统的传动系统总效率相似，但在尺寸较大时明显更轻的系统。实验者建议可用输出额定功率为 1.6MW，由泵、双联发动机和蓄电池（见图 6.6）组成的系统替代重约 6t 的变速器和电力变换器。

图 6.6　Artemis 公司 1.6MW 传送系统图解。Artemis 智能电源公司版权所有，并授权发表

这是一项非常有发展前景的技术，它能在操作范围内使效率最大化，具体来说，主要是由于采用永磁发电机技术的现代系统更上一层，尤其是在低负荷效率方面。

6.8　直驱组件效率

6.8.1　简介

常听说变速器或发电机效率为 97%，甚至 98%，好像这是故事的开头和结尾一样。该效率几乎可以肯定是完全额定功率下的效率。效率的数据一般非常高，而若想再提高效率，即使小于 1%，也会是一个巨大挑战。然而对于风机来说，这是其最为关键的传动系统的速度和转矩在整个运行范围内呈现出的效率曲线。特别地，永磁发电机在满载情况下也许并不比双馈感应发电机更好，但是在部分负载情况下其在效率上的优势（见图 6.7）却是十分重要的。

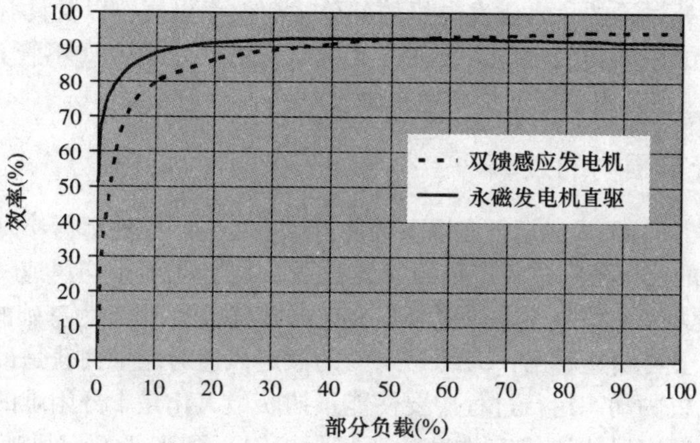

图 6.7　传动系统效率对比

对于风电产业来说，对部分载荷效率重要性的认识过程发展十分缓慢。而对于其他生产变速器、电动机和发电机的行业来说，效率的内在价值并没有那么高。例如在制造工业中，制造出一台低成本、高可靠度的电动机远比寻求最高效率进而减少电费更加重要。在对发电机效率具有浓厚兴趣（如主流大规模发电）的地方，通常其系统大部分是运行于满载状态，在这种情况下的关注点还在效率上。

此外，还取得了旨在降低直驱发电机质量和成本的重大发展。具有横向磁场的永磁发电机可认为是一种可能实现更高转矩密度的方案。同样的，具有相对较大的气隙或许多可以消减磁力的拓扑设计，可容许结构质量的减少。然而在负载范围内近似地评估每百分比效率的背景下考虑这些发展是至关重要的（详见 9.3 节的能源成本问题），通常来说，这比每百分比的发电机资本成本价值更大。

双馈感应发电机的优点在于其降低了功率变换过程中的损耗（典型地，双馈感应发电机的变换器只需被定级在其完全额定功率的 1/3 左右即可），但是双馈感应发电机系统（见图 6.7 中来自于 WindPACT 的特征曲线[1]）的缺点是在较低的部分载荷情况下，感应发电机具有相对较高的损耗。然而要完全实现永磁发电机部分载荷时的高效率，为变流器设计较好的部分负荷特性是十分重要的。除了采取减小开关频率、避免冷却风扇不必要的运行等措施之外，也采取了更多的基本的设计方法以改善变换器的部分载荷效率。

针对双馈感应发电机的流行趋势，通用电气风能公司设计出了一种新型的风机模型，即 GE 2.5xl，配置了标准的变速器和高速永磁发电机。当双馈感应发电机系统已经建立完善起来，永磁发电机最初可能价格更高，但功率变换装置比双馈感应发电机的价格更高的时候，通用电气风能公司为什么要这么做呢？有两个原因：如此处讨论的，永磁发电机的部分载荷效率更高；以及具有完全额定的变换器，有能力用同样的传动系统硬件支撑电网的任意地方（不管是50Hz 还是60Hz)。此外三星公司也研制了高速永磁发电机。

6.8.2 运行范围内的效率

对典型的1.5MW 风机运行在以下两种情况下，一年中的运行小时数及能量输出随风速变化的分布分别进行了描绘（详见图6.8）：①年平均风速（AMWS）为6m/s 的低风速场所；②年平均风速为8.5m/s 的以较好的大地为基础的风速场所。

从图6.8 上可明显看出，大约11m/s 的额定风速对能量捕获是最重要的。然而在风力发电机的动态运行过程中要使能量捕获最大化是十分困难的，因为风湍流会对从低于额定风速（没有主动的变桨距控制）到高于额定风速（有变桨距控制干预进来调整最大功率）的过渡过程中控制系统的管理提出挑战。

同样，运行于额定风速下的系统在接近或处于完全载荷的情况下，大部分组件的效率变高或达到最大。因此对于一个设计良好、控制得当的变速风机来说，在额定风速附近很难实现性能上较大的提高。

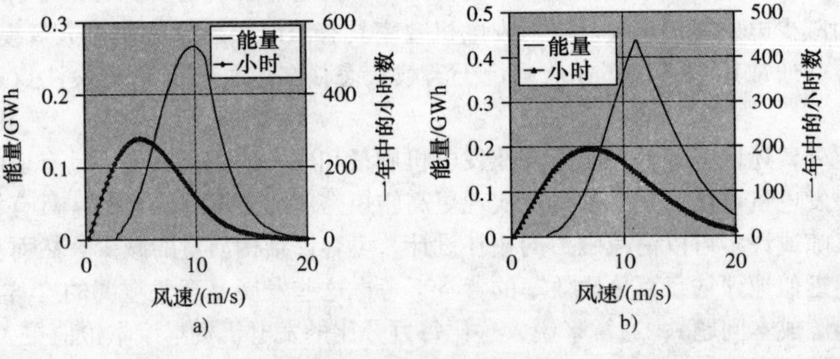

图6.8 风速和能量分布

a）年平均风速6m/s b）年平均风速8.5m/s

然而考虑到采用了双馈感应电动机技术的大部分主流传动系统典型的效率特性，很显然（见图6.7），在部分载荷运行的过程中效率大幅度降低。这里原则上有可能实现非常大幅度的效率提高，这种备选的传动系统配置也可以提供巨大的能量增益。

现在考虑主要传动机构组件典型的部分载荷效率特性。

6.8.3 变速器效率

通过GL Garrad Hassan 公司研发的变速器效率简易经验模型可知，损耗随着功率吞度量呈线性变化［见式（6.1)］。该模型与随着运行功率等级正比例变化的损耗，以及与额定功率等级和级数有关的恒定损耗（kW）有关：

$$L_{gear} = \frac{\{(10/3 + 2N)P_r + 5NP_i\}}{1000} \tag{6.1}$$

式中，N 为级数；P_r为额定功率（恒定，kW）；P_i为输入功率（可变，kW）。

此损耗模型在每一级上大约损耗 0.8%，这被认为是变速器设计的典型特征。关于变速器在部分载荷情况下的效率如图 6.9 所示。

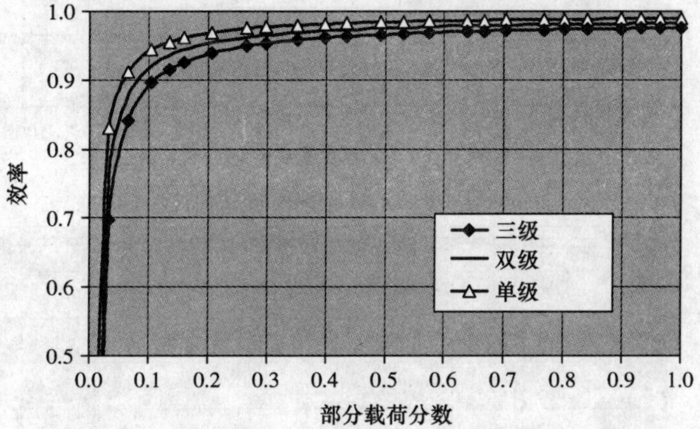

图 6.9　变速器效率特性

6.8.4　发电机效率

图 6.10 中将 Vensys 和 Zephyros 发电机的效率同 GEC WindPACT 公司研发的发电机[1]进行了比较。评估该数据遇到的难题是永磁发电机效率和机侧变换器效率之间的互连。Vensys 系统在机侧变换器上安装了二极管整流器，在电网侧安装了 IGBT。JSW（Zephyros）设计采用了基于集成门极换流晶闸管（IGCT）的功率适配器系统。在文献［1］附录 G 中所评估的 WindPACT 传动系统的研究中，从众多系统中挑选出来的被称为“单向 PM 二极管 - IGBT”的系统与 Vensys 在概念上最为相似。

Vensys 与 JSW（Zephyros）的试验结果较为吻合，而 WindPACT1 预测的结果表明在部分载荷的情况下，该发电机能维持更高的性能水平。独立于功率变换器的各类发电机效率如图 6.11 所示。

6.8.5　变换器效率

基于 IGBT 技术的变换器效率如图 6.12 所示。当变换器与双馈感应发电机一起使用时，其功率假设为满载发电机额定功率的 1/3。

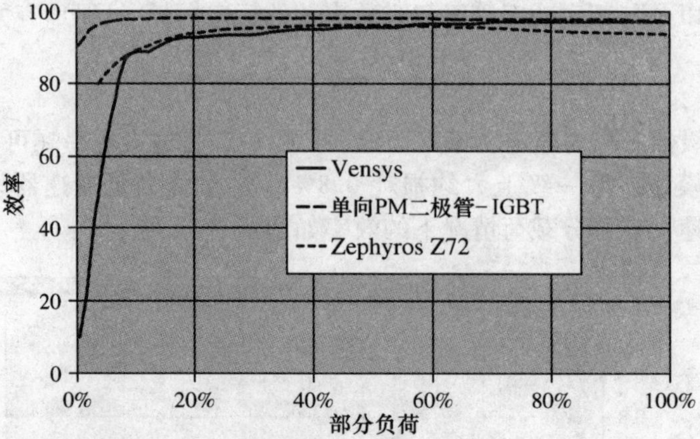

图 6.10　发电机效率比较

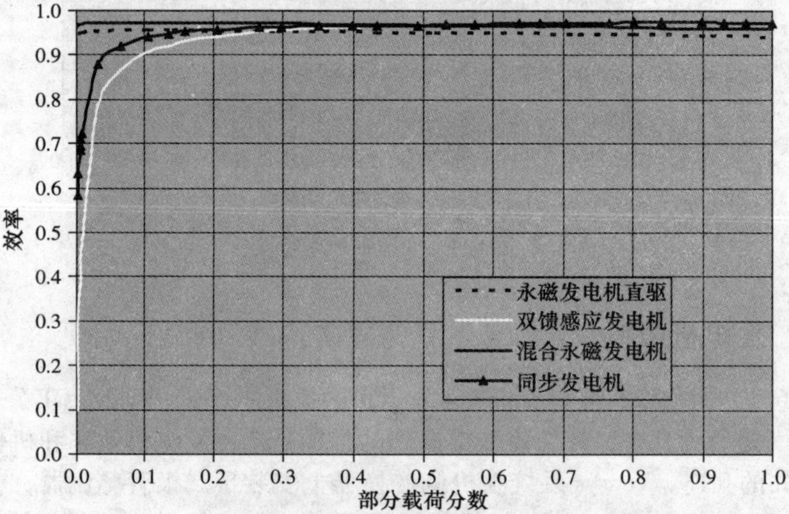

图 6.11　发电机类型的效率对比

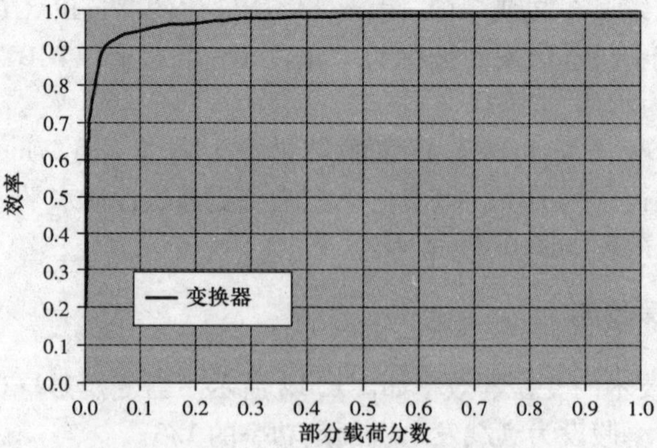

图 6.12　基于 IGBT 的变换器效率

6.8.6　变压器效率

图 6.13 显示的特性源自适用于兆瓦级范围的变压器数据，认为铁损随着功率呈线形变化，而铜损随着额定功率的二次方变化。

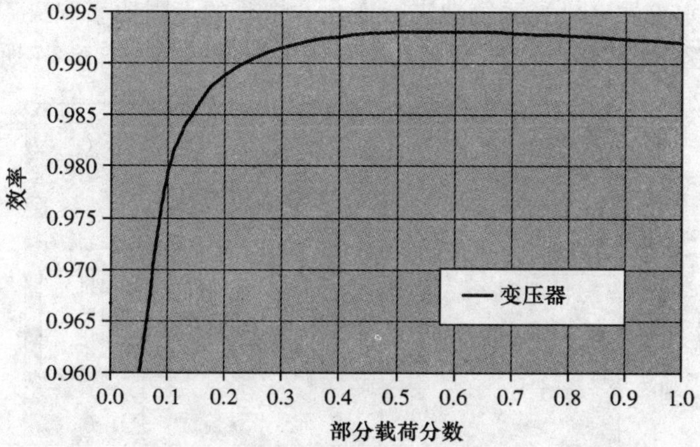

图 6.13　变压器效率

6.8.7　液力耦合器效率

现有的创新系统可通过机械方式实现可变传动比的变速器。该系统中允许使用运行于电网频率的同步发电机。然而通常这样的系统在机械方面是十分严格的（除非可变传动比变速器安装了某种液压系统），传动系统既需要有一定的柔度，也需要有一定的阻尼，以避免出现不可接受的扭转振动。解决该问题的方法是采用定容液力耦合器。该耦合器一般可能会有 1% 的滑落，从而造成满载情况下的热能损耗，但在部分载荷情况下此损耗几乎可以忽略。

6.9　最佳传动系统

为了符合电力生产的需求，传动系统必须要有发电机，但变速器是可选的。这便产生了如下问题：

在不会低估最终的、协调的、完全整合的传动系统设计的重要性，而又不考虑传动系统其他部分的情况下，能孤立地确定最优的发电机类型吗？

在几项设计研究中，GL Garrad Hassan 采用了这种方法，由于永磁发电机（没有集电环和转子绕组）潜在的更高的可靠性及其部分载荷效率的潜能，因此被认为是优先的发动机方案。

下一阶段是对于给定的叶轮直径和系统额定功率输出，定义风机叶轮的运行速度范围，这样便确定了输入速度和转矩。通过指定输出功率、研发非常详细的永磁发电机的设计模型以及不同类型和不同级数的变速器模型，可对一系列变速器和永磁发电机的组合设计进行评估。传动比在 1（直驱永磁发电机）~100（合适的高速永磁发电机）系统地进行变化，精确的上限比率取决于电网频率和所选择的额定输出功率。3MW 额定功率系统的典型结果如图 6.14 所示。

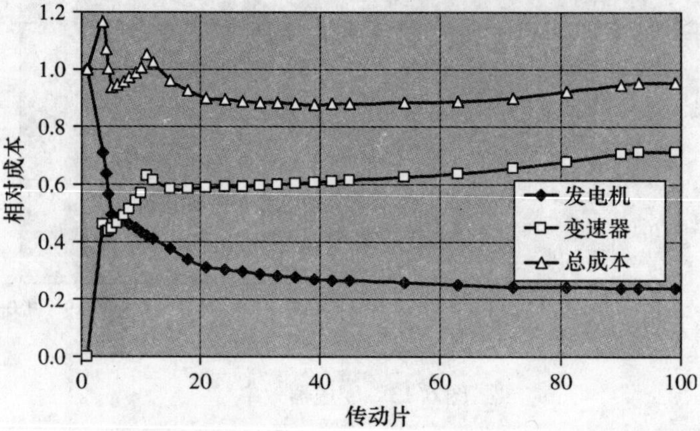

图 6.14　传动系统优化

当传动比非常低，以及当直驱系统中发电机的拓扑和结构方案不同并会产生较大范围的质量和成本结果时，所建立的模型准确率最低。在对直驱设计的方案进行回顾之后，分析图 6.14 中的整体数据，可以发现直驱的相关成本比传统方式贵 5%。图中的相关“成本”包括损失市值（说明永磁发电机和变速器效率随着传动比而变化）以及与齿轮传动装置相比，定量化的直驱系统可靠性收益。因此这也暗示着传动系统方案的总体价值接近于能量比较的成本。

这些结果自然对模型的种种细节、关键组件的成本、材料成本（磁铁、铜等）、金融参数（折扣率和能量偿还价值）等敏感。考虑到变速器和发电机设计的复杂性，这类建模非常具有挑战性，不过它也代表了对传动系统最优化的系统调查。结果显示具有一级或两级传动装置的混合型设计，如由 Gamesa 公司、WinWind 公司及其他公司研发产品，可能性价比最高。然而直驱系统的设计评估需要对发电机的结构方案做大量调查，有迹象表明直驱永磁发电机系统规模由于其尺寸较大可能会更受欢迎——这是一个非常有趣的结果，因为人们曾顾虑过直驱系统规模扩大可能比传统传动系统或混合型传动系统更不受欢迎。

6.10　动力输出装置的创新概念

现今传动技术的主流趋势已十分明朗，即朝着较大型永磁发电机，包括直驱设计的方向发展。还有更大的创新设计的潜力吗？回顾迄今为止所有的传动概念后，形成了一个基本假设：将动力输出装置安装在叶轮轴上。以下为所考虑的可能备选的概念举例：

1）带磁轭的转子，动力输出装置安装在边缘上；

2）在叶片内部移动滑体；

3）在风机叶片上安装二级叶轮。

这些想法从概念上非常有意思，因为它们避免了平常情况下在能量提取过程中低速、高转矩主轴成为“中间人”的可能。在第一项中，转子磁轭产生磁通穿过安装在平台上的定子绕组的圆弧。这样做的好处是转子的外部速度较高，可以使定子系统轻便价廉，但是这也会造成磁性材料的浪费，因为在任意给定的时刻，它们只在非常短的一段扇形区域发生电磁作用。机械轮缘驱动的概念被提了出来[17]，其原理是转子磁轭通过牵引力和摩擦力带动滚筒，从而使发电机转动。

第二项是由 Garvey[18] 提出的，其原理为通过叶片内部滑体作径向移动，从而以这种方式进行控制，以吸收能量并用其自重力矩为主转子提供转矩作用。叶片内的滑体只能在转子旋转坐标系中径向移动，但在机舱坐标系中它们沿固定的闭环循环运动（见图 6.15），这些回环相对于转子轴线是离心的。在离心回环的一个周期内会产生反作用转矩，这是因为滑体在轴线附近也会产生非零的平均力矩。这在机组容量扩大至所谓的 20MW 的情况下，逻辑上有进一步的联系。动力输出装置的质量相对于叶片质量的大小将随着发电机规模的增加而相对减小（见 4.4 节），其力矩，像叶片自身重量一样，按 R^4 的规律变化，而叶片本身则按 R^3 的规律变化。当然，对于电力系统的具体工程（可能主要是液压或气动系统）还需要进一步调查。

二级叶轮的概念（见图 6.16）同样在非常大型的风力发电系统中存在潜力，这些系统中由于其低轴速、高额定转矩的原因，使得传统的传动系统异常笨重且价格昂贵。此概念包含主叶轮的风机叶片装配的风轮。因此这些二级叶轮经历了比环境风速更高的表面风速，而且相比较来讲，直径更小、速度更大、转矩更低、重量更轻。此概念已非常古老，可能在 20 世纪八九十年代之前就已申请了专利（Watson[19]、St－Germain[20] 和 Jack[21]）。该想法也引起了一些误解。其中之一是贝兹极限在总的功率转换中将应用两次，最近的另一种误解是二级叶轮可实现功率系数的统一[22]。忽略地面相关的任何效应之后，不管风机系统是静

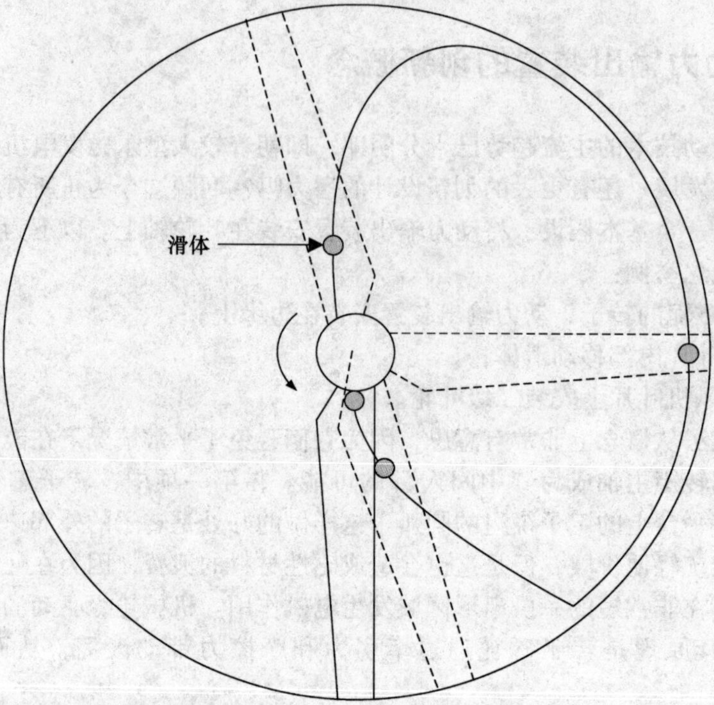

图 6.15 转矩反作用于重力的概念

止安装在速率 V 的风场中，还是安装在运载工具上（例如移动的风机叶片）并透过静止的空气以速率 V 运输，由风轮产生的功率都必须精确地相同。无论发生何种情况，位于旋翼叶盘的相对轴向流体速度不是 V 而是 $V(1-a)$，其中 a 表示叶轮平面上的轴向诱导因子。

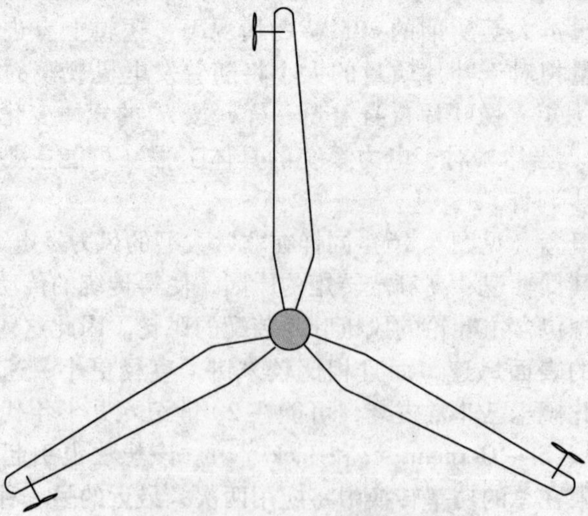

图 6.16 二级叶轮的概念

下面对二级叶轮的概念作简要分析。很明显，二级叶轮的推力（不是功率）会提供反作用力转矩，从而从主叶轮中提取电力。看起来当二级叶轮的轴向感应很小时，从主叶轮中提取电力的方法最有效。这样就要在拥有较大的，因而也是较昂贵的、载荷较轻的二级叶轮以提高效率方面与降低主要的主叶轮系统成本之间进行权衡。

符号：

空气密度	ρ
主叶轮半径	R
主叶轮角速度	ω
主叶轮叶片数	N
二级叶轮半径	r
二级叶轮功率系数	C_p
二级叶轮功率系数	C_t
二级叶轮轴向感应	a

主叶轮产生功率 P，此功率通常受贝兹极限限制。根据 N 个二级叶轮中每一个的反作用推力 T 及为了操作方便而假设：二级叶轮安装在每个叶片的叶尖处：

$$P = NTR\omega$$

$T = 0.5\rho(\omega R)^2\pi r^2 C_t$　与叶尖速度相比，可忽略环境风速：

$$P = N0.5\rho(\omega R)^2\pi r^2 C_t R\omega$$

$$P = N0.5\rho\omega^3 R^3\pi r^2 C_t$$

由二级叶轮提取的功率为

$$P_e = 0.5\rho N(\omega R)^3\pi r^2 C_p$$

因此$\dfrac{P_e}{P} = \dfrac{C_p}{C_t}$

考虑理想的贝兹模型：

若$\dfrac{C_p}{C_t} = \dfrac{4a(1-a)^2}{4a(1-a)} = (1-a)$

如果二级叶轮凭借其自身能力进行了优化，那么采用常见的选择 $a = 1/3$，总极限为 $\dfrac{16}{27}\left(1-\dfrac{1}{3}\right) = 0.395$。此结果略微超过了贝兹极限的二次方：$\left(\dfrac{16}{27}\right)^2 = 0.351$。

然而，在二级叶轮上，从将它们做得稍大一点的成本方面来说，降低特定载荷 C_t 具有更好的商业价值。在特定的设计研究中取 $a = 0.2$ 大约是最优的。因此 P_e/P 的比率为（$1-0.2$）$=0.8$，总极限为$\left(\dfrac{16}{27}\right) \times 0.8 = 0.474$。二级叶轮功率系数降低至理论极限的 $4\times0.2\ (1-0.2)^2=0.512$，而且二级叶轮略微更大一些，也更贵，但这笔投资却是很值得的。

参考文献

[1] Poore, R. and Lettenmaier, T. (2002) Alternative Design Study Report: WindPACT Advanced Wind Turbine Drive Train Designs Study, 1 November 2000–28 February 2002.

[2] Bywaters, G., John, V., Lynch, J., *et al.* (2001) Northern Power Systems, Alternative Design Study Report, Period of Performance, 12 April 2001 to 31 January 2005.

[3] Böhmeke, G. (2004) Development of the 3 MW multibrid wind turbine. EWEC, London.

[4] Greenwood, C.J. (1990) Continuously Variable Transmission Traction Drive, Truck Technology International.

[5] Jamieson, P.M. (2004) Evaluation of a GVT System for Wind Turbines. GH Report 3652/GR/01B, June 2004 (internal company report).

[6] http://www.artemisip.com/appli_renewable.htm. Accessed April 2011.

[7] http://www.chapdrive.com/communications/press-release/chapdrive-secures-nok-86-million-11m-funding-to-commercialize-hydraulic-transmission-for-wind-turbines. Accessed April 2011.

[8] Hicks, R.J., Cunliffe, F. and Giger, U. (2004) Optimised gearbox for modern wind turbines. EWEC Conference, London, November 2004.

[9] Müller, H., Pöller, M., Basteck, A. *et al.* Grid compatibility of variable speed wind turbines with directly coupled synchronous generator and hydro-dynamically controlled gearbox. Sixth International Workshop on Large-Scale Integration of Wind Power and Transmission Networks for Offshore Wind Farms, October 2006, Delft.

[10] Tavner, P.J., Xiang, J.P. and Spinato, F. (2007) Reliability analysis for wind turbines. *Wind Energy*, **10** (1), 1–18.

[11] Mueller, M.A. A lightweight low-speed permanent magnet electrical generator for direct drive wind turbines. *Wind Energy*, http://www.interscience.wiley.com (Published online in Wiley Interscience). doi: 10.1002/we.333.

[12] Engström, S., Hernas, B., Lindgren, S. *et al.* (2006) Development of NewGen – a new type of direct-drive generator. Nordic Wind Power Conference, Espoo, Finland, May 2006.

[13] http://www.nrel.gov/features/20041201_wind_industry.html. Accessed April 2011.

[14] Wilson, R.R., Jamieson, P. and Brown, A. (1981) A comparative study of wind power conversion systems. Proceedings of the BWEA Wind Energy Conference, April 1981.

[15] Spera, D.A. (ed.) (2009) *Wind Turbine Technology: Fundamental Concepts in Wind Turbine Engineering*, 2nd edn, ASME Press.

[16] http://www.iqwind.com. Accessed April 2011.

[17] Merswolke, P.H. and Meyer, C.F. (Inventors) (2006) Wind turbine with friction drive power take-off on outer rim. US Patent 2006/0275121 A1. Published 7 December 2006.

[18] Garvey, S.D. (2010) Structural capacity of the 20MW wind turbine. Proc. IMechE, Part A: *Journal of Power and Energy*, **224**(A8), 1083–1115. doi 10.1243/09576509JPE973.

[19] Watson, W.K. (inventor) (1988) Space frame wind turbine. US Patent 4,735,552, Published 5 April 1988.

[20] St-Germain, J. (inventor) (1992) Wind machine with electric generators and secondary rotors located on rotating vertical blades. US Patent 5,151,610, September 1992.

[21] Jack, C. (inventor) (1992) Free rotor. World Patent WO/1992/020917, Published 26 November 1992.

[22] Madsen, H.A. and Rasmussen, F. (inventors) (2008) Wind turbine having secondary rotors. European Patent Specification EP 1390615 B1. Published 30 April 2008.

第7章 海上风机

7.1 海上风机设计

海上风机市场发展很快，但在2010年还不足全球市场的2%。截止到2010年7月底，在欧洲（主要市场）已建立的海上风电达到了2.4GW[1]，而在2009年年底，全球累积容量[2]已达160GW。海上风电被视为风电产业中拥有最大规模风机的未来和主要的研究方向。在其发展过程中，既要满足寻求创新方式解决以前规模较大的工艺增加了成本和重量问题的需求，又要满足保守主义的需求，因为若想设计比以前规模较大的机组而又不引入新型技术方法，是十分麻烦的。

许多海上风机以非常标准的地面为基础，它们额外引入了防蚀处理且具有防潮能力。在很多情况下，它们布局合理，以适应进入和维护的需要。因此海上风机倾向于把所有电子设备包括变压器安装在塔顶的设计，而且这种设计几乎没有对能源成本（COE）起任何主要的影响。

这其中隐含的设计的保守性是非常可以理解的。面对全新而富有挑战的环境（海上）时，最初需要非常谨慎地避免对陆地上已被证明的技术进行较多的更改。

本书仅讨论风力发电系统的创新。不过，由于在这样一个充满挑战性的海上环境的项目中，风机的费用可能仅占总资本支出的30%，本书完全承认围绕电厂基础设施项目进行创新和技术开发更为重要。在海上风电这一特定领域，例如对地基的概念、运输和架设方案、接入方法、风机互连和并网时电气系统的概念等，创新是非常需要的，必将会在未来发展中起到重要作用。

怎样区别海上风机和陆地风机设计呢？对于特定的适用于海上风电应用的创新存在什么机会呢？最明显的答案是设计速度更快的叶轮。至少在典型的欧洲风场，在陆地风机的设计中，叶尖速度被限制噪声的需求所约束。而在海上则具有较大的自由不必受此约束，可以考虑速度更快的风机。

7.2 高速叶轮

7.2.1 设计逻辑

高速叶轮设计的逻辑非常简单。由于功率可视为转矩和速度的产物，因此产生某一给定等级的功率的速度越高，转矩越低。输入转矩主要影响重量和主要的传动系统设备，如变速器和发电机的成本。该论点早已被证实，Hutter 早期的一些风机的设计[3]及 20 世纪 80 年代的一些设计[4]，特别是一片或两片叶片的设计，均选择了很高的设计叶尖速度。由于欧洲市场对相对较低的噪声发射的需求，这类设计慢慢衰落。气动声发射限制有效地设定了尖端速度的极限：对于固定速度或双速风机，约为 65m/s；对于完全变速设计，速度范围为 70 ~ 80m/s。

图 1.9 表明设计尖速比过高会导致风机气动性能退化，同时在没有严重的阻力损失时，叶轮翼型的设计升阻比越高，设计尖速比就越高。图 1.9 还表明对于升阻比高于 100 左右，及典型的风机叶轮当前技术发展的最新水平下，在尖速比高于总体最优时，功率系数 C_p 的最大值逐步减小。随着时代的发展，风机的设计叶尖速也在逐步增大（详见 4.7 节）。对于风机，特别是目标定位在海上市场时，参照每个制造商的最大规模的陆地风机的叶尖速水平，叶尖速典型的从 10% 到最大约 30%[5]的范围内增加。

7.2.2 速度限制

当叶尖速接近音速范围时，随着翼型性能的降低，高速叶轮的速度存在一个明确的极限。而为了防止机翼性能退化，就需对高速叶轮的速度进行制约。然而在实际设计中很难对叶尖速进行上限规定，影响此规定的关键因素如下：

- 翼型剖面的前缘腐蚀；
- 硬度极低的叶轮气动阻尼可能降低，进而导致需选择很高的设计尖速比；
- 尽管已观察到了噪声发射，但是对海上风电发展来说并没有那么重要，除非它们非常接近陆地㊀。

风电产业中使用的聚氨酯（PU）带不适用于高速叶轮的冲蚀防护。不过直升机桨叶的冲蚀保护来源于沙漠地区的军事行动（科威特、伊拉克、阿富汗）。在更恶劣的情况下，叶片前缘的保护装置必须每日更换。这就需要发展更高级的聚氨酯磁带㊁。在某种成本费用下，也许可以对叶尖速 120m/s 的风机提供充分

㊀ 然而被作为对海洋生物影响的问题提出来，在没有进行仔细的调查之前，对环境问题不能想当然。

㊁ 在美国俄亥俄州的赖特 - 帕特森空军基地对高度专业化的旋转钻机进行了大量相关的实验室测试。试验品被装在一个旋转臂上以适当的高速旋转穿过精确计量的雨或沙粒。后来又在美国康涅狄格州成立了一家公司 Hontek，为美国军方研制改善的冲蚀保护系统。Hontek 所研制的用于 V22 鱼鹰倾转旋翼飞机的系统，其运行的叶尖速度是 200m/s。经过 14 年之后，Hontek 公司针对特定飞机实施了相应的研究合同以发展其保护系统，并测试了成千上万个构想的方案。钻机测试的日期运行了数百天。政府为这项工作提供资金支持有一部分目的在于希望生产出具有双重用途的产品，即军用和民用两方面。因而这对在新的应用，如风机中采用这种产品是一种积极的鼓励。

保护。冲蚀保护费用只占了叶片费用的很小一部分（可能为1%），但如果对高速叶轮设计有利，必要的增长费用是能够负担得起的。甚至说，在高速海上风机一生的责任中，改进的聚氨酯磁带仍然会受到侵害，因此需要金属冲蚀保护。为了减少或避免维修费用，支付额外费用提高聚氨酯磁带在海上环境中的耐久性是非常必要的。

7.2.3 叶轮结构

现如今绝大多数大型风机设计均采用迎风结构，即风在撞向塔架之前先经过叶轮叶片。在设计过程中，人们对更柔性的叶片比较感兴趣，因为它们不仅节约叶片材料和成本，而且能够减轻系统负荷（详见第17章）。然而随着叶片越来越柔软，在叶片尖端和塔架表面保持安全空隙的问题也越来越突出。

改善迎风叶轮间隙的方法如下：

- 使叶片呈锥形远离塔架（如在安装叶片与轮毂之间连接时偏离旋翼平面外一个微小的角度，见图7.1中的γ）；
- 使轴线倾斜（见图7.1中的角度β）；
- 在所制造的叶片形状中引入面外曲线，使叶轮轴线倾斜；
- 增加旋翼平面和塔中心线之间的悬挂距离。

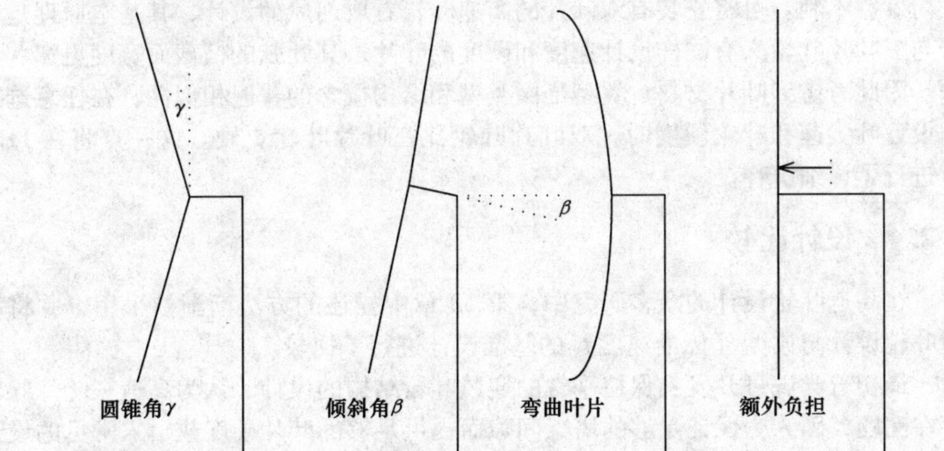

图7.1 叶轮叶尖和塔架之间的间隙

这些方案可以以不同的方式在有限的范围内进行组合。倾斜角度大于4°或

5°可能会引起不必要的循环荷载。锥形可受叶片上离心力的作用在叶柄处引入一个力矩，如果锥角超过4°或5°，该力矩（在临界超速设计的情况下）就成为对叶柄的设计。就叶片荷载和结构而言，叶片面外曲线是较好的解决方案。原则上，上述所有的选项都会使功率略微地降低或需要少量地加长叶片来维持功率。增加叶轮悬垂部分对叶轮载荷或性能并没有多大的影响，但通常却是最昂贵的选择，因为需要延长主机舱结构并增加机舱结构或叶轮轴承的载荷。

对于给定的翼型剖面，可以发现最佳叶轮的硬度（或相当于叶片弦宽）随着设计叶尖速二次方的增长而减小［详见式（1.51）］。这就意味着叶尖速的大幅增长，从如今变速风机的75m/s到120m/s，会致使叶轮的叶片更加细长、更加柔韧。

这种趋势可以通过多种方式缓解，如使用低设计升力的翼型剖面，这会导致更大的弦宽，或取消一些或全部恒速区域，这些区域典型存在于变速风机的额定速度和额定功率之间（见图2.1）。存在这些恒速区域的一个原因（更详细的解释见2.2节）是75m/s的典型设计叶尖速和11m/s的额定风速导致设计尖速比小于7，因而叶片的硬度就相当高。实现了较低风速时的设计叶尖速会提高叶片的设计尖速比，进而降低硬度。

然而任何想要避免塔架空隙问题的做法都会导致叶片变硬，这对柔性叶片的载荷效益不利。可将安装有双叶片的高速叶轮看成迎风的设计，其基本原理是对于与三叶片叶轮具有同样设计速度和硬度的叶片，其叶弦的横截面宽度更宽、更深。因此考虑到叶片材料、翼型剖面类型和结构概念的普遍相似性，在任意选择的设计叶尖速和叶轮硬度时，双叶片叶轮比三叶片叶轮更硬。这一点将在11.2节进行了详细解释。

7.2.4 设计比较

在高速叶轮设计的众多研究中，第10章中描述的方法渐渐被采用，并将高速叶轮设计与典型（标准速度）的基准设计进行了比较。

最初曾尝试过开发出保持平常的迎风叶轮结构的设计，认为高速三叶片叶轮存在问题，因为为保证足够的塔架间隙而提供足够的叶片硬度或引入常见的设计方案（见图7.1）均会产生额外的费用。因而人们考虑采用双叶片叶轮以保持迎风结构。然而如果绕开这个问题及与迎风结构中的安全塔架间隙相对应的成本问题，三叶片顺风结构也在考虑之列。

设计者们期望随着叶轮硬度的降低，高速叶轮设计在极端暴风雨情况下叶轮空转时会出现削减载荷的情况。研究还发现更柔韧的叶片（如在顺风结构中可能出现的）可缓解叶轮负荷和系统负荷的疲劳载荷。对高速、柔性叶片的叶轮上会出现显著疲劳载荷降低的5MW风机进行设计比较也说明了这一点（见图

7.2)。所显示的疲劳载荷等效负荷的分布是基于 Palgrem – Miner 线形累积损伤理论[6]，该理论是针对 S – N 曲线反斜率为 10（如适合于一些复合材料的曲线）的材料的疲劳损伤特性建立的。对于设计来说，这些负载并不够，因为严格的疲劳评估必须以压力为基础，而不是负载，但它们对关于运行风速的疲劳损伤分布及在比较不同设计时都是相对有用的指标。

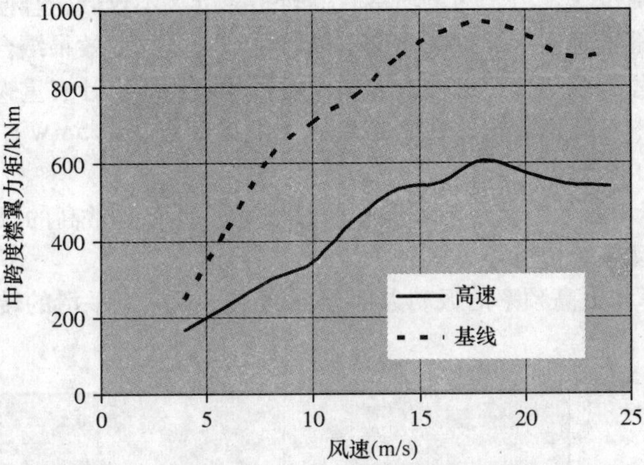

图 7.2　中跨度处的叶片疲劳荷载比较（$m=10$）

更令人惊讶的是极端载荷的大幅度降低（见图 7.3），这是因为当风机处于发电状态时其中还包含了一些工作负荷的情况。

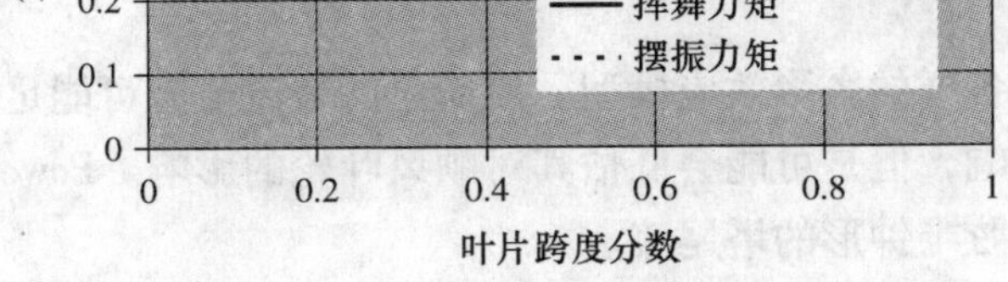

图 7.3　高速叶轮的极端载荷降低

顺风设计没有引起太多关注，主要是由于所谓的塔影效应的影响。当叶片从塔后方经过时，入射风速会急剧降低，这是因为塔架挡住了气流，这时会有极高的冲击负荷传递到系统内。除了负荷影响，还关注次声波，因为非常大型的顺风叶轮会产生与塔影效应冲击有关的特低频率的声波。后经讨论证明次声波应该不是问题[7]。

当迎风叶轮结构在工程上可行时，很难找到标准设计的叶轮速度下，顺风叶轮结构的论据㊀，但是对于高速叶轮设计的情况却完全不同。

高速度促使了细长轻便的柔性叶轮的发展，该叶轮中偏转叶轮叶片具有一个远离塔架的平衡位置。由于额定功率时的转矩降低，不仅叶轮轻便，连同传动系统和机舱结构都很轻便。反过来，这也使塔更细长，这些效果结合起来可以缓解塔影效应对叶片和系统负荷的冲击。然而塔影效应仍对设计有重大影响。

在图 7.4 中对高速叶轮的变速器转矩（设计额定功率 5MW）与传动系统的不同特性进行了相较：

1）在由于塔影效应信号随着波峰明显波动、具有非常高的频谱的地方，采用扭转刚性传动系统传输。

2）当波峰和更高频率的振动大部分被滤除，只剩下平滑的转矩信号时，采用软装变速器。

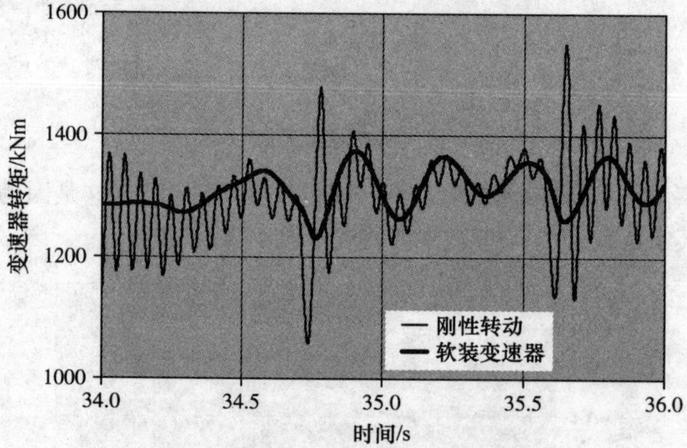

图 7.4　变速器转矩—塔影效应的影响

现在有各种各样的塔影效应模型。用简单的势流模型可能足以描述塔影效应对迎风叶轮的影响，但是可能会低估其对顺风叶轮的影响。Powels[8] 提出的经验模型中采用了余弦半钟形的塔尾流。

通常来说，在高速迎风叶轮设计中会出现塔影效应的问题，需要小心关注，

㊀ 在自由或部分自由的偏航操作中，顺风结构也许能够促使偏航追踪响应，但是任何此类的受益都关键取决于叶轮和系统设计的细节，也可以看第 14 章的讨论。避免主动偏航系统的小成本对于所面临的塔影问题是一个很差的理由。

但是这些问题可能不需要增加成本就可以解决。

对于顺风结构，另一个主要问题是倘若紧急制动受到叶片向微细间距倾斜的影响，这在大型风机中是很常见的情况，那么叶片翼型被设置成流入的是负流量，叶轮的升力和推力会朝着塔的方向逆向拉制叶片。这是所发现的高速顺风叶轮设计中唯一的安全塔架间隙临界载荷的情况。然而对于柔性叶片，即使将与叶轮平面的顺风锥角设置为4°，并且叶轮悬垂处于自然的水平面，这种负载情况仍然存在问题。该问题可以通过提高叶轮制动的性能并确保其与变桨距系统的同步性得到解决。这种方法非常有效，因为当叶片倾斜时，放慢叶轮速度可以减少使叶尖朝向塔架的反向弯矩。

解决反向弯矩问题的另一个办法是朝着失速状态倾斜叶片，从而控制功率。尽管许多设计都有所谓的主动失速控制[9]，在该方法中变桨距系统很少单独使用，而且叶片内在的失速特性是限制功率的主要原因，但这仍然很不寻常。在已经进行过的很少的几项研究中，在部分跨度上（主动控制叶尖）[10]及整个叶片倾斜过程中，总的来说，朝着失速状态变桨的叶片对风力发电系统的疲劳损伤的影响与黏流很类似。

与迎风的情况相反，顺风叶轮系统另一个更小的问题在于由于叶轮质量引起的悬垂在塔顶产生的弯矩与由于气动推力作用产生的弯矩方向相同。

根据第9章和第10章中提到的方法对资金成本[11]进行研究分析表明，与75m/s的设计叶尖速基准相比，目标叶尖速为120m/s的高速叶轮设计可实现15%的塔顶系统成本降低。这是非常巨大的一笔资本节约，特别是当单机系统中所有电气系统的成本都包括在塔顶成本中时（可能适合于海上风机）。对于相同额定功率输出的情况，还应考虑与基准设计完全相同的必要性。应该注意的是成本节约与转矩相关，本质上也能减轻重量。因而这也在早期运输和操作过程中对电厂配套设施成本产生联锁效益。可能更重要的是被减小的塔顶质量是大幅度减少。尽管作为固定载重量，对于设计来说，塔顶质量比起气动载荷没那么重要，但是为了避免固有频率接近波谱中心，海上风机的基础设计更注重刚度，而不是单纯为了强度。

上述讨论表明虽然高速叶轮的观念可导致出现更低成本的海上风机技术，但是除了决定性地降低了对环境的限制、噪声排放之外，作为该技术的促成者，高速叶轮设计还未直接涉及明确的海上风机问题。相反涉及了7.4节讨论的海上漂浮系统。

7.3 “更简单的”海上风机

“经济”不管是在美术、音乐还是文学、工程上都是通用的准则，它意味着消除任何多余的部分，用最少的资源达到最好的效果。另一方面，“简单”作为一个指导性原则，很受工程师的欢迎，但也可能十分危险。例如，失速调节风机比变桨距调节风机更简单，因为它们不需要安装变桨系统，也不需要主动操控，但是这种简单的代价是叶轮最基本的安全问题得不到保障且需要额外的工程。而且传动系统的负荷明显更高，因为没有主动控制限制它们。设计路线中的术语称之为“主动失速”，在此过程中，叶片向失速状态变桨以调节功率（尽管与附着流中的变桨相比，已大量减少了变桨活动），同时对超速保护的变桨调节已经被证实，但是引入变桨系统，却牺牲了失速调节的很多简易性。

对于大型海上风场，高可靠性至关重要，因为比起陆地上的风场，在海上进出和维护风机格外困难。那么问题来了：不论是更简单、潜在更可靠还是可能效率更低的风力发电机组，只要产生了交流的或直流的及不完全符合电网频率和电压的可变功率都会被有利地采用，但可能会取消变桨系统及很多局部电力电子设备。然而安全与超速保护问题总是对采用完全固定几何形状的叶轮这种想法提出挑战。每台风机的局部控制越小，可能就越需要在负载方面追加资金增加到重量和成本上。尽管该设计仍可在可靠性的巨大收益方面得到支持。

西门子公司对此问题进行评估后[12]，具体参照西门子公司风力发电机指出包括变速调节、变桨距调节和电子功率变换器在内的现代设计路线增加了系统的复杂性，可能会损失1%的实用性（2005年以前实用性为97%～98%）。这与老式的定速、被动失速调节、直接连网、固定功率因数补偿的设计路线形成对比（1980～1998年的实用性为98%～99%）。众所周知，造成这种差距的原因可能是因为相对于新式设计的复杂性，早期设计较为成熟。研究得出的结论是海上风场安装中央功率变换系统并不能节约成本，而且完全独立变速发电机的性能和载荷收益均大大超过了更简易的风机技术潜在的实用性收益（预测为0.5%）。

造成中央功率转换系统成本效益不高的原因是，低电压等级时，个别风机中的功率变换在进行单位功率变换时使用了最便宜的元件。假设与中央功率变换相关的情形有0.5%的实用性差额，那么对于风机的复杂性则具有1%的净差额。该差额的存在主要是基于如下原因（引自文献［12］中的描述）：

- 经验表明功率变换导致了5%～50%的低实用性，剩下的部分是由于存在其他更复杂的系统（变桨系统、冷却系统等）；
- 保守地假设复杂性占25%的份额，那么功率变换就具有0.25%的实用性损失；
- 将海上气候的故障停机时间包含进来，实际损失可能为0.5%。

通过这些初步研究自然不会最终确定关于更简易的风机和集中化的风场功率变换的争论结果，但是研究强调有必要合理地说明这些概念对能源成本的评价。

7.4 海上漂浮风机系统

自从20世纪80年代现代工业革命以来，世界各国颁布了政治性政策，以公共财政支持的举措大力发展陆地风能。在全国性的装机容量与穿过欧洲的风能资源的质量之间相互关系的脆弱性方面，政治的主导性作用是很明显的。然而如果应用合适，陆地风能已成为一项负担得起的技术，有时候排除一些外部因素，它非常具有竞争力[13]。

1980年，有越来越多的人提出疑问，风能是否能够生产大量电力满足国家的电力需求，而且是经济的。随后在1990年左右，陆地风能技术取得有效进步，但人们又开始怀疑海上风电技术是不是也较为经济。直到2000年，海上风能市场开始建立，如今（2010年）海上风机市场仍在不断壮大，尽管海上风机的生存能力，尤其是维修成本方面还需提高。虽然第一代商用海上风机的安装遇到了非常严重的问题，但不管怎么说，该行业还是在稳步前进中。早期阶段的Horns Rev海上风场（安装了2MW的Vestas V80风机，2002年的装机容量为160MW）遇到了重大问题，迫使该工程大规模更换发电机和变压器，不过随后一直运行良好。

改善了海上风电前景的一个补偿体现在与陆地区域相比，通常具有较高的平均风速（还与相对较低的极端风有关），可以服务于指定的人口聚居地。

人们对海上风电包括漂浮平台风机的兴趣逐渐增大。漂浮技术发展的主要驱动条件包括：

- 深水中有效资源区的入口却通常在近海；
- 相对独立于水深和海底条件的标准设备的潜力；
- 更容易安装和退役；
- 系统恢复为维护方式的可能性。

实现技术的主要障碍在于：

- 有效设计理念的发展和性价比高，特别是关于浮子及其锚泊系统的技术证明。

然而漂浮海上风电的理念比固定海床的海上风电要走的路更长，也许将来，漂浮风机系统也会出现与陆地基础的风电系统相同的成熟度以及与固定基础的海上风电系统一样不断增长的可信度。Goldman[14]曾经提出过一个悖论：风机从陆地到海洋的演化模式正好与人类进化模式相反。

与许多“新”的观点一样，漂浮海上风力发电系统从概念上早就被提出，例如大约1930年的Honnef（见图15.1）和1972年的Heronemus[15]，然而这些概念如今正在成为现实。StatoiHydro公司在斯塔万格市北部的卡姆市海上基地安装了（2009年5月，见图7.5）世界上第一台漂浮风机Hywind，将进行为期两年的测试。

图7.5 Hywind漂浮风机系统。ϕystein Fykse/ Alligator版权所有，并授权发表

它们的漂浮系统以桅-浮标的理念为基础支撑着超出海平面65m高的2.3MW的西门子公司风机。根据StatoiHydro公司的介绍，该漂浮装备吃水深度为海平面以下100m，靠3个锚定点（一个适合水深范围120~700m的系统）停泊在海床上。

SWAY系统（见图7.6）是另一个漂浮风机系统，可在水深80m到超过300m以下支撑着5MW的风机，用于剧烈的波浪区域。

根据SWAY所称：

图 7.6　SWAY 海上漂浮风机系统。SWAY A/S 版权所有，并授权发表

……5MW 风机的叶轮风压大约为 60t。塔架通过将浮动塔延伸至水平面下近 100m 并用底部 2000t 重的压舱物进行稳固。线锭产生了足够的强度可避免塔架疲劳。在塔和锚之间用单根张力支柱确保锚固。

由于叶轮上的风压，塔架需要找到其平衡倾斜角（通常在 5 ~ 10°）。除此之外，在发电过程中由于暴风雨情况下的波浪，塔架一般从其平衡倾斜角只倾斜 + −0.5° ~ 1.0°。通过与主动推力控制有关的……新的……解决方案，已经为深水设备建立了一种新型漂浮基础系统，可节约大量成本。

参 考 文 献

[1] http://www.ewea.org/index.php?id=60&no_cache=1&tx_ttnews[tt_news]=1865&tx_ttnews[backPid]=1&cHash=c0f89ca1cbe22ef183866d16d86d38a9. Accessed September 2010.

[2] BTM Consult ApS (2010) World Market Update 2009 Forecast 2010 2014, March 2010. ISBN: 978-87-991869-8-3.

[3] Hau, E. (2005) *Wind Turbines: Fundamentals, Technologies, Application, Economics*, Springer. ISBN: 3540242406.

[4] Avoloi, S., Arcidiacono, V., Botta, G., *et al*. (1993) Dynamic analysis of gamma-60 wind turbine generator and control systems: design and experimental validation. Proceedings of EWEC, Lubeck-Travemunde, March 1993.

[5] *Wind Energy the Facts Technology*, vol. **1**. http://www.ewea.org/fileadmin/ewea_documents/documents/publications/WETF/Facts_Volume_1.pdf. Accessed 2009.

[6] Miner, M.A. (1945) Cumulative damage in fatigue. *Transactions of the American Society of Mechanical Engineers*, **67**, A159–A164.

[7] Jakobsen, J. (2005) Infrasound emission from wind turbines. Danish Environmental Protection Agency. *Journal of Low Frequency Noise, Vibration and Active Control*, **24**, 145–155.

[8] Powles, S.R.J. (1983) The effects of tower shadow on the dynamics of a HAWT. *Wind Engineering*, **7**, 1.

[9] Spruce, C.J. (2004) Power control of active stall wind turbines. Proceedings of EWEC, London, November 2004.

[10] Anderson, C.G. and Jamieson, P. (1988) Mean load measurements on the Howden 33 m wind turbine. Proceedings of 10th British Wind Energy Association Conference, London, 1988.

[11] Jamieson, P. (2009) Light weight, high speed rotors for offshore. Proceeding of EWEC Offshore, Stockholm 2009.

[12] Skjærbæk, P. (2009) An idealized offshore wind turbine. European Offshore Wind Conference, Stockholm, September 2009.

[13] (2009) Externalities and wind compared to other technologies, *Wind Energy the Facts*, Chapter 4, Earthscan. ISBN: 978-1-84407-710-6.

[14] Goldman, P. (2003) Offshore wind energy. Presentation at Deep Water Technology Workshop, Washington, DC, October, 2003.

[15] Heronemus, W. (1972) The US energy crisis: some proposed gentle solutions, *The Congressional Record*, US Government Printing Office, **118** (17), February.

第 8 章　技术发展趋势总结

8.1　演变过程

从 20 世纪 80 年代早期开始，风机技术经历了怎样的发展变化呢?

总有各种各样商业技术的利润空间设计，但在 20 世纪 80 年代，丹麦的三叶片、单机固定速度、失速调节的风机占据了额定功率等级小于 200kW 的风机市场。叶片几乎全部是用玻璃聚酯树脂制成的。

2002 年，风机技术的兴趣转入了功率约为 1.5MW 及高于 1.5MW 等级的风机上，到了 2006 年，2MW 的风机普遍应用于陆地风力发电项目中。如今（2010 年)，变桨距、变风速设计占据统治地位，直驱发电机也越来越普遍。新型叶片技术采用的材料主要包括玻璃，有时会用碳，最常用环氧树脂、真空灌注或预浸料㊀。

主要趋势如下：

• 变速是强制的。解决方案的范围从单台发电机的高转差率，经过双速到多变速系统，其速度范围比为 1.5∶1 ~3∶1，某些情况下甚至更高。

• 变桨距调节在最大规模风机中比较普遍，从独立操作方面看，电子变桨距系统是首选。

• 越来越多的制造商在发展直驱系统。几乎所有新型的直驱系统设计都是基于高强度的永磁体。

20 世纪 80 年代，在失速调节的风机中引入了双速设计。最初双速是通过两台单独的发电机实现的，并用传动带传动连接，但是近几年来，解决方案几乎不变地均采用带有极柱式开关的单一发电机，通过定子绕组的双重设置实现。后来发现感应发电机的变桨距控制连同固定速度操作在高风速情况下可能存在问题，Vestas 公司发明了“OptiSlip”系统，可允许风速变化超过额定风速的 10%。在印度，Suzlon 公司现在的设计中也继续采用此种方法。因为在低风速场所的噪声、电能质量和能量捕获成为德国市场特别突出的问题，变速系统成为大型风机的标配。与此同时还认识到这样一个事实，即认证机构已准备好接受带有 3 个独立变

㊀ 预浸渍材料（预浸料）是增强纤维或织物，其中，预催化树脂系统已由机器浸渍。预浸料作为干薄片出现，在制造过程中，树脂通过加热被灌注。

桨距叶片，实际上如同有两个叶轮制动器（即使一个叶片无法变桨，风机仍然能够在安全速度下运行）的叶轮，独立变桨驱动㊀在大型风机中变得很受欢迎。

可感知的利益激起了人们对直驱系统不断增加的兴趣：

- 增强了可靠性的、更简单的传动系统，包括避免齿轮箱成为维护的核心。
- 提高了传动系统的部分载荷效率。
- 与齿轮传动相比，可能实现，但或许至今还未实现重量和成本优势。

随着不同的电网合规性问题变得越来越突出，完全额定变流器的情况［与双馈感应发电机（DFIG）系统部分的—约 1/3—全负荷截然相反］变得更加严格。人们讨论过[1]：永磁发电机应该比感应发电机更受欢迎，主要是由于部分载荷效率的问题。当损失的成本被资本化以后，特殊情况下采用双馈感应发电机技术及一般情况下采用感应发电机时可能会存在能源损失的净成本，特别是如果更严格的电网电能质量和故障穿越需求增加了双馈感应发电机系统的成本。

自 20 世纪 80 年代以来风电产业快速发展，许多出版物对其进行了充分的报道，例如欧洲风能协会（EWEA）[2]和美国风能协会（AWEA）[3]。特别是自 1980 年以来，对于最好的设计，叶轮的气动效率被向上推进，C_p的最大值从典型的 0.44 左右到如今可能 0.50 以上，相比较早期的值有 10% 以上的改进，这是这个领域的巨大改进，在该领域曾假设只有临界的改进才有可能发生。风机性能这种普遍的改进在欧洲风能协会的报道中有选择的进行了表述[2]：

发电效率由特定参考场所中每平方米扫掠面积上的年发电量衡量，近几年来由于设备设计得越来越先进，其发展得到了很大程度提高。

在过去的 15 年中，考虑到提高了设备效率、改善了风机选址和更高的轮毂高度，每年的总发电量增长了 2% ~3%。

根据 2009 年 Morthorst 公司的统计，在 2004 年约 20% 的工业成本增加广为盛行之前，由于市场发展引起的年成本降低率预估为 10%[4]。这意味着世界装机容量的翻倍会带来成本降低 10%。由于市场朝着电力工业发展最快的方向扩张，风电产业现在已相当成熟。在技术发展过程中，工业成熟的标志是一些主要的部件制造商专门为风电的应用裁减了它们的设计，首要支持风电工业㊁。

㊀ 基本要求是变桨距执行器在物理上彼此独立，不能同时出现故障。这不同于一般较老的集体变桨距系统，其中一个单一执行器通过连杆机构同步移动所有的 3 个叶片。在这样一个系统中，单一的故障可以使所有的 3 个叶片失去变桨距的能力或使它们均发生不当的变桨距。在独立执行机构中，控制系统可能指导同步变桨运动，尽管在与调整功率相结合时，人们现在对叶片的独立变桨距能缓解系统负荷方面有极大的兴趣，但是当这些系统第一次占据支配地位时，它们仍是标准化的。

㊁ 例如，在 1995 年，关于 Tacke Windtechnik 公司第一批 1.5MW 风机设计的发展，作者被告知应该如何限制各种组件的部件装配重量以适应可用的起重能力。然而 5 年内，德国的起重机行业却正在开发起重机以适应风机的安装要求。

8.2 叶片数量和经营理念的共识

早期市场上垂直轴型设计失败的原因主要在于其内在较低的效率和额外的系统成本。从图 5.1 的方案中考虑了各种潜力巨大的风能转换系统，对大规模电力生产的风机在生产设计中朝着围绕三叶片、迎风结构、变速、变桨距调节达成共识的方向进行了显著的巩固加强（见图 8.1）。

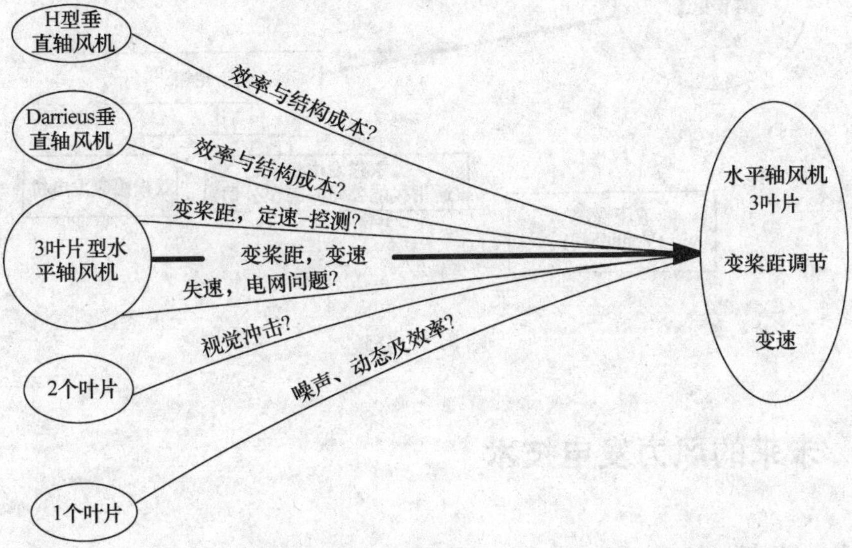

图 8.1　共识

8.3 传动系统概念的分歧

与基本的风机架构相反的是，传动系统技术成为越来越多创新的聚焦点，有各式各样可选的结构，已设计实现了或大或小不同程度的结构和部件上的集成。关于传动系统理念分歧的总观如图 8.2 所示。详细内容已在第 6 章中进行过讨论。

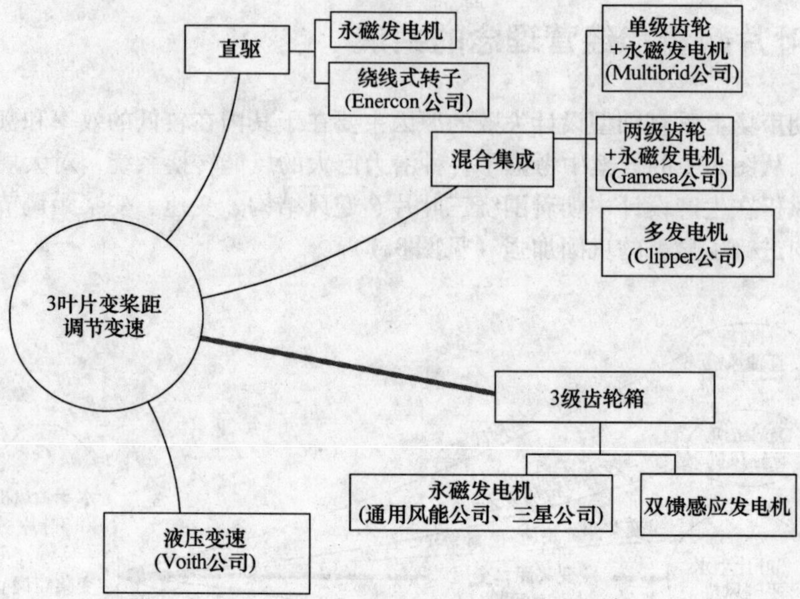

图 8.2 分歧

8.4 未来的风力发电技术

8.4.1 简介

人们总结了现代风力发电技术的演变过程和现在技术的发展趋势。哪些即将来临的及已露端倪的新型技术将在风能行业中出现？以下列举了一些例子：

- 海上漂浮系统（如 7.4 节的 Hywind 一样，进入原型验证阶段）；
- 机载系统（一些公司建立的、已经过样机试验的、大大增加的研发投入）；
- 新型的系统概念。

海上漂浮系统已在 7.4 节进行了简要的叙述。

8.4.2 机载系统

机载风机的概念出现在许多年前的专利文件中，近年来由于进行了大量的研究和样机的试验，这些概念引起了越来越多的关注。机载系统继续本着离开陆地，向水中和空中发展的理念，其最大的吸引力在于进入新的领域、获取普遍优质的风力资源，具有在与风筝相关的系统情况下用低质量、低成本系统捕获能量的可能性。

设计粗略分类如下：

- 系统由气球浮力支撑，如 Magenn 公司[5]；
- 风筝（升力翼型），如 Kite Gen 公司[6]、RotoKite 公司[7]；
- 系链的自动陀螺仪，如 Sky Windpower 公司[8]。

有些系统结合了上述特性。关键问题在于风筝系统的可控制性[6]、长时间飞行中系统维护的一般问题，以及没有电缆或系绳的笨重拖曳而向陆地或海平面可靠地传送电力。使能量捕获最大化的最优循环风筝轨迹为复杂的三维路径[9]。正是由于以陆地为基础场所的诸多限制以及海上风场较好的资源可证明海上风能技术的延伸，人们做了很多工作以期能在较高的高度处增加风能密度，并减小每兆瓦容量的收集面积，从而作为机载技术所面临的明显挑战的补偿。

风筝系统的典型目标是在 1000m 的高度使用动力风筝以半自动驾驶的高效翼型接入风力。与叶轮相比，风筝的 8 字形扫掠路径更有利于能量捕获，因为传统叶轮叶片的内部部件以相对较低的速度经过某一扫掠面。在安装表面积对扫掠面积或包含风筝三维轨迹的体积的比率中，变换翼型（见 1.8 节）与叶轮相比存在的不足可在很大程度上忽略不计，因为在远离地面的地方扫掠面积的限制极少。

20 世纪 90 年代早期，牛津大学的发明家 Colin Jack 基于旋翼飞机的原理，提出了机载风能系统的创意并获得专利，在该系统中叶轮的一部分升力用于支撑其重量。发电模式下支撑风机叶轮重量的气球所需要的浮力比风平浪静状态下支撑净重的气球浮力要多得多，此专利正是受到了这样的启发而提出的。这归因于风机运行时叶轮推力的“拖曳”效应。

Magenn 空气叶轮系统（MARS）属于机载的水平轴系绳的风机系统（见图 8.3)，它以氦气球作为叶轮，目前处于样机阶段。在 300m 左右的高度上发电，并通过系绳电缆进行输电。发电机位于每个叶轮的末端（见图 8.3)，输出的电能直接连接到双绞线。发电机外侧装有锥形轮形式的风向标稳定器。叶轮旋转产生的马格努斯效应也提供了额外的升力，它能够稳定叶轮方向，使其停在上方而不会随着系绳飘移。

除了上述提到的公司，还有越来越多公司的机载系统处于研发中，包括 Ampyx 电力公司、Joby 能源公司、Makani 电力公司、SkyMill 能源公司，这些公司采用系绳的旋转式翼型发电系统，而 Windlift 公司采用的是基于电动/发电机和超轻翼伞的绞车。

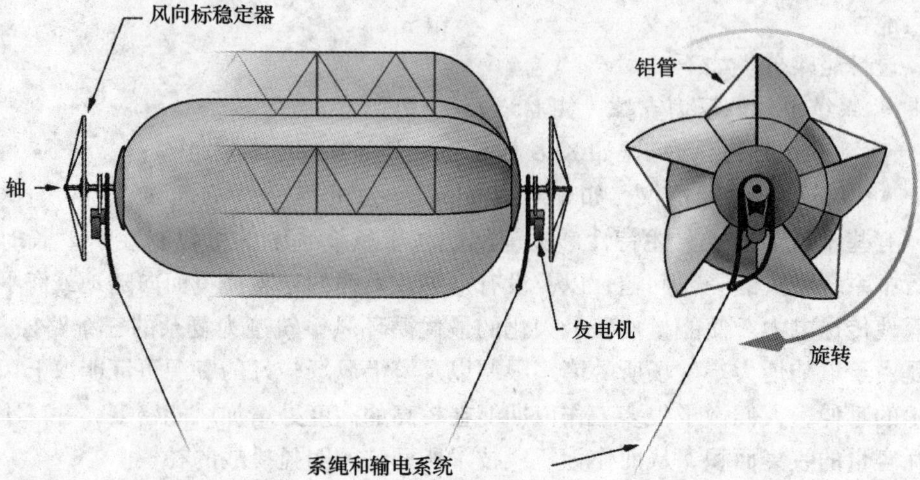

图 8.3　机载风机的理念。经 Magenn 公司授权发表（2011）

8.4.3　新型系统的概念

8.4.3.1　静电发电机

静电发电机（因为与风流进行交互作用，也指电流体动力学）被认为可用作进行风能转换，最近的例子是代尔夫特理工大学高压实验室正在研制中的 EWICON 的理念。带电液滴释放在风里，在集电极导线中会产生直流电。该系统如今正处于实验室可行性研究阶段，在毫瓦级的规模上进行测试。该系统最吸引人的地方是只需要极少的机械零件，由于具有最低的噪声和振荡可用于建筑中，其简单及高可靠性的潜能也适用于海上风电。

此系统关键的问题是使液滴带电的电力需求。从微型的实验室尺寸按比例扩展至有效的功率容量后其效益将非常显著，但是还有待于论证。Djairam 等人[10]在试验中测量出有 7% 的风能转换为电能，经过改善后可使 EWICON 的系统效率范围达到 25% ~30% 。

图 8.4 给出了 Carmein 和 White 从他们的美国专利申请书中提取的最接近的设计概念。很明显，利用风向电场相反的方向移动带电粒子与增加它们的电势原理相同。图 8.5 展示了在 EWICON 的研究中 6m/s 风速下粒子流场的仿真结果。

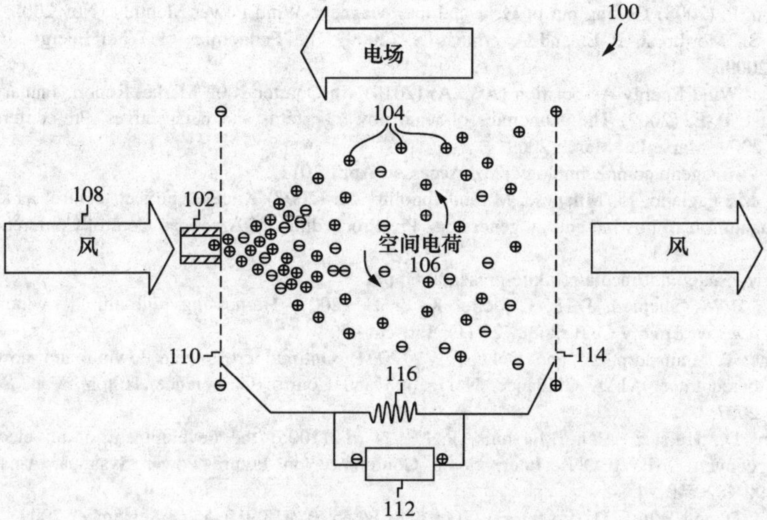

图 8.4　电流体动力学风能系统

图 8.5　EWICON 理念——带电粒子流仿真。Dhiradj Djairam 版权所有，并授权发表

参考文献

[1] Jamieson, P. (2008) Getting out of Gear and into Magnets. Wind Power Monthly (Nov 2008), pp. 61–69.
[2] Krohn, S., Morthorst, P.-E. and Awerbuch, S. (2009) The Economics of Wind Energy. EWEA Report, March 2009.
[3] American Wind Energy Association (AWEA) (2010) 4th Quarter 2009 Market Report, January 2010.
[4] Morthorst, P.-E. (2009) The economics of wind power – status and perspectives. Pre-conference Seminar, EWEC 2009, Marseille, March 2009.
[5] http://www.magenn.com/technology.php. Accessed April 2011.
[6] Canale, M., Fagiano, L., Milanese, M. and Ippolito, M. (2007) KiteGen project: control as key technology for a quantum leap in wind energy generators. Pre-Proceedings of American Control Conference, New York, 2007.
[7] http://www.sequoia.it/media/rotokite-presentation.pdf.
[8] Roberts, B.W., Shepard, D.H., Caldeira, K. *et al.* (2007) Harnessing high-altitude wind power. *IEEE Transactions on Energy Conversion*, **22** (1), 136–144.
[9] Williams, P., Lansdorp, B. and Ockels, W. (2007) Optimal cross-wind towing and power generation with tethered kites. AIAA Guidance, Navigation and Control Conference, Hilton Head, South Carolina, August 2007.
[10] Djairam, D., Hubacz, A.N., Morshuis, P.H.F. *et al.* (2005) the development of an electrostatic wind energy converter (EWICON). International Conference on Future Power Systems, Amsterdam, 2005. ISBN: 90-78205-02-4.
[11] Carmein, D. and White, D. (inventors) (2009) US Patent 0, 218,910 A1, 3 September 2009.

第2篇　技术评估

第9章　能源成本

9.1　能源成本的计算方法

关于创新性，关键的成本问题是：

如果引入创新性，它会在成熟的生产中实现显著的成本效益吗？

如同被技术的一般学习曲线所证明的那样，这使人们认识到原型的成本可能要比在既定的生产中可以实现的成本贵4倍[1]。因此，当技术成熟度处于与标准解决方案类似的阶段时，创新的优点需要以潜在利益的形式进行判断。在进行评估过程之前（所谓的评估，即新技术同一个有代表性的传统系统相比），作为评估的一个关键性指标，首先对能源成本（COE）进行讨论。

能源成本虽然不是对风力发电系统进行评估的唯一度量标准，但是在评估创新性时，它通常是最适合的一个。能源成本中的成本包括制造风机、安装调试、在风电场提供必要的基础设施以及在其设计生命周期中运行和维护风机等的费用。风机退役的费用也应考虑在内，尽管其并不经常发生。更明显的是，此处的能源是风机在其设计生命周期中总的电能输出。能源成本各组成部分示意如图9.1所示。

在评估创新性的背景下，目的不是直接满足某一能源成本目标，尽管在用于创新的公共资金所属的政策范围内会时不时的需要设定目标数字。这些目标数字是暂时的、随着时间和市场区域而变化的。相反，能源成本在评估创新性中主要的作用是确定一个新的系统或组件（创新），本质上讲，在其技术优点方面，是否会显著降低能源成本。最好的方法是进行一次评估，把创新性与当前技术水平的既定设计——第10章中的风机的基线直接进行比较。考虑到实施设计变更及技术变革投放市场的时间等成本费用，非常重要的一点是有计划地降低能源成本足以抵消创新的破坏。

在风电场项目的融资与经营过程中，往往更多的不是强调能源成本，而在于

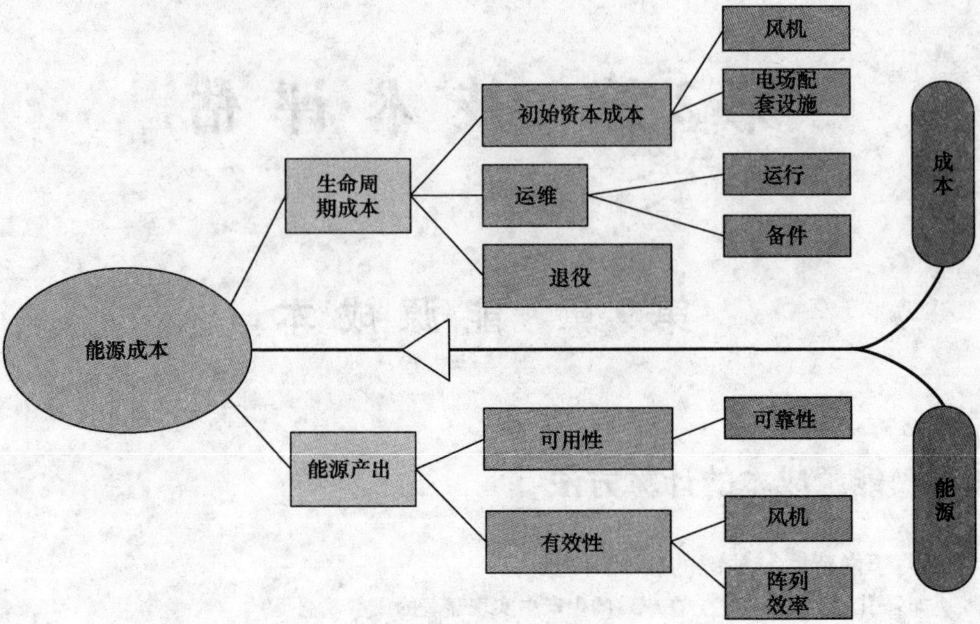

图 9.1　能源成本概述

设定还款利率、确定收益来源的能源市场价值。考虑到计算中涉及了净现值(NPV)、根据当时的能源还款价格及相关折扣率折算的市值损失，有时可以方便地绕过能源成本进行计算。比较各种类型的具有不同资本成本和效率的发电机表明，对于评估组件这是非常有用的，但是从关系到全生命周期成本的意义上来讲，不能完全把组件放于此情景之中。要进行创新性的评估，特别是初始顶层的评估，能源成本模型更适合，美国国家可再生能源实验室（NREL）的财务模型[2]通常是非常合适的类型。国际能源机构（IEA）也曾在20世纪90年代初开发了一套用于能源成本计算的类似金融建模的标准[3]，它对不确定度和敏感度做了很好的处理，该机构对风能经济问题的工作仍在进行中[4]。

风机组件的成本很不容易获得，从任何意义来说，稳定的绝对成本也不容易获得。它们随时间而变化，并随着各种市场影响力而变化，例如原材料成本、劳动力市场波动和汇率的影响。而且风机组件的成本，至少是特别有用的和相关的费用，一般不是免费提供的。对个人或咨询顾问的价格可能会有所不同，而且在价格中很少能反映组件的价格，组件在项目中销售是有优惠的。

走出困境的出路在于从两个基本信息入手。一个主要的输入信息是卖到商业项目风机发电的每千瓦成本。具体项目的数据可能属于高度机密，但是从风能协会和其他来源的出版物中，通常可以得到有代表性的数据。

第二个主要的信息是风机各组成部分间成本的相对分摊。因为它没有与特定的成本或价格数据相连，这类信息可用于一些风机设计，或者作为更通用的估计[5,6]。鉴于设计的多样性，风机组件列表不会是唯一的，在目录中包括一些不同的常见项目，如液压系统、控制系统等。分类的困难不仅使风机系统内成本分配问题变得复杂，而且也使故障统计分析复杂化。尽管如此，仍可以合理地确定风机组件典型状态下的主要组成部分，它将反映之前讨论过的基线概念。

表9.1显示了基于Windpact研究获得的数据的典型分摊[7]。每千瓦的成本分摊和项目成本必须集中在一个适当规模的风机上。近年来，1.5MW和2MW的风机占据了市场的主流，这样的成本分摊只能准确地反映某一特定的设计，但也可能是一系列主流设计的合理近似。目标不是对各组成部件进行精细的成本估算，而是要进行整体的评价、识别，例如，叶片或变速器的主要百分比成本削减将比高速发电机或偏航系统的成本降低影响更大。

表9.1 有代表性的成本分摊

组件	成本分数
叶片	0.177
轮毂	0.077
变速器	0.143
发电机	0.076
偏航系统	0.019
机舱罩	0.020
机舱结构	0.040
塔架	0.219
变速系统	0.073
变桨距系统	0.043
叶轮制动器	0.006
联轴器	0.003
轴	0.041
其他	0.063
风机整体	1.000

成本分摊、销售到项目中的设计类型及明显相关的每千瓦成本将随着时间的变化而变化。使用这一类型输入的能源成本模型可以反映这种变化，而维持两者一致的结构来回答如何评价创新系统的问题与系统的现有技术水平进行了比较。

因此，输入成本和成本分摊信息永远不会绝对，需要定期从任何可用的信息来源更新通知信息。在评估创新性的背景下，这些成分接着提供了系统成本比较的基础，该系统含有许多具有基线的常见组件，而且还有一些其他创新性的组件。当一个创新的风机系统处于完全不同的状态下时，可能与标准概念几乎没有共同点。在这种情况下，成本分摊就不那么重要了，此时必须自下而上地努力构建创新系统的成本评价。

成本分摊的方法从未期望获得高精度，但另一方面是高精度几乎不会存在于通用的成本背景下。

成本，例如对于一个基于成本分摊和每千瓦成本的偏航系统成本，如果与实际系统相比可能有些不准确，但通常是难以达到的，在特定的项目中成本数据已被供应商所知。假设目的是评估一个新的变速器概念是否将会对能源成本有很大的影响，可以确定的是新概念对偏航系统负载或成本没有影响。那么关于偏航系统的成本更重要的问题不是其绝对的精确性，而是要确保（在成熟的产品中进行评估的）创新系统被按正确的顺序指定了一个偏航系统的成本价值，并且应与所选择的基准风力发电机组的状态完全相同。

9.2 能源：功率曲线

风力发电机组的能量输出自然是一个周期内功率性能发挥的结果。因此为了解决能源捕获问题，需要考虑风力发电机组的功率特性曲线。

大型风力发电机组的功率曲线具有如图 9.2 所示的典型形式。风机通常在最低（切入）风速或者当风速低于安全运行的最大（切出）风速时开始电力生产运行。最小风速是由低负荷时的损失和系统产生有功功率的能力确定的。这也受速度控制策略的影响，最低的切入风速由具有宽广速度范围的变速风机实现。在高风速时，通常 25m/s 左右，风力发电将会停机以保护机器以免其过负荷。在实际的控制起动和关闭程序中，常见的做法是不仅考虑平均风速，还应考虑阵风水平。控制策略中也引入了滞后控制，使精确的切入和切出速度与标称低风速和高风速有些许不同，避免当风速为临界水平时频繁地从运行状态切换到非运行状态。

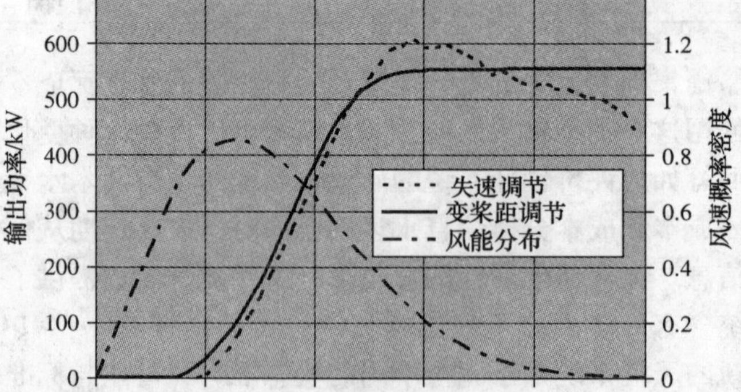

图 9.2　风机失速调节和变桨距调节时的典型功率曲线

从图9.2中很明显可以看出，尽管风中的能量上升为风速的三次方，但电输出功率在比切出风速低得多的风速时达到极限最大值。当为失速调节风机时，此极限值被动地靠其固有的叶轮气动特性依靠发电机和电网提供的反转矩维持，这个反转矩将保持风机的速度为常数。对于变桨距调节风机，通过调节叶片间距角，可以保持功率为额定值恒定不变。额定风速是最低的稳定状态值，在这个速度时桨距调节的风机可以产生额定功率，此额定风速一般在11~12m/s。

为什么当输入风力在可操作范围内按三次方的规律上升时，功率曲线的特征形式中包含切入、切出和额定功率？问题的关键是覆盖在图9.2中的风能分布。这种特殊的分布是一种典型的设计分布（瑞利分布），其每年的平均风速为8m/s。如果风机在风速12m/s时产生额定功率，那么理论上此功率是切出风速25m/s时功率的$\left(\frac{25}{12}\right)^3=9$倍。然而若安装一个功率提高9倍的传动系统将不仅仅会给系统增加巨额的成本溢出。在大部分常见的对能源输出贡献最大的风速范围内，传动系统的部分负荷效率会很差。该系统的花费将更多（传动系统一般占风机资本成本的40%左右），而且考虑到分布在尾部的风速罕见地能达到15m/s以上，系统也不会产生足够的额外能量。对于设置风机额定功率的依据，定性的解释得到了10.7节中一个概要的定量评估的支持，10.7节中采用了本章中提出的能源成本分析方法。

古老的经验表明，额定风速应该比现场的平均风速大1.5倍左右。基于以下两点考虑，这种关系是合乎逻辑的。一是风中的能量随着风速快速增加，因而产生能够发电的最重要的风速是那些高于平均风速的情况。此外，设计现场的平均风速越高，在更高的风速范围内，产生的功率就越高，对于更高的额定功率值的调整范围就越大。这些问题与低风速场合的风机的额定功率有关，也同样体现在具有较大直径的叶轮上。很明显在整体趋势下，额定功率近似随着直径的二次方而变化（见图9.3），不同的现场条件、制造商的设计决策以及它们演变成更大的风机的方式都会有很多的偏差。

在创新的背景下，非常重要的一点是清楚直径和额定值之间的关系从根本上讲是一种经济关系——能量输出（与直径的二次方㊀、风能分布和额定功率水平有关）和功率传送系统的成本之间的权衡。同时这些关系在主流设计中也有很大的融合（见图9.3），一些创新可以完全重新公开与优化相关的这些问题。

㊀ 功率按直径的二次方（D^2）计算看起来是非常合理的。然而在以大地为基础的场所，由于风切变效应和平均风速随高度的增加而增加，功率按$D^{2+3\alpha}$的规律变化，其中α是风切变指数。大约10年前，在像图9.3那样的图中，直径指数约为2.4，对于1.5~3MW范围内额定功率的风机，最新的趋势是超着更大直径发展，就造成了按二次方律变化的特性。

对于厂家来说公布它们所生产的设备的功率特性曲线是非常有用的，此外，出于满足商业交易的目的，功率曲线也将保证其有一定的缓和度。对功率曲线的认识很容易想当然，重要的是清楚其背后所代表的实质。如“风速”和“风向”等术语是司空见惯的，已渗透到日常的天气报告中。然而在三维湍流风场中，才是真正的风，除非它们被引用到空间范围和时间平均周期中才有了确切的意思。考虑到这一点，就不会是一条功率曲线，而是一簇根据平均值选择的功率曲线。

如果对于每一风速及其相关的功率测量有一股稳定、均匀的风，那么首先定义一条理想的功率曲线作为结果之一。

在低风速范围内，功率曲线通常是凹形的（从图 9.3 可以看出)。风速随时间和空间的变化程度通常用湍流强度（TI）来衡量，它定义为风速的标准偏差与平均风速的比率，通常用百分比表示。在一段时间（平均周期）内平均风速达到一定值，在风湍流存在的情况下，由于漂移更高风速时产生的功率比低风速时更多，其影响是将一个产生平均功率曲线值（在所选的平均时间段内)，该值高于理想稳态下的值。在功率曲线呈凸形处，会得到相反的效果。这两种效果在图 9.4 中得到了证明，图中，理想稳态功率曲线同湍流强度分别为 5%、10%、15% 及 20% 情况下的功率曲线进行了比较。

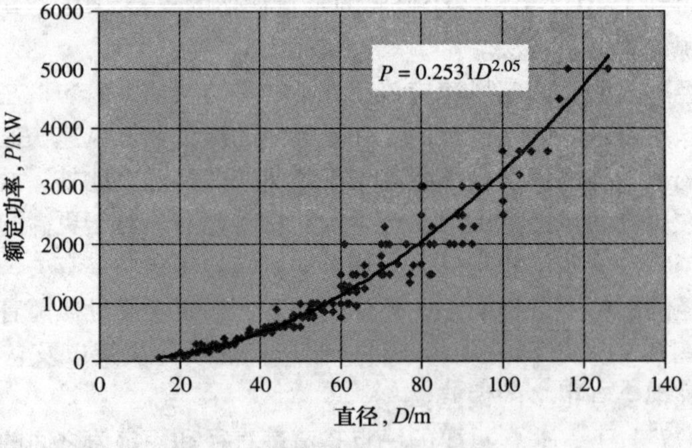

图 9.3　额定功率随直径的变化

一般来讲，平均周期延伸的越长，在与所选的平均周期相关的功率曲线上，存在于瞬时功率曲线上任意曲率的下降明显就越多。由于湍流强度的大小还取决于平均周期，因此，图 9.4 中结果的比较就更复杂了。用于功率曲线测量的优选平均周期一般在 5 ~ 10min。这就是在所谓的 van der Hoven 风力谱的光谱间隙[8]，当气象峰面通过时，在更具活力的短期风波动和长期风波动之间，风谱中有相对较低的能量。

平均周期的实际意义在于保证功率曲线必须是一条基于相似的平均周期的曲

线，该曲线是对任意风速的测量，从而用于验证生产能力。为清楚起见，对于给定的风机及其给定的操作策略，在给定的风电条件下所产生的能量是唯一的，并不依赖于平均周期。然而功率性能的预测和风力统计的测量却依赖于平均周期，这就是症结所在。

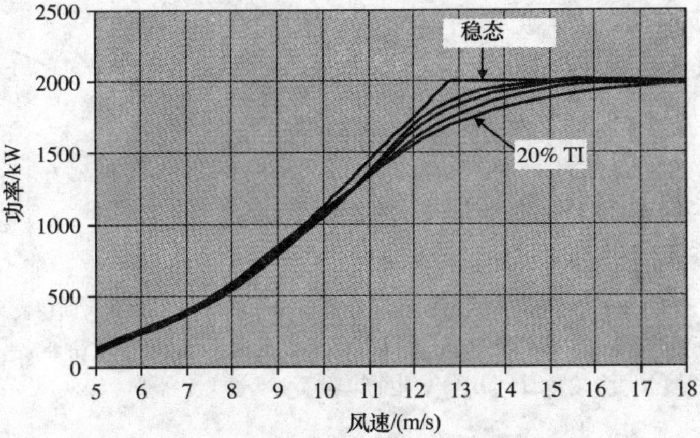

图 9.4　风机湍流对功率性能的影响

对正在运行的变桨距调节、变速风机，控制系统在额定风速下是主动运行的。风机的控制受发电机对转矩波动的快速反应和变桨距系统对极限速度变化反映变慢的影响。额定风速下典型的闭环变桨距控制系统，其作用是使获取的能量最大化，并避免产生过多的功率等级，也可能追求使所支持的结构励磁最小化。因此，原则上，除了湍流风扰动结合风力发电机组固有的稳态特性之外，控制策略会影响给定的一个平均周期内所产生的功率。一般情况下，在某一给定的时间内由设备产生的能量可用一个考虑了湍流、结构动力学、传动系统动力学以及控制系统动力学的模型进行仿真。

下面用简单的分析，考虑湍流风按高斯过程变化，说明湍流对额定功率的功率曲线的影响。

各符号的含义：

V_r	额定风速（m/s）
σ	风速的标准偏差（m/s）
P_r	额定功率（kW）
V_c	切入风速（m/s）
V_s	关闭风速（m/s）
$P(V)$	风速为 V 时的功率（kW）

假设风速是关于平均值 V 的正常分布，那么额定风速时的功率期望值 $V=V_r$

及 $P=P_r$ 为

$$E(P_r) = \frac{1}{\sqrt{2\pi\sigma}}\int_{V_c}^{V_s} P(U)\,e\left\{-\frac{(U-V_r)^2}{2\sigma^2}\right\}dU \tag{9.1}$$

如果功率曲线在接近额定风速时呈线性变化，在超过额定风速时为常数（见图 9.5），则功率 $P(U)$ 可用数学模型表达为

$$P(U) = \begin{cases} kU, U < V_r \\ P_r, V_r \leqslant U \end{cases} \tag{9.2}$$

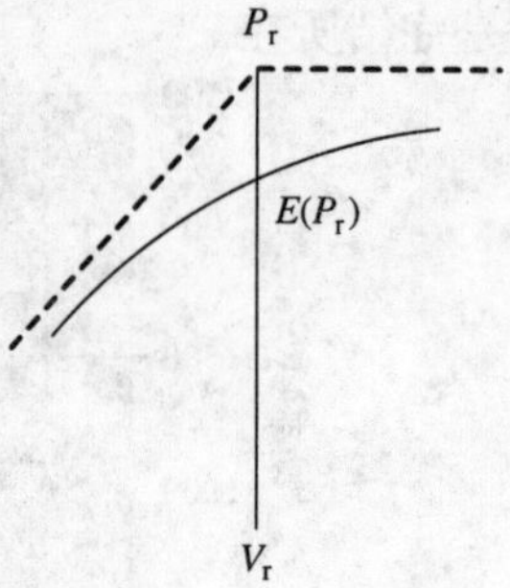

图 9.5 风湍流对额定功率的影响

对式（9.1）进行积分，用式（9.2）所定义的 $P(U)$ 可产生简单的结果：

$$E(P_r) \cong P_r - \frac{k\sigma}{\sqrt{2\pi}} = P_r - \frac{kIV_r}{\sqrt{2\pi}} \tag{9.3}$$

此处，湍流密度 I 定义为 $I=\sigma/V$，因此额定风速 $\sigma = IV_r$。

对式（9.3）的解释是，对于某一具有稳态特性曲线，例如图 9.5 的典型变桨距风力发电机组，在湍流风中额定风速下产生的视在功率随着湍流密度、功率曲线梯度的大小 k 成正比例降低。

图 9.4 所示的功率曲线是对包含结构、传动系统和控制系统空气动力学的某一特定风机设计进行 10min 仿真结果的平均值。有趣的是，发现式（9.3）对额定风速时功率的预测值一般在仿真结果的 4% 以内（见表 9.2）。

表 9.2 对比式（9.3）的仿真结果

I	仿真结果	式（9.3）	偏差（%）
0.00	2000	2000	0.0
0.05	1863	1920	3.1
0.10	1810	1841	1.7
0.15	1742	1762	1.2
0.20	1690	1683	-0.4

这验证了采用式（9.3）是有局限性的，但是至少该式给出了一个非常简单的公式，至少可以定性地说明，额定风速下风湍流对功率曲线的典型影响。更令人惊讶的是，这样一个简单的公式甚至可以接近更严格的预测结果。也许，如果一个风力发电机组具有控制系统，可以有效地跟踪适当的设置点，并使传动系统和结构动力学合理地工作，那么不考虑风机和控制系统的详细性质，湍流风中功率性能特性是收敛的。

围绕风机的预测和测量性能出现了许多问题。很多公司，如 GL Windtest 公

司，专门为工业行业从事这样的测量服务。现已颁布了关于仪器仪表的质量、数据范围、程序和场地条件等很多国际标准[9]，这对于有效的描述功率特性曲线是可接受的。考虑到功率对风速的高灵敏度，无论怎么设置测试，这都是直观重要的，功率性能测试的基础是参考风速计，它依靠被测风机精确位置处的风速进行了可靠的修正。理想情况下，这是在风力发电机组安装前完成的。

在减小能源成本的背景下，功率曲线的性能显然是至关重要的。气动设计的发展重点是提高气动效率以及更有效地管理负载，采用更大直径的叶轮以增加能量输出。

9.3 能源：有效性、可靠性、可用性

能源被认为具有最主要的价值，而且风力发电系统的目的是进行能量捕获，因而能量的任意增加对降低能源成本都有直接成比例的影响。可靠性和可用性直接影响能源生产，因此也具有非常重要的价值。特别是，消除风力发电系统的任意部件通常会得到能源成本各项中超越了移除资本成本的附加价值，因为随之取消了相关的可靠性和维护问题。有效性也非常重要，它直接影响额定值以下的风速时年能量捕获量的更大比例（最典型是2/3）。在全生命周期成本中，电机组件成本、风电场组件成本和维护成本，均具有部分价值。这些组件在成本中的任意百分比影响都对能源成本的影响较小。

9.3.1 有效性

主要传动部件的效率已在6.8节中进行了概述，叶轮的 C_p 特性已在1.11节中广泛地讨论过了。应当注意的是，气动叶轮或传动部件的效率仅在速度低于额定值时直接影响功率和能量捕获量，尽管它也会影响额定风速的值。因而效率的百分比增益一般小于能量输出的百分比增益。

9.3.2 可靠性

20世纪90年代末，风场可靠性工程在主要的变速器故障后，并且在早期的海上风机已表现出比期望值更高的运维（O&M）成本和更低的可靠性之后开始出现。虽然变速器故障可以通过正确的设计和质量控制进行定位，但海上风力发电技术的发展在接入和维护方面带来了更大的挑战，这便增加了人们对风机设计可靠性工程的关注。荷兰海上风能转换器（DOWEC）工程是首个尝试在整个设计阶段，从概念设计到细节设计均包含可靠性工程的项目[10]。收益损失和直接运维成本被包含在全生命周期成本模型中，使收益、运维成本和资本成本之间的权衡得到了优化。

人们采取了各种措施，以收集实地的可靠性数据，风电场的业主也向大型数据库提供了数据[11,12]。这些数据通常是非常宝贵的，但也有不足之处；这些数据将风机，有时还是不同等级和技术的风机数据放在一起，而没有清楚地定义所给的故障，然而对这些公开的有效数据的分析却获得了信息的总体趋势[13]。

尽管受海上风电利益的推动，可靠性工程得到了越来越多的关注，但随后的故障率并没有表现出总是朝着可靠性更高的趋势发展。各种解释均有可能。风机的概念比过去更复杂，新的技术在早期使用过程中主要凭借经验，而忽略了确认适当的设计裕度。20 世纪 90 年代末，主流的观念是恒速定桨距风机。制造商 NEG MICON 用口号“强大的简单”来推销它们的风机。变风速、变桨距风机的引入增加了主动变桨距系统和电力电子系统的复杂性，这些系统需要提供固定频率的电力输出。后者对可靠性尤其存在负面的影响，风机的数目倍增，使得逆变器中电力电子器件的数目增加，加剧了对可靠性的影响。然而提供更高的可靠性这一直不是一个简单的设计，典型的情况是引入桨距控制，它可以大幅减少失速调节叶轮更高的空气动力学应力引起的叶片故障。桨距控制引入的故障由其子系统更高的适用性补偿。

从最近的风机可靠性调查中，除了学术机构，还看到了工业合作伙伴们的积极参与，这对数据质量有着巨大的、有益的作用，因为数据质量对有效的可靠性分析是至关重要的。在英国，工程和物理科学研究中心（EPSERC）在其通告[14]中披露将为风力发电机组可靠性评估的主要项目提供资金支持，其成果包括风机状态监测、变速器故障评价、更通用的风机预测及可靠性设计。

在欧洲正在进行一个类似的项目，Reliawind 财团[15]是一个活跃在风电工业中，包含了主要的欧洲制造商、供应商、顾问和学术机构的欧洲 FP7 资助的计划。Reliawind 财团的活动包括分析风场数据、可靠性预测、故障缓解、故障诊断与预测综合工具的开发。

9.3.3 实用性

风机在其生命周期中的能量输出很明显取决于实用性功能，如其整个设计寿命过程中所期望的那样。在风场财政安排的复杂性范围内，有很多实用性的定义。GL Garrad Hassan 可再生能源咨询认为下面的基本定义是最常使用的：

$$\text{实用性\%} = \frac{T_t - D}{T_t}$$

$$D = [T_g + T_w + T_o]$$

式中，T_t为周期总时间；D 为周期总停机时间；T_g为电网周期停机时间；T_w为风或其他环境条件处于规范之外的时间；T_o为其他停机时间。

T_o项旨在覆盖所有被排除的事件，例如：

- 定期检修；
- 不可抗力；
- 由业主指示的关机而不是风机的非安全运行；
- 业主的风险，如破坏；
- 虽有防雷保护系统按规范运行，但仍可能发生雷电损坏；
- 结冰——事件的发生不是由于防冰安排的无效操作；
- 访问限制——由于维修商无法按照规定的卫生和安全程序访问该风场而直接引起的停机时间；
- 通信——由于通信系统的故障无法执行远程重新起动而造成的停机时间。

上述公式是针对单个风力发电机组的可用性。风电场的可用性可根据下式计算：

$$A(wf) = \frac{1}{N}\sum_{i=1}^{N} A(wt_i)$$

式中，$A(wt_i)$ 为一段时间内单个风力发电机组的可用性；N 为风电场的风机数；$A(wf)$ 为风电场的实用性。

9.4 资本成本

风场的资本成本主要由两项组成：在现场组装准备用于最终系统的风机组件其最终形式的出厂成本以及描述为“场平衡成本”㊀的其他成本。

以大地为基础的场平衡成本包含现场组装的成本、安装及调试、风机基础、接入道路建设、连网、现场服务例如建筑物的现场运维和可能的风场设计、与风电场有关的权限和财务费用等。

风机支撑结构（塔架）的成本通常被认为是风机出厂成本的一部分，但是在一些成本分析中，特别是国外，它可能被包含在场平衡中。

考虑详细的设计水平，风机组件的资本成本取决于原材料成本、随着时间和工厂地点不断变化的过程和劳动力成本。安装成本包括场平衡的成本，它是现场特定的成本及运输成本。运输成本还有风机出厂成本受当地制造业是否在一定程度上建立在正在开发的风电场区域影响。例如 Krohn 等人 2006 年提供的数据表明了安装成本在不同国家的变化[6]。

在顶层能源成本分析时为进行创新评估所采用的方法是要考虑相应尺寸或已知尺寸风机的安装成本和现有项目中风机的出厂成本等有用信息。采用表 9.1 所列的相对成本分摊信息，可以推断出组件的成本。

㊀ “场平衡”是美国通用的术语。

资本成本往往与质量有关，虽然这在风机组件成本的初步估算时不是很有用，但是在评估创新性的影响时却非常有用。因此将某些组件的质量节省20%可能等同于成本降低了20%，这当然取决于过程和劳动力成本的影响。已公布了一些材料成本数据，如铁，包含依赖于生产的复杂性如铸造、制造、机械加工和精良工艺（如在轴承和齿轮等所用）等的成品类型的估算成本。这样，如果由创新性减少了设计负荷，那么接下来最大的挑战就是将此表示为质量和成本的降低。

比较有趣的是，尽管一些工业过程，如叶片生产复杂易变，但是通常会非常有用地汇聚到一个相当可靠的、至少为个别生产商所建立的每千克平均成本上，有时会持续几年的时间。

9.5 运维

这是一个特别困难的成本项目，不仅因为像其他风机成本数据那样，很多信息是保密的，而且还因为建立重要的统计数据需要较长的时间。而风能技术还在不断地在发展中。因此，对运行20年的风机记录的数据限制了预测电流装置的实用性。通常要评估的创新性在风机本身，因此与运维相关的全生命周期中一小部分数据就足够了，相对于风机成本这是恰当的。

如果创新中取消了某一个组成部分，那么对运维的影响粗略估计是应考虑部件在成本分摊中的重要性，至少会成比例地降低更换零件的那部分成本。因此，若创新没有取消这一部分，而是降低了成本，那么这种影响是可以分解的。一般情况下，在顶层参数分析中，运维成本如何受创新性的影响是一个近似判断的问题。

已开发出运维仿真[16,17]作为预测可靠性、可用性、访问维护和相关费用等的相互作用的工具，从而对海上风场的设计和管理进行优化。

在对总生命周期成本进行严格评估时，退役成本以及/或系统再利用部分的可能性，如更换风机后的基础，也应考虑在内。

9.6 总成本分摊

一个风场项目的全生命周期成本可视为两部分的和：原始资本成本和连续运维成本，其中包含在设计寿命中最终产生的原则上的退役成本。原始资本成本，如前所述，划分成两个主要的部分：风机成本和与风电场所有必要的基础设施相关的场平衡成本。海上风场项目的成本评估与此在概念上相似，尽管厂项目的平衡可能大不相同。

了解了这些主要内容典型的整体分摊，单个项目的组件可用表 9.3 中的分段寿命成本表示。与整个生命周期成本相关的货币的价值变动（通货膨胀等）和硬件（折旧）的价值都需要在整个设计寿命过程中考虑。资本成本分摊是主要的技术，很少受这些问题的影响，尽管与正在运行的全生命周期成本（运维）相关的总资本成本很显然确实取决于在整个设计寿命中财政参数的变化。表 9.3 中是一些典型的数据。

表 9.3　能量成本的分数

全生命周期成本				
原始资本成本	风机	叶轮	叶轮锁	0.0057
0.820	0.569		叶片	0.1037
			轮毂	0.0142
		机舱系统	齿轮箱	0.0961
			发电机	0.0378
			叶轮制动器	0.0085
			机舱罩	0.0142
			机舱结构	0.0193
			联轴器	0.0057
			轴	0.0171
			偏航系统	0.00171
			轴承	0.0171
		电气与控制	变桨距系统	0.0365
			变速系统	0.0551
		塔架		0.0896
		其他		0.0313
	场平衡		道路、市政	0.0221
	0.251		工程结构	0.0761
			电气与电网	0.0073
			连接	0.0365
			组装和	0.0675
			安装	0.0414
			运输基础	
			金融和法律	
运维	0.180		劳动力	0.0792
0.180			零件	0.0630
			运行	0.0216
			设备	0.0090
			工具	0.0072

虽然这种方法是相当粗糙的，体现的只是典型值，但它可以给出项目成本链中关于组件的相对价值有用的一些初步见解。例如，叶轮叶片的全生命周期成本分数在0.1左右。这意味着直接影响能量输出的效率增益可能达到叶轮叶片成本节省值的10倍。相反，它表明，使用叶片牺牲的全年能量超过10%，即使它们没有花费任何费用，还是会增加而不会降低能源成本。

虽然表9.3的通用成本分数数据已相当详细了，但只能认为它是象征性的，根本不能认为其完全准确。这种精度不能作为风机的概念而存在，组件的成本和子系统的分类在各厂商之间的差异很大。还应该注意的是，借助组件的不同尺度特性（见4.4节），成本分摊本质上依赖于规模。

对于海上风场，成本分摊的变化相当大。成本在不同类型的场合（例如，在北海或波罗的海）的水深和波浪气候有很大的差异。典型的全生命周期成本分数（OptiOWECS参考）可见表9.4。

表9.4　海上全生命周期项目成本分数

风机	0.30
场平衡	0.30
运维	0.33
退役	0.07

9.7　缩放成本影响

基本的缩放规则已在4.4节被广泛讨论过。从一个给定比例的基线开始，这可能是解决如何分摊成本的问题，成本将随着扩展而变化。

作为一个例子，来考虑轮毂成本的缩放，这里假设轮毂是一个成本与质量成比例的铸件。起始点是基于相似性和基础物理确定组件（轮毂）的缩放规则。

由于气动弯矩的比例可简单视为叶轮直径的三次方，可以确定的是轮毂设计主要是疲劳设计，但当考虑风湍流绝对长度比例的影响时却是叶轮直径的略为更高次幂。检查负载缩放的通用仿真研究可能会解决这个问题，例如确定空气动力弯矩对直径D的比例关系是$D^{3.1}$。

然而随着叶片变大，叶片质量相关的力矩也随着气动力矩成比例的增大。如果不用更高强度重量比的材料（考虑现在的技术水平，主要是碳）限制叶片重量，那么由于叶片质量力矩产生的疲劳效应可能成为轮毂设计负荷很大的，甚至可能是主导性的贡献。后来又进行了进一步的仿真以研究由于叶片质量的缩放对疲劳的贡献，进而确定了轮毂质量按$D^{(3.1+km_b)}$的规律缩放，其中m_b是轮毂质量，它本身就是直径的函数。“常数”k对于一定尺寸之下的风机可能是0或者根本不是常数。目前的要点是作为研究的起点，需要一些基于基础物理的模型。

下一阶段是考虑实际工程实践中的组件设计。例如一个1MW风机轮毂的厚度可能大于铸造厚度最小限制的需要，因此在缩放设计时对1MW风机轮毂从其质量值直接按物理模型缩放会产生过高的不切实际的估计。然而更不现实的是对1~5MW范围内的轮毂，简单地适应经验直径对数据的依赖性，很可能不到三次方，并按此进行升级。

轮毂的实际缩放规律就变为$f(a, b, c, \cdots)\ D^{(3.1+km_b)}$，其中函数$f(a, b, c, \cdots)$原则上是多变量的函数，包括材料、过程、生产质量、技术进步率等，因而非常复杂。在实践中它只能被近似地进行评估，可能通过考虑现有数据，再加上对设计和制造工艺的理解，降低到一个合适的常数。还应该值得注意的是，由于对轮毂设计时铸件所需的厚度超过了实际的最低值所进行的“改善”，是不应该被吸收进学习曲线的。超过了一定规模，效果就不存在了，也不会随时间而改善。

类似的问题显而易见也出现在一些比现在兆瓦级的机械发电叶片更小尺寸的叶片设计中。它们有双轴玻璃蒙皮的边缘夹层结构，可以避免一个人的重量站在叶片上造成损坏。因而从压力和成本方面考虑，至少如果被作为在缩放设计中可能要达到的一个指标，蒙皮太厚太重了。

9.8 负荷影响（场所类型）

风机所承受的负载情况，显然取决于在选定场所的风况。考虑到世界上的不同地区和气候特征，这方面表现出巨大的变化。处于设计的目的，特别是在风力发电机组设计认证的背景下，标准中定义了各种场所的分类，如IEC、GL及其他标准。采用2003版的GL标准中对场所的分类，考虑3种场合分类中所定义的风速特性示于表9.5中。这里的场所分类定义，对于湍流级A是基于大地的场所。这一级将平均风速15m/s时的湍流强度水平定为18%。其他不太严重的湍流条件当然也可以考虑，并在标准中进行分类。

现在，对风机上负荷的预测是非常复杂的。大部分代码，如Bladed of GL Garrad Hassan[18]和由Stig Øye最初开发的Flex 5[19]，如1.10节所述，仍然在很大程度上依赖于叶素动量（边界元法）理论，附加非定常空气动力学模型，再加上湍流谱模型以及模态或有限元结构模型，如可能包含机械连接和其他非线性问题的ADAMS代码[20]。一般情况下，风机边界元法或更复杂的空气动力学模型要结合整包开发的多结构体模型，例如从德国航空航天中心（DLR）的研究工作演变而来的SIMPACK[21]。在此领域进行设计工具的大量研究和开发，并进行全面的试验测量验证，一直是国家研究机构，像丹麦Risø可再生能源国家实验室、荷兰能源研究中心（ECN）、美国国家可再生能源实验室（NREL），特别是商业咨询公司 GL Garrad Hassan 等的研究重点。

表 9.5　场所类别风况

	年平均风速/(m/s)	50 年重现期的 3s 阵风极限值	湍流强度(%)
ⅠA 类	10.0	70.0	18
ⅡA 类	8.5	59.5	18
ⅢA 类	7.5	52.5	18

如果设计为某一种风况下的风机，假设是Ⅱ类，要将其修正为运行于Ⅰ类场所，现在进行概述的目的不是怎样以任何全面的方式讨论负荷，而是要找到一种方法，对负荷和下游成本影响的变化进行顶层评估。

围绕风机负荷的一些关键问题被绘制在图 9.6 中。一种典型的变桨距风机的稳态推力在额定风速时上升到峰值（假设叶片以其最常见的形式斜着处于附流的风中）又急剧下降，因为变桨距控制是用于调整功率的。通常情况下，当风速超过 25m/s 时，风机被关闭和停泊，在严重的风况下投入空转模式进行保护。然后在更高的风速时，负载基本上随着风速的二次方变化。虽然叶片载荷在空转间距 85～90°下可以大大减少，但是考虑到斜风流风向的改变以及在叶轮圆周上叶片随机方位角位置的影响，该叶片将仍可以经历接近某一水平的高起载（见图 9.6 中的实线），好像它们并未被投起过。虽然空转有助于大幅度降低平均系统负荷，但其主要好处是保持叶轮在安全的速度，而不需要重型机械制动器阻止叶轮的任何旋转。允许空转也减轻了一些叶轮被硬性停泊时可能出现的负载。

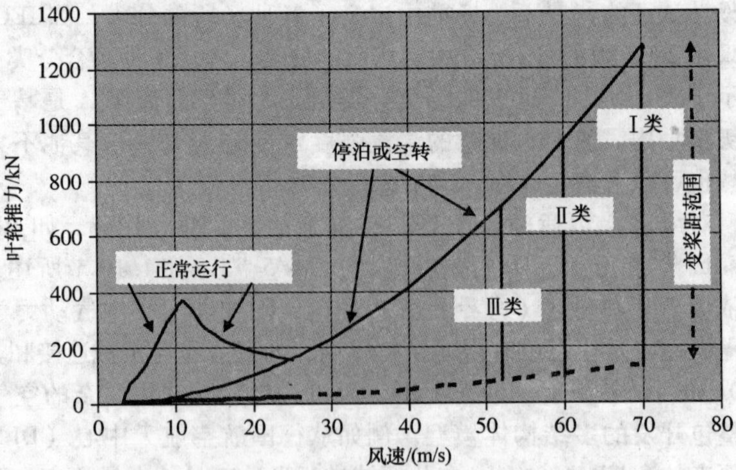

图 9.6　3MW 100m 直径风机的稳态叶轮推力

风机设计寿命中的大部分疲劳载荷出现在运行风速接近或高于额定风速时。可能支配的一些组件设计的极端负载可能出现在正常运行的极端事件中（例如一个极端的风向变化与阵风结合），但往往受到极端风暴风速的影响（一般为具有 50s 回报期的 3s 阵风）。在 IEC 和 GL 设计标准中，对于表 9.5 中的 I 类场所，该值达到了 70m/s，尽管在台风气候已经历过 80m/s 以上的阵风[22]。图 9.7 的示意图给出了关于平均风速的疲劳和极端负荷空载的效果。

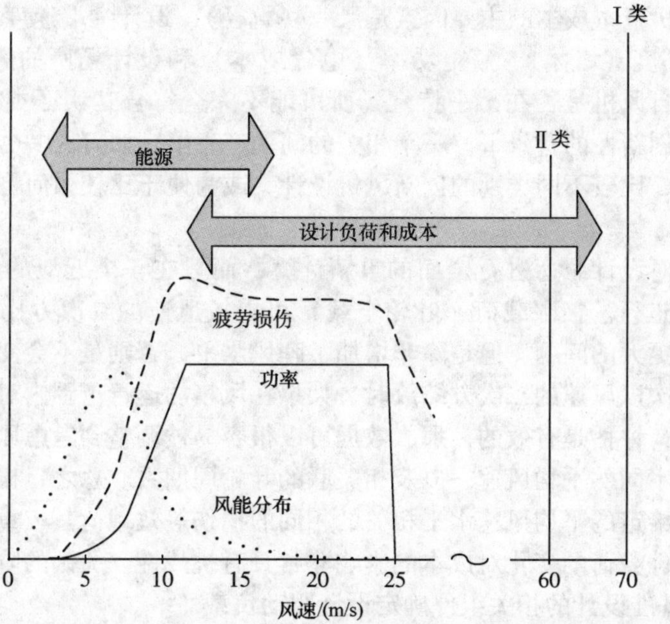

图 9.7　典型的负荷管理体制

海上的风场也出现了特定的疲劳载荷问题。虽然较低的环境湍流水平和较低的长期极端风速可能与特定的年平均风速水平有关，但在经历尾流时的机器操作通过减少湍流长度尺度而增加湍流强度[23]。这可能完全抵消了减少环境动荡带来的任何潜在的好处。一般情况下，如果寿命等效疲劳载荷在 25% ~ 50% 的寿命极限值范围内（具体的值取决于在特定组件中使用的材料系统），那么它们便可以主导组件的设计。因此，由于从 I 级到Ⅱ级和Ⅲ级移动时，设计的极端风速和极端风暴负荷与峰值运行负荷的比例降低，所以利用极端载荷设计组件的情况更少，更多的是利用疲劳载荷。

主要是在正常风湍流中运行的动态极限载荷和累积疲劳载荷驱动了大多数风机部件的设计。在一般情况下，这样的负载变化取决于风机的操作策略、其具体的结构动力学和控制系统动力学。

考虑在 7m/s 左右平均风速时典型的风场分布（见图 9.7）和额定风速下的

能量捕获分布的峰值（见图6.8），很明显，风机系统中大部分的能量捕获值与低于额定值风速有关，大部分低于额定值约为15m/s。相比之下，大多数的设计驱动负载和随之而来的组件成本源自于高于额定风速的负载。极端风暴条件下可驱动Ⅰ级场所的叶片载荷和其他关键部件。提供的能量值和那些产生组件成本之间的不匹配在图9.7中进行了突出显示，使其更适合于叶轮的概念（见第17章）。

影响风机资本成本的主要因素是尺寸（直径）、设计尖端速度（影响传动力矩）、轮毂高度（塔体）、额定功率（电气成本）和设计场所的风特性。因此，问题往往源自风机是否在某一特定场所可能不完全符合其认证类型的设计包装内。在评估创新性的背景下，一个相关的问题产生了：如何从一个可供参考的基准风机入手，比较不同类别的创新风机设计，或为便于比较如何将基准转换到不同的场所。

可以不对设计载荷进行全面的重新计算，而只在一个近似的参数（电子表格）等级中进行。极限载荷（叶轮空载）可以按风速的二次方比例缩放。极端运行负载是更大的问题，但是除非增加了阵风水平，否则是不会变的，例如当每年的阵风再次以风速的二次方缩放时。如果在风箱的运行范围内对损伤等效负载进行疲劳载荷评估是有效的，那么数据可以很容易被调整到考虑风箱中年度小时变化的一个不同的平均风速，以及相关联的叶轮周期数。总之，根据风分布的变化，与任何给定的平均风速水平相关的相同的损伤等效载荷其权重是不同的。

评估组件载荷的变化对成本的影响非常具有挑战性。关键的阶段包括：

1）为基准设计的相关组件确定设计驱动负载。

2）考虑在这些负荷变化之后，设计荷载工况或荷载类型（极端、疲劳）是否将发生改变。

3）评估负载变化对组件质量和成本的影响。

对于一些组件来说阶段3相对简单。例如一个给定额定转矩和比率的变速器是按时间输入转矩分布和质量进行设计的，成本的降低很明显与负载变化有关或更简单地说，与额定转矩随着高速叶轮设计情况而变化（见7.2节）。对于其他组件，不超越简单参数分析直接到达设计细节的水平而分析负载变化对成本的影响可能非常困难。

参考文献

[1] Johnson, G.V. (1969) *On Predicting Production Costs and Probable Learning Rates from R&D Investments by S-Curve/Learning Curve Relationships*. National Technical Information Service, October 1969.

[2] Fingersh, L., Hand, M. and Laxson, A. (2006) Wind Turbine Design Cost and Scaling Model. National Techical Information Service. Technical Report NREL/TP-500-40566, December 2006.

[3] Tande, J.O. and Hunter, R. (1994) *Recommended Practices for Wind Turbine Testing. Estimation of Cost of Energy from Wind Turbine Systems*, 2nd edn, International Energy Agency.
[4] http://www.ieawind.org/Task_26.html.
[5] http://www.repp.org/articles/static/1/binaries/WindLocator.pdf. Accessed June 2011.
[6] Krohn, S., Morthorst, P.-E. and Awerbuch, S. (2009) The Economics of Wind Energy. EWEA Report, March 2009.
[7] Poore, R. and Lettenmaier, T. (2002) Alternative Design Study Report: Windpact Advanced Wind Turbine Drive Train Designs Study. 1 November 2000–28 February 2002.
[8] van der Hoven, I. (1957) US weather bureau. Power spectrum of horizontal wind speed in the frequency range from 0.0007 to 900 cycles per hour. *Journal of Meteorology*, **14**, 160.
[9] (2005) Wind Turbines – Part 12-1: Power Performance Measurements of Electricity Producing Wind Turbines. IEC 61400-12-1 Edition 1.0, December 2005.
[10] http://www.ecn.nl/units/wind/rdprogramme/aerodynamics/projects/dowec. Accessed 11 May 2010.
[11] WindStats Newsletter. William Canter (ed.), Knebel, Denmark, http://www.windstats.com/index.php?id=8. Accessed 11 May 2010.
[12] LWK. Wind Energie. Praxisergebnisse. Eggers, W. (ed.), Landwirtschaftskammer, Schleswig-Holstein, Rendsburg.
[13] Spinato, F. (2008) The reliability of wind turbines. PhD thesis. Durham University, England, November 2008.
[14] http://www.supergen-wind.org.uk. Accessed 11 May 2010.
[15] Wilkinson, M., Hendriks, B., Spinato, F. *et al.* (2010) Methodology and results of the Reliawind reliability field study. EWEC 2010, Scientific Track, Oral Presentation.
[16] Henderson, A.R., Greedy, L., Spinato, F., and Morgan, C.A. (2009). Optimising redundancy of offshore electrical infrastructure assets by assessment of overall economic cost. European Offshore Wind Energy Conference, Stockholm, Sweden, September 2009.
[17] Cockerill, T.T., Harrison, R., Kühn, M. and van Bussel, G.J.W. (1998) *Opti-OWECS Final Report*, Estimate of Costs of Offshore Wind Energy at European Sites, Vol. 3, Institute for Wind Energy, Delft University of Technology.
[18] Bossanyi, E. (2010) Bladed Theory Manual. GL Garrad Hassan document, 282/BR/009, issue 20, October 2010.
[19] Øye, S. (1999) FLEX 5 User Manual. Lyngby, 1999.
[20] http://wind.nrel.gov/designcodes/simulators/adams2ad/.
[21] http://www.simpack.com/.
[22] Lessandro, E.O., Garciano, L. and Takeshi, K. (2010) New reference wind speed for wind turbines in Typhoon-Prone areas in the Philippines. *Journal of Structural Engineering*, **136** (4), 463–467.
[23] Thomsen, K. and Sørensen, P. (1999) Fatigue loads for wind turbines operating in wakes. *Journal of Wind Engineering and Industrial Aerodynamics*, **80** (1–2), 121–136.

第10章 评估方法

10.1 主要的评估问题

围绕风能技术创新性的评估关键的问题主要如下：

- 创新案例；
- 致命缺陷分析；
- 功率、转矩；
- 能源、负载和成本比较的典型基准。

在第一种情况中，必须提出一个有潜在收益的观点作为创新的动机，而不仅仅是采用临时的方法："这里有一个新的想法，让我们尝试一下"。在逐步的各阶段中，评估将解决争论是否可能是有效的这个问题。第一步是要问在系统概念中是否有任何明显的不健全之处（见随后的10.2节）。

基于从中心轴输出功率的气动叶轮的标准概念，对任意风力发电系统进行评估主要考虑：

1）影响主值能量输出的功率性能（见10.3节）；

2）影响传动系统的重量和成本的轴转矩（见10.4节）。

功率—转矩评价为垂直轴风机（VAWT）所面临的挑战点亮了一盏明灯（见第13章）。这也表明了在对Carter风机的概念进行评估的例子（见10.8节）中，一个非常简单的概述评估如何清理对系统质量带来主要影响的混乱。

正如之前所讨论的（见0.6节），在评价一个含有创新的组件的创新系统或标准系统时，开发一套可比较的基准设计，可对许多因素进行比较（能源、可靠性、负载、质量、成本等），是非常有价值的。

10.2 致命缺陷分析

每当有一个风机的创新被提出，第一层次的检查是要满足基本概念是站得住脚的，不要像一些永动机那样，与既定的物理定律冲突。例如提出在列车或其他车辆上安装风机的，应当明确指出，在没有自然风条件的地方，无论被提取的是什么能量，只能以牺牲能量为代价给汽车提供动力㊀。然而只有很少的创新是从概念上提出的，这显然是站不住脚的。

给定一个概念，它首先从概念上应该是合理的，下一步以其实现的方式来寻找致命的缺陷。

考虑一个例子，以一个旋转的尖端部分形式存在的叶片顶端制动器，当叶轮由于失去了电力负荷进入超速状态时，它将由离心力的过剩而动作。通常尖端部分是由一个强大的弹簧固定在位，只有在 20% 或 30% 超速时由于过度的离心力向外移动。它也能在螺旋轨道中转过 90°对气流提供高阻力，从而作为一个强大的气动制动。这个基本概念是非常合理的，自 20 世纪 80 年代以来已用于失速调节风机的设计。

然而，当叶尖被激活时，它是有效的，会明显降低叶轮转速。离心力会相应减少，那么弹簧可能使得叶尖回到 0°位置。然后系统通过多次超速、速度降低之后叶尖展开及叶尖回缩发生振荡。这可能会导致疲劳失效，在这种情况下，可能会得出结论，叶尖制动的概念是合理的，但在这种特殊的实现方式下它有一个致命的缺陷。解决方案中包括一个锁定装置，以防止叶尖回缩，但它可能需要手动干预释放锁定，在电网故障清理后，才可以恢复正常运行。在一些仍然使用这种制动的现代设计中，这个问题已完全解决了[1]。

10.3 功率性能

提供整体的概念从物理上分析似乎是行得通的，一个创新的风机设计最初主要侧重于功率性能。无论所提出的技术有何优点，与风机的现有技术水平相比，在能量捕获方面，它不能过多的低于一般市场价格以占据很好的成本效益机会。无论在所谓的能量捕获和成本还是维修之间进行任何不寻常的权衡，功率性能必须用合理的信心得到量化，以对能源成本（COE）降低的潜能进行明确的评估。

10.3.1 贝兹极限

一般来说，如果一个风机基本上在开流中比现有技术水平的传统状态下更接近贝兹极限，或超过它，这是有理由解释的，这发生在新的 Enercon 叶轮设计引入之后。最初持怀疑态度的行业很可疑地宣称叶轮功率系数测量值超过 0.5[2]，

㊀ 此问题的一个更微妙的版本是，一个潜在的客户建议当火车穿过隧道时从通过泄压通风孔的气流中提取能量。再者，火车给隧道内的空气加压做功，风机从通风口气流中提取能量的阻力仅仅需要火车在穿过隧道时做更多相应的功，消耗更多的燃料。

但功率性能的测量值却逐渐变得令人确信起来。正如经常发生的行业热点话题，RISø DTU 在寻求改进性能的解析解释。它们认为 Enercon 叶片弯曲的顶端，虽然没有像扩散器那样产生额外的流量，不过有利地抑制了叶尖损失[3]。同时，人们也发现，与标准叶素动量（BEM）理论（见 1.13.3 节）矛盾的是，风机叶片的根部附近可能存在负诱导。可以推测，大型轮毂锥与 Enercon 叶片表面之间精心设计的界面可以利用这一点而获得收益。Johansen 等人发表的一篇有趣的论文[4]表示在轮毂区域通过改善气动设计具有提高性能的潜力。

关于在开流叶轮中提取能量时贝兹极限的严格理想的限制程度，人们展开了激励的辩论，这一点在 1.4 节曾涉及。考虑到已在风力发电机组测量的性能水平和与翼型阻力和尖端效应已知有关损失，贝兹极限作为开流叶轮性能的一个上限如果太低，似乎不可能。如 1.5 节所讨论的，产生额外的流量通过旋翼平面的风机可以合理地超过贝兹极限。这可能通过在风机中安装扩散器实现，但也存在其他可能性。

例如法国 Nheolis 公司[5]，得到法国国家航天研究中心（ONERA）和法国国家科学研究中心（CNRS）的支持，开发了几个小型风机，宣布它们的设计具有高性能。它们沿勺形叶片（见图 10.1）的径向流扩展了尾翼的作用，就像扩散器创建了一个低压核，并产生了额外的质量流量流过叶轮系统。

图 10.1　Nheowind 3D 100 型风机。Nheolis 公司授权发表

具有创新理念的发明者吸引了一些投资者的兴趣，但在早期阶段没有获得大量的资金。在资源有限的条件下进行功率性能的测量，也许受现场复杂地形的影响或在各种风向所到之处的障碍物都留下了不确定性因素，这不完全符合建议的做法。通常，这只能在某一个阶段时，将带有好的仪器的风机安装在更好的场所，通过更严格的测试得到充分解决。因此，创新设计的性能评估需要了解任何不寻常之处的理论基础，以及进行测量的地方、仪器和结果的严格考评。还有一个关键问题是有效的控制。

一个新的风机的概念可能是合理的，并且功率性能测量结果完全有效，但也有可能显示出非常差的性能水平，因为在风速低于额定值时，风机并没有得到有效的控制，使其接近其峰值 C_p。

为了从更广泛的角度考量风能提取时能量的变化，现在考虑与能源相关的一些条款。

10.3.2 风机的压差

众所周知，空气压力非常小的变化可能与非常响亮的噪声有关。在风机的声学背景下，Zhu[6] 发现：

> 问题出现在利用标准 CFD 程序解决气动声学问题……由于非常小幅度的波。当噪声水平达到 100dB……波动声压的幅度比环境大气压力小 10^{-4}。

可能更令人惊讶的是，或大或小的所有的风机的能量提取过程均是基于不太大的压差。假设一个风机在 8m/s 风速的最佳工作环境下运行，那么从表 1.1 中可以看出，能量提取所依靠的叶轮上的压差为

$$\Delta p = \frac{4}{9}\rho V_0^2 = 35\text{Pa}$$

此压差大约在标准大气压（101325Pa）下为 3.5×10^{-4}。

10.3.3 气流中的总能量

在风机的分析中，通常的假设是，只有动能和压力能是相关的。尽管如此，关于风机的概念已提出要求利用其他能源，包括热能。

莫斯科的 Arter 技术公司研发了一种管道风机（见图 10.2），其管和叶轮设计与燃气轮机的设计理念非常相似，它们认为，热能交换在系统性能方面起到了重要作用。伯努利形式的热力学能量方程（二维压力）可以扩展到包括这样的项目。忽略化学能和磁能，方程变为

$$p + 0.5\rho V^2 + e + \rho gh = \text{常数} \tag{10.1}$$

式中，e 是单位体积的内能。

在浸于相对较浅的水中的潮汐涡轮机，其重力势能项 ρgh 是不能忽略的[7]，

图 10.2　Arter 技术公司的风机样机。Arter 技术公司版权所有，并授权发表

水的自由表面会被抑制在风机的尾翼附近。基于 Magnus 效应的 Chiral 风机[8]声称，它们从大气重力势能中提取能量，并且已有一些系统用于提取热能。

开流中的标准风机如第 1 章的分析，但是还应包含热能项。式（10.1）（忽略了重力势能的能量）可用空气的比热 γ 重新阐述为

$$\text{对于旋翼平面的上游：}\frac{\gamma}{\gamma-1}\frac{p_0}{\rho_0}+\frac{1}{2}v_0^2=\frac{\gamma}{\gamma-1}\frac{p_{1u}}{\rho_1}+\frac{1}{2}v_1^2 \tag{10.2}$$

$$\text{对于旋翼平面的下游：}\frac{\gamma}{\gamma-1}\frac{p_0}{\rho_2}+\frac{1}{2}v_2^2=\frac{\gamma}{\gamma-1}\frac{p_{1d}}{\rho_1}+\frac{1}{2}v_1^2 \tag{10.3}$$

式中，下角 0、1、2 分别表示迎风的源流、旋翼平面和远尾的位置；p_{1u} 是上游侧在旋翼平面上的静压力和下游侧旋翼平面上相应的静压力。接着考虑理想无黏、绝热运行的情况，周围风速为 9m/s、在叶轮平面是 6m/s、在远尾翼端是 3m/s，旋翼平面的温度变化可计算为 $T=0.125℃$。每千克质量流量的动能变化是

$$0.5(V_0^2-V_2^2)=0.5(9^2-3^2)=36(\text{J/kg})$$

指定恒定体积下空气的比热 C_V，内能的变化为

$$\frac{C_V \Delta T}{\rho}=\frac{714\times 0.125}{1.225}=73\ (\mathrm{J/kg})$$

这几乎是令人震惊的升值，有两倍多！考虑到任何一种运行于一定程度温差的热机均具有极低的卡诺效率，如何利用这一点作为风机做的功还不明显。不过在 Scerbina 的创新设计中[9]，包括了一个多叶栅取代单个叶片的垂直轴叶轮，有人认为，其能量的一部分可用于做额外的功。

10.4 传动系统转矩

约40%的风力发电机组的成本通常与传统的传动系统（见表9.1）有关。对于任何给定的额定功率和叶轮直径，传动系统的转矩水平是由设计尖端速度的选择确定的。那么额定转矩的计算是基本的，但许多重要部件对重量和成本的影响却是深远的。很明显还应考虑创新的功率输出选择能力（见6.10节）、高速叶轮（见7.2节）、卡特概念（见10.8节）和水平轴风机（HAWT）与垂直轴风机的比较（见13.4节）。

10.5 典型的基准

现在考虑有一定程度创新的风机系统的评价。创新的内容可能会被隔离在单一的组件中进行，如变速器或更广泛的组件。在对一个新概念进行评价时，需要先确定一个典型的基准风机，通常应尽可能接近风机的新概念。这通常包括叶轮直径和发电机额定值的匹配，必须特别注意的是对一些新概念从不同方面进行优化，并从常见的额定功率和叶轮直径之间的关系出发提出逻辑上的要求。因此，很难确定一个合适的基准的详细规则，因为这很大程度上取决于具体的创新和评估的范围。

关于创新的价值的相关问题始终是，与什么相比？基准系统选择的指导原则是，该系统如下：

- "现有技术水平"，这很容易，但声称（除非是不负责任的营销）某一创新相对于一个系统的子标准进行了20%的改善是没有价值的；
- 主流并因此被证明了其可行性；
- 在显著参数方面尽可能做好创新系统的匹配，如叶轮直径、额定功率、运行方式、设计场合分类等；
- 在负荷、成本等方面具有很好的特性。

在创新系统第一项分析的前提下基准是一个适当规模的主流风机，它可能符合表9.1所列典型的成本分摊数据。根据初步分析的可承担水平，可能需要根据相关标准，利用现有的叶素动量软件，更严格地评估或计算负载。任何真正的商业风机的详细数据一般是不可用的，基准风机可能需要创建为一个大体上符合这样设计的模型。有时候，合适的参考风机，例如美国国家可再生能源实验室（NREL）的5MW风机[10]是风能机构在公共领域创建的，基本上用于研究和发展比较的目的。

10.6 设计负荷的比较

创新的风力发电机组与常规基准系统理想的比较原则上会涉及新系统所有主要设计变量的重新优化以最小化能源成本。一般来说，这样实施起来太复杂了，为使比较尽可能清楚，该方法应尽可能多地保持创新系统和基准系统的相似。在考虑一个具体的例子时，这是最好的理解。

假设有一种新的智能控制策略，或有一种更好的叶片设计可以使叶轮直径增大5%而不超过基线设计的原始载荷包络线。首先应该注意的是，这很少是全面严格真实的。如果新的叶轮更具成效（如果不是便没有必要了），那么随之很有可能会吸引更多的边缘叶轮疲劳载荷。然而这可能是主要的倾覆力矩，叶轮推力负载和其他系统负载不超过基准。

用最简单的比较策略，令所有系统中的叶轮下游都保持相同（因为它们没有显著的负载增加），因此成本相同。叶轮叶片，可能的变桨距系统和/或轮毂的成本调整根据负载或设计变化进行适当的调整。经更大叶轮产生的额外能源将允许与基准在能源成本上进行比较。不过，有一个问题。如果叶轮直径增大了5%，那么设计者必须保持叶轮轴的转速从而将设计尖端速度增加5%（这意味着增加了噪声辐射）或在保持设计尖端速度之间做出选择。保持尖端速度是逻辑上最一致的方法。但这将意味着叶轮轴的转速下降5%，因此传动比要发生变化并且额定传动转矩水平也应增加5%。继续进行讨论，如果尖端速度5%的增加是可以的（这是绝大多数制造商所做的，因为它们不希望修改传动系统组件或使之超载），那么为什么原始设计时没有运行在更高的速度和更低的转矩，从而节省传动系统的成本？

因此，如果前端速度增加，使轴速保持不变，那么把所有因此产生的能源成本降低贡献在改进的叶片设计或更智能的叶轮控制方面是错误的。但也可能这样，如果控制策略在能量捕获方面更主动，那么将会增加一些负载，并要求机舱结构和成本小幅增加以适应负荷的增加。还有可能是这种方法有更大的净收益，至少从新设计的角度看它可以进一步降低能源成本，而不是对现有设计权宜之计的适应。然而这样评价起来更复杂，而且根据设计研究阶段所分配的资源，简单的比较策略可能是最合适的。即使结果不是最优、能源成本效益没有充分评估，正如先前所观察到的，简单的比较应该显示（或不显示）出足够大的收益来证明创新的破坏。

在某些情况下，特别是直径更大的叶轮，也是一般情况下，限制额定风速附近叶轮推力和叶片弯曲载荷是可取的。这可通过在额定风速到来之前有计划地引入一个微小的间距变化实现。减少推力时，功率也减少，但总体权衡可能是有益的。在风机创新的情况下，与基准相比，这种推力限制策略可用一种保持负载大致相同的方式，还有助于比较。

图 10.3 显示了如何通过逐步使叶片变桨 2°直到风力高达接近额定风速，从而限制高速叶轮的稳态推力（见 7.2 节）不超过标准的速度基准设计的推力限制（被比较的是 3MW、100m 直径的设计）。尽管这种比较仅考虑稳态载荷，但平均而言可以期望正常运行时的峰值动态负载与额定风速时的最大稳态负载联系起来。

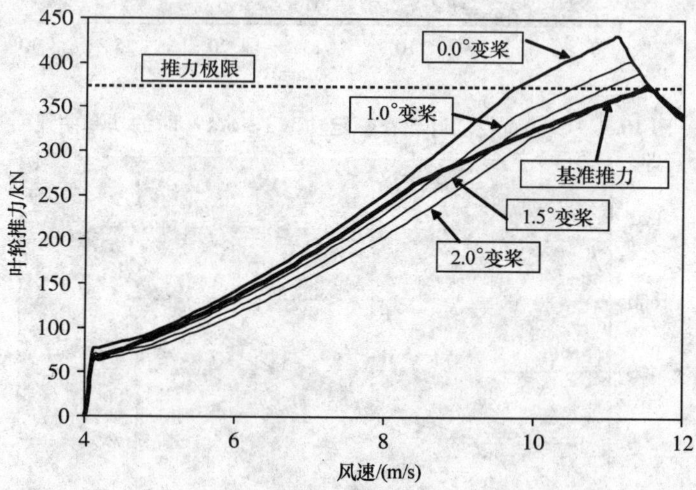

图 10.3　推力限制策略

10.7　评估举例：风机的最佳额定功率

能源成本评估方法的概述也可启发一些共性问题，正如下面的例子所述。

在风速比年平均风速大 50% 左右时风机功率往往会受限的原因在 9.2 节中进行了定性解释。现在再以一种定量的方式进行检查。

图 10.4 绘出了 65m 直径的叶轮功率曲线。在 11m/s 风速时 1MW 的等级可能是非常典型的，然而高达 5MW 的等级也在被进行探究。关于叶轮和传动系统效率有各种假设。假设最大值 C_p 为恒定的 0.5 时，叶轮运行于理想变速模式。在所有额定功率等级，假设发电机是双馈感应型发电机（DFIG）并具有依赖于

部分负荷（见图6.7）的效率特性。其影响是功率等级越高，部分负荷分数以及任意给定（低于额定值）的风速下相关系统的效率均越低。图10.3中功率曲线的一部分通过放大快照的形式（见图10.5）画出。图10.4中的曲线不是单独确定的，但是输出功率随着传动系统等级在1～5WM增加而下降。

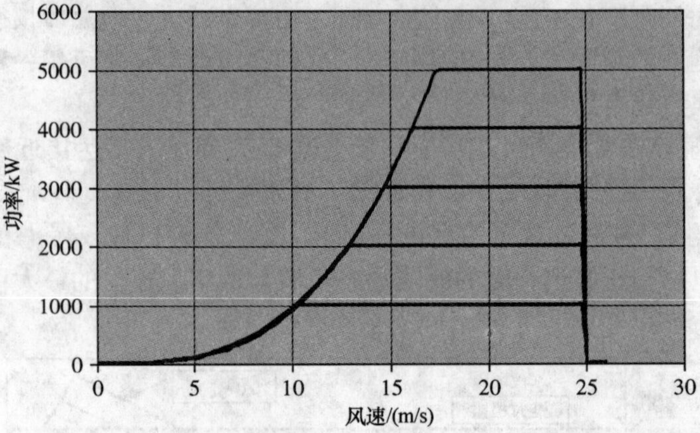

图10.4　65m直径的叶轮在额定功率1～5MW时的功率曲线

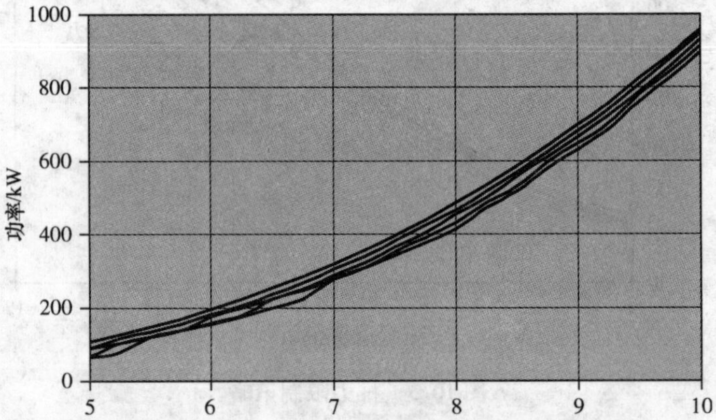

图10.5　低于额定风速时选定区域的功率曲线

基于表9.3的成本分数数据估算了全生命周期成本随额定功率的变化而发生的变化（见图10.6）。这种成本的变化是对1MW标称额定值时成本的比率。假设表9.3中不同的元素随着额定功率的变化而变化，并且独立于额定功率。电力电子技术明显随着额定功率密切地按比例确定。变速器成本也是这样，因为其转矩等级将随着额定功率正比例提高[⊖]。提高2个等级也会由于额定功率水平附近

⊖ 只有当功率单独被缩放时这才正确。在用相似性进行缩放时，直径也会增加，而且变速器随着转矩缩放，但现在是直径的三次方而不是二次方。

的额外疲劳而影响叶片成本，不过这被认为是按小于功率的规律缩放，并且假设是随着功率的二次方根而变化。没有必要说这些假设粗糙，但它们具备一些理性依据并允许得到一些解释，这里没有余力做更完整的研究，因为功率等级各不相同，这将重新评估所有的设计负荷和成本影响。

然后整体成本就合理地随着额定功率几乎呈线性变化（见图10.6）。由于运行于最有生产力的风速中时与很低的部分负荷相关的效率相对较低，能源（基于假定的年平均风速7m/s）随着额定功率等级而增加，最终保持平稳，甚至下降（见图10.6）。在1~1.5MW等级的范围内能源成本会出现最小值。虽然此分析不能用于精确选择最佳功率等级，但它启发了所有的关键问题。

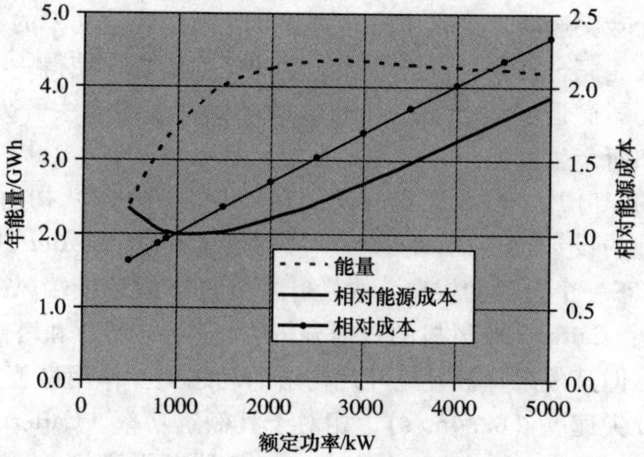

图10.6 能量及能量成本

上述分析原则上可以推广到海上风机的情况。特别是海上电力系统的成本（不超过及超过风机本身），其全生命周期成本比例将比陆上的情况大得多。因此，可能随着功率等级调整为更大的叶轮直径。现实中这是不会发生的（例如，Snel在文献［11］中所提出的观点，尽管这场争论肯定已经被注意到了），直到Vestas最新设计的7MW V164问世（2011年4月）。在额定功率7MW时164m的叶轮直径表明具有330W/m^{2}的特定叶轮载荷，低于400W/m^{2}左右的工业平均值。此外，这与11m/s的设计年平均风速有关，并且结合高的年平均风速下特别大的直径考虑，这与在陆地上的正常做法正好相反。这种设计也有很高的叶尖速度（104m/s），正如对适合海上风机设计所提的建议（见第7章）。

较大的叶轮直径不仅影响风机的成本，而且也可能会影响基础成本，这也是海上风场总成本非常重要的组成部分。因此，有必要对与海上风机概念（随海底条件和水深而变化）相关的负载成本进行详细的建模，以确定海上最佳等级。

10.8 评估举例：Carter 风机和结构的灵活性

与欧洲主流设计相比，20 世纪 80 年代出现了一些较轻的美国设计。它被表述为[12]在微风中弯曲的“美国柳树”，从而与更坚硬的“欧洲橡木”相比。因此，80 年代和 90 年代美国轻量化设计的主要秘诀是结构的灵活性。灵活的叶轮和塔架很明显可以为系统减少负载，减少对材料的需求，从而降低了成本。事实上对一个顺风高速叶轮的分析（见 7.2 节）也强烈地印证了这一点。然而，虽然重量轻往往归因于结构的灵活性，但 80 年代美国设计轻量级产品的一个主要原因是它们有很高的叶尖速度，因而有相对低的转矩设计。欧洲设计开始保守的采用较低的设计叶尖速度，这是由失速调节叶轮限制峰值功率的需求驱动的。随后，对噪声的关注完全抑制了设计叶尖速度的任何增长，使得一些销售高叶尖速度设计的欧洲公司撤退到设计 60 ~ 65m/s 的叶尖速度或者去开发一定程度的变速系统，以调和所产生的噪声，特别是在低风速条件下。

一个创新的双叶片、顺风风机的设计在 20 世纪 80 年代初由 Jay Carter 开发出来。这种类型的设计仍由 Matt Carter[13] 在继续研发。Carter 300kW 的设计是“美国柳树”形态一个合理的候选。柔性叶片允许在设计极端风况时叶尖旋转约 60°。然而对一个 Carter 300 风机的数据分析[14]显示，叶片和塔的灵活性缓解了极端结构载荷，但其效果却被叶轮叶片与塔的动态交互作用显著降低。除了具有相对高的设计叶尖速度（82.4m/s），相对于其额定功率，Carter 300 有特别小的叶轮直径（见表 10.1）。这在图 10.7 中，从各种商用风机的通用数据与 Carter 设计的比较得到了证实，其中功率密度定义为额定功率与叶轮扫掠面积的比率。

Carter 设计在一些显著参数上是如此的与众不同，所以并行比较非常困难。在表 10.1 中列出了与传统的 300kW 电机相比，Carter 300 出现了非常大的质量减少（不是具体的某一个风力发电机组设计，而是基于来自欧洲的三叶片风机的平均数据）。如果在相同直径情况下进行比较，这些将少得多，但 Carter 设计仍然是明显有利的。然而一个 24.2m 直径的风机在典型功率密度 0.4W/m^2（见图 10.7）时额定功率仅为 184kW。

表 10.1 设计比较

	Cater	欧洲	比率
额定功率/kW	300.0	300.0	1.00
直径/m	24.2	29.2	0.83
叶尖速度/(m/s)	82.4	65.0	1.27
转矩/kNm	44.1	67.4	0.65

（续）

	Cater	欧洲	比率
轮毂高度/m	47.8	34.0	1.59
叶轮总质量/kg	1476	5000	0.30
机舱质量/kg	3600	10000	0.36
塔系统质量/kg	9995	20261	0.49
系统质量/kg	15110	35261	0.43

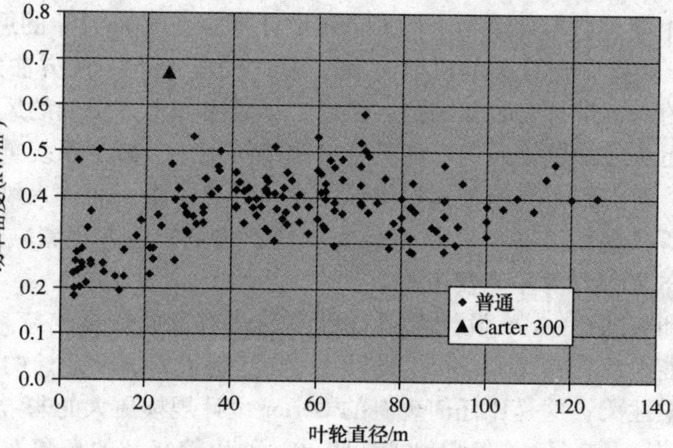

图 10.7　功率密度

表 10.1 显示当与典型的欧洲风机相比，额定转矩降低 35%，叶轮直径将减少 17%，轮毂高度增加约 40%。假设功率（低于额定风速时）随着直径的二次方和风速的三次方变化，并且将风切变指数的 $\alpha = 0.143$ 应用于平均风速时的轮毂高度，那么在 Carter 设计中塔高度的增加弥补了直径更小时的功率损失，但不充分。低于额定值的功率近似[⊖]用下列比率形式表示：

$$\frac{P_{\text{Carter}}}{P_{\text{European}}} = \left[\frac{24.2}{29.2}\right]^2 \left[\frac{47.8}{34.0}\right]^{3\times 0.143} = 0.79 \tag{10.4}$$

假设小叶轮、低 Carter 设计顶端重量以及张拉索支撑塔的概念，随着成本和质量的降低，允许整个系统的转矩降低。在第 9 章中已提出了对能源成本粗糙的初步评估建议，假设风机的资本成本是生命周期成本的 60%，场平衡和运维是剩下的 40%。Carter 概念中的能源成本效益可同单位能源成本时的欧洲基准相比较：

⊖ Carter 300 设计在能量输出方面存在进一步的不足，由于其功率曲线的形状造成了非常高的额定风速。然而 0.84 的因数仅考虑了在额定风速以下的功率，且仅适用于约 2/3 的能源输出。在粗略评估时，均假设这些影响忽略不计。

$$\frac{COE_{Carter}}{COE_{European}}=\frac{0.60\times0.65+0.4}{0.79}=1 \tag{10.5}$$

式（10.5）的计算结果这里不打算认真对待—只是一个指针，指示出可能一个小的轻量化叶轮的概念在高塔架对能量交易成本时，可能只与工作有关。然而其前提是 Carter 设计中更高的叶尖速度允许噪声辐射。如果较高的叶尖速度在设计现场是可以接受的，那么标准的概念风机也可以运行在更高的叶尖速度，从而摆脱转矩、重量和成本。根据式（10.4）和式（10.5）重新计算，用于相同叶尖速度的设计，转矩降低系数从 0.65 上升到 0.8（仅与更小的直径有关）。在式（10.5）中能源成本比率为 1 的 Carter 设计平价被改为 11% 的惩罚。

该 Carter 设计中轻量级的机舱有利于用"绞车上下"的方法来对可能降低场平衡成本的风机进行安装和维护。因此，尽管必须考虑更低的风机所需要的时间和设备，但从地面层接入仍可能具备一些维护优势。减少系统重量可缓解交通运输的压力。考虑到需要给张索提供锚固点，并且吊下来时进入风机需要一个稳定的空间，所以现场准备工作是否会减少尚不清楚。这些因素在式（10.4）和式（10.5）的简单计算中未曾考虑。

在美国和英国，Carter 设计希望有更多的政府资助资金支持其研究和发展。在英国，风能组织在其 WEG MS4 设计中[15]复制了 Carter 设计的叶片柔性，拥有一个内部柔性梁。这是比任何现有的 Carter 设计规模更大的非常成功的一项工程（600kW，41m 直径），但它也被证明是一种比较复杂的高弹性工程方法（而不是简单地使用较小截面的高强度材料）。因此，可以意识到在顺风结构下的柔韧性和载荷优势，但可能会增加而不是降低叶片成本。尽管 WEG MS4 成功地施展了其柔性系统的特性，但与 Carter 设计相比，其整体并未达到重量减少，这主要是由于最简单的可能性原因。它是专为欧洲市场可接受的叶尖速度（63m/s）设计的，因此具有相对较高的转矩额定值。

这里的评价是"信封背面"，一点都不严格，但非常令人受启发。在确定系统质量的结构柔性和转矩等级的定量作用方面，这不是一个明确的结论。考虑到带有大挠度拉线塔和叶片的 Carter 设计具有复杂的非线性动力学，结构上的柔性对系统质量的影响是不容易评估的。问题的主要观点是，当同标准的欧洲设计有相同的额定功率时，Carter 设计大大降低了转矩等级，质量的降低不能仅仅归功于结构的柔性。

10.9 评估举例：概念设计优化研究

GL Garrad Hassan 公司正在开展风机系统的成本建模，将其作为一种新的概念设计工具。此工具的作用是解决概念设计的决策问题，包括风力发电机组的优化配置，考虑关键设计变量可能的取值范围，并评估其对能源成本的影响。该模型是基于所有主要组件的简化的工程模型，其反过来又依赖于几个设计驱动负载的识别和负载本身的简化建模，包括负载的缩放趋势，如4.8节所述。随后对组件质量进行了评估，并将其与成本联系起来。这种建模对实现简化的目标非常具有挑战性，它捕捉了最重要的行为要素，而不引入不现实的影响。该模型被锁定到工程设计中进行考虑，因此是从地面向上建立的。在可能的情况下，可以避免使用经验趋势数据。然而对于成本—质量关系一些反馈对校准成本是必不可少的，并依据组件近似已知的相对成本，确保其结果是现实的，表9.1为成本分摊数据。

使用概念设计工具的研究考虑了逆风、三桨叶、桨距调节、典型运行方式下（切入风速3m/s，停机风速25m/s），具有玻璃叶片（碳除外）、变比为50的两极变速器传动系统和多极永磁发电机（PMG）的变速风力发电机组的设计。传动系统建模及其简化关系在6.9节中已讨论过，其中的一些关系来自详细的多极永磁发电机传动系统模型。考虑了表10.2中（共计525个风机设计中）参数变化的影响。风机的设计目标是将其用于一个相对深水的海上项目中年平均风速8.9m/s的位置处。采用了海上风场场平衡和运维的简化模型，该模型取得了一些基本的效果，如单位风机尺寸增加的同时降低了每MW安装的运维成本。根据表10.2的参数变化，风机（考虑在总额定容量500MW的大型海上项目的背景下）场平衡和全生命周期运维成本约等于全生命周期成本的份额，其变化正在被引入。

结果（见图10.8）出现在3个完全不同的月牙形组中，每一个分别对应于3个风机功率等级。按照表10.2中的5个叶尖速度范围对数据进行分类。很明显，最高的叶尖速度提供了最低的额定转矩和最经济的传动系统，一般会产生最低的能源成本。这一结果很不平常。特别是逆风设计时，叶片的柔性必须是有限的，更高的叶尖速度导致更细长的叶片以及在某些场合更高的压力，因而也更重、更昂贵。在这种相对较高风速的场合，最高的功率等级明显与最大的年度能源生产量相关。它还与最小的能源成本相关，这在每MW装机容量有很少的风机时，有利于场平衡和运维。以相对的形式对能源成本进行了表达，由此可见，所有参数的变化由一个相对于单位能源成本5%的范围所包围，根据额定功率6.5MW、直径138m、叶尖速度80m/s风机评估的首次设计，这是随机的。

表10.2 参数范围

	最小值	最大值	步长
等级/MW	6.5	7.5	0.5
直径/m	138	172	1
设计叶尖速/（m/s）	80	100	5

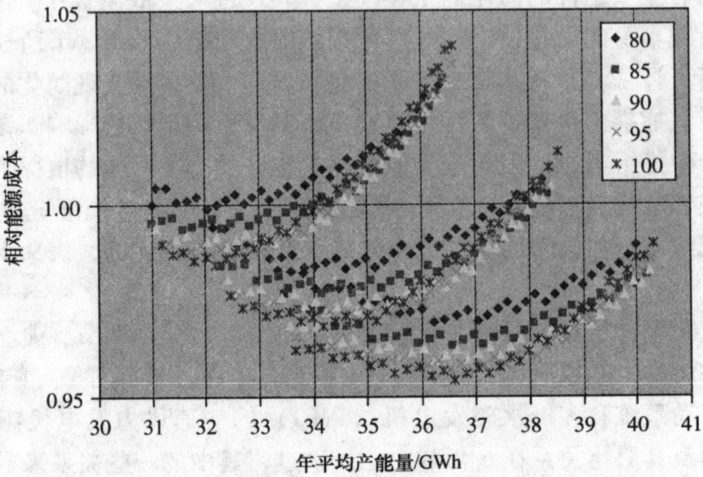

图 10.8 能源成本评估

整体最小的能源成本对应的参数设置为功率等级 7.5MW、直径 151m、叶尖速度 100m/s。该模型仍处于初步发展阶段。这些结果并不是最终确定的，但它们确实基于组件的工程模型，用成本建模的方式说明了一种合理的概念设计决策方法，并考虑了设计负荷的变化所带来的影响。

参 考 文 献

[1] 'The Nordex N60/1300 kW Wind Turbine and the 'Gearless' Enercon E-58'. http://crestdl.lboro.ac.uk/outside/studyWithCrest/caseStudy/wp03cs01.pdf Accessed April 2011.

[2] Considerably Higher Yields – Revolutionary Rotor Blade Design. WindBlatt, Enercon (3, 2004).

[3] Johansen, J. and Sørensen, N.N. (2006) Aerodynamic Investigation of Winglets on Wind Turbine Blades Using CFD. Report No. Risø-R-1543(EN), Risø National Laboratory, February 2006. ISSN: 0106-2840, ISBN: 87-550-3497-7.

[4] Johansen, J., Madsen, H.A., Sørensen, N.N. and Bak, C. (2006) Numerical Investigation of a Wind Turbine Rotor with an Aerodynamically Redesigned Hub-region.

[5] Nheolis 3D Wind Turbines. http://www.nheolis.com/en. Accessed April 2011.

[6] Zhu, W.J. (2009) Aero-acoustic computations of wind turbines. PhD dissertation, Technical University of Denmark.

[7] Whelan, J., Thomson, M., Graham, J.M.R. and Peiro, J. (2007) Modelling of free surface proximity and wave induced velocities around a horizontal axis tidal stream turbine. Proceedings of the 7th European Wave and Tidal Energy Conference, Porto, Portugal, 2007.

[8] Di Maria, F., Mariani, F. and Scarpa, P. (1997) Chiralic bladed wind rotor performance. Proceedings of the 2nd European & African Conference on Wind Engineering, Palazzo Ducale, Genova, Italy, June 1997, pp 663–670.

[9] Scerbina, A. (Inventor) (2009) Vertical axis rotor-type wind turbine. US Patent 0, 202,356 A1, Published August 2009.

[10] Jonkman, J., Butterfield, S., Musial, W. and Scott, G. (2009) Definition of a 5-MW Reference Wind Turbine for Offshore System Development. Technical Report NREL/TP-500-38060, February 2009.
[11] Snel, H. (2003) Review of aerodynamics for wind turbines. *Wind Energy*, Special Review Issue on Advances in Wind Energy **6** (3), July/September, 203–211, Wiley Interscience.
[12] Lynette, R. (1988) Comments in public discussion. BWEA 10, London, March 1988.
[13] Carter Wind Energy. http://www.carterwindenergy.com. Accessed April 2011.
[14] Quarton, D.C., Schw̃artz, H.U. and Wei, J. (1996) Monitoring and analysis of a carter 300 wind turbine. Proceedings of 18th BWEA Conference, Exeter, 1996.
[15] Armstrong, J.R.C. (1996) Progress with the WEG MS4-600 turbine. Proceedings of 18th BWEA Conference, Exeter, 1996.

第3篇 设计主题

第11章 最佳叶片数

11.1 能源捕获比较

叶轮的设计速度通常受噪声所限，并最终受翼型阻力限制。由式（2.1）可知，叶轮转速连同翼型设计升力又反过来决定了旋翼硬度。图1.10表明，因尖端损失减少，C_p 可达到的最大值随着叶片数而增加。然而在任何给定的总旋翼硬度下，更多的叶片数意味着更细长的叶片，这可能成为结构上的问题。因此多叶片叶轮趋向于要么是高硬度、低速度，如同在水泵上的应用一样，要么存在钢圈（见第18章）可以为叶片系统提供结构上的稳定性。虽然多叶片叶轮系统的最佳速度减小，而且 C_p 随着叶片数量的增加而增加（见图1.10），水泵应用中对高转矩的要求决定了一个次优设计速度，并将 C_p 值限制在0.3左右。

用于发出电功率的大型风机要求有相对较高的运行速度以高效运行（设计叶尖速通常范围为60~80m/s），因此硬度相对较低（约为5%）。这样的风机已经几乎仅有一片、两片或三片叶片。

评价一片、两片或三片叶片叶轮的优缺点非常具有挑战性。每种对于轮毂的总体设计、机械的动力学性能和运行策略都有着完全不同的影响。依据叶轮功率系数特性考虑首次能量捕获的问题。

图11.1可由式（1.61）推导而来。假设峰值升阻比为120的翼型，作为可能是有代表性的技术发展的最新水平，对于任何给定的叶片数目及相关的最佳尖速比，C_p 的整体最大值（基于1/3的均匀轴向感应）得以表示。

对于一片、两片或三片叶片的叶轮，C_p 最大预测值分别是0.46、0.485和0.50。以整数表示，对应的最佳 λ 值分别为14、11和9。历史上，一片、两片或三片叶片的叶轮均设计运行在完全不同的最大叶尖速。一般情况下，单叶片和双叶片叶轮比三叶片叶轮运行的叶尖速度更高，但单叶片叶轮比双叶片叶轮或任何与图11.1中数据一致的设计都具有更高的角速度，此逻辑很少被注意到。例如，γ60 双叶片风机[1]具有相当高的 138m/s 的叶尖速。

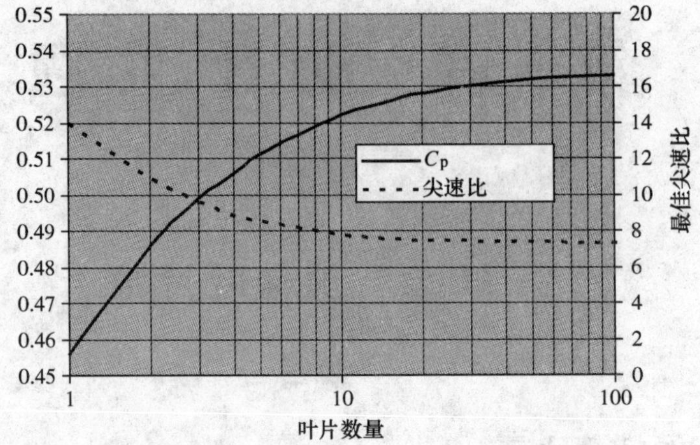

图 11.1　升阻比为 120 时的最佳叶轮性能

目前，三叶片叶轮被非常恰当的进行了设计使其接近最优设计值 λ，典型设计尖速比的值在 9 左右。然而由于噪声排放的原因，以最佳方式设计一个双叶片或单叶片叶轮意味着比目前可接受的（至少在欧洲以土地为基础的风场）更高的设计叶尖速度。如果基于噪声受限制较少的原理，安装单叶片和双叶片被认为是海上风场的选择，那么单叶片叶轮会有更严重的能量损耗。这与低于额定风速的功率等级有关，对于直径相同的三叶片叶轮额定风速超了不到 8%。虽然带有双叶片叶轮的理想功率损耗比三叶片更容易达到临界，但是它也不应该被忽视，因为可能具有如某些双叶片叶轮（所谓的以更简单的形式安装的叶轮）的潜在收益一样的重大经济性，经过长时间的讨论，这通常隐约可见更大规模的风力发电机组。

如果设计 λ 被设定为 9，那么单叶片、双叶片和三叶片设计可能因具有相似的额定叶尖速和相似的噪声排放而在陆地风场进行竞争，单叶片和双叶片叶轮更明显处于次优，相关的最大 C_p 值［基于式（1.61）］分别是 0.44、0.48 和 0.50。

11.2　叶片设计问题

现在考虑叶片设计、叶片质量和叶轮质量的问题。任何给定的设计尖速比，在相似的叶片翼型、叶片材料和结构概念情况下，运行速度、硬度，进而以及单叶片、双叶片或三叶片叶轮的总叶片表面积将是相似的。

假设，单叶片叶轮的设计叶片弯矩是大小为 M 的外平面弯矩，并且在某些被选定的径向位置上弦宽是 c_1。那么，一片等效于 n 个叶片叶轮的叶片，其设计力矩近似为（忽略尖端效应）M/n。得出此结论是基于根本的假设，即最佳叶轮是依据有着相似的翼型选择、几何和结构相似性及相等的整体叶轮负载进行设计的。因为所有的最佳叶轮均具有相同的正压力力系数，倘若运行负荷占主导地位，那么相同的叶轮载荷是一个明显合理的假设。

同时，如果总的叶轮强度及总投影平面的面积相似，那么在任何有代表性的剖面部分，n 叶片叶轮的弦宽是 $c_n = c_1/n$。这样，相关的截面模量 Z_n 便正比于剖面厚度和盖梁宽度的二次方。如果剖面几何相似，翼型剖面的厚度和盖梁宽度将依次与弦宽成正比。基于这些假设，n 叶片叶轮剖面的应力为

$$\sigma_n = \frac{M}{nZ_n} = \frac{k_0 M n^2}{c_1^3} \propto n^2 \text{（}k_0\text{ 是常量）} \tag{11.1}$$

因此 σ_n 比单叶片叶轮的叶片应力 σ_1 大 n^2 倍。这样单叶片的设计很明显在结构上是最有效的，本质上是因为所有安装的叶片表面积都是单一的。

然而，考虑一个更现实的方案（可能是海上风场），其中一片、两片和三片叶片的叶轮均按照各自的最佳尖速比进行设计。同样假设的一片、两片和三片叶轮的叶片表面几何形状类似，但盖梁内部厚度由平衡表面的弯曲应力确定。回顾式（1.51），最佳弦宽与设计尖速比 λ_n 和叶片数 n 的二次方成反比，同时还假设，帽梁的内部厚度 d_n 与翼型剖面深度相比很小，很显然：

$$\sigma_n = \frac{k_0 M}{n d_n c_n^2} = \frac{k_0 M n}{d_n c_1^2}\left\{\frac{\lambda_n}{\lambda_1}\right\}^4 \tag{11.2}$$

n 叶片叶轮的所有 n 个叶片的质量 m_n 可以表示为

$$m_n = k_1 n \rho R c_n d_n \propto n\left\{\frac{\lambda_n}{\lambda_1}\right\}^2 \tag{11.3}$$

式中，ρ 是平均叶片密度。

三叶片叶轮的 3 个叶片和两叶片叶轮的 2 个叶片质量比由式（11.3）预测的结果是 1.06，且在同一设计叶片弯曲应力下、运行在最佳尖速比的一片、两片、三片叶片的叶轮在表 11.1 中进行了比较。表 11.1 的最佳尖速比是根据图 11.1 得出的。推导表 11.1 所依据的假设是，叶片的主要结构单元是用一个简单盖梁的梁（见图 3.4）表示。所有的叶片被假定具有相似的外部几何形状。因此，梁的深度（等效翼型厚度）和宽度假定与桨叶剖面弦宽成正比，但帽内部厚度变化是必要的，以维持一个恒定的压力。

表 11.1　叶轮质量比较

叶片数	1	2	3
最佳 λ 值	14	11	9
弦宽比	1.24	1.00	1.00
梁厚比	1.95	1.49	1.00
叶轮质量比	2.42	2.99	3.00

在这些情况下，n 叶片叶轮的弦宽 $c_n \propto \frac{1}{n\lambda_n^2}$，盖的厚度 $d_n \propto n\lambda_n^4$。因此，由于叶轮直径和叶片长度均假定是相同的，n 叶片叶轮的盖梁质量（假设与叶轮质量成正比）与 nc_nd_n 成正比。

在表 11.1 中，为了便于比较，弦、梁厚和三叶片叶轮其中一片叶片的质量均被设定为单位值。注意，两叶片和三叶片的设计看起来有相同的弦宽，这是式 (2.1) 的结果。对于两叶片设计，$B\lambda^2 = 2 \times 11^2 = 242$，而对于三叶片设计，$B\lambda^2 = 3 \times 9^2 = 243$。然而，两叶片叶轮中每个叶片的载荷要高 50%，并且需要额外的内部结构。因此叶轮质量几乎相同。单叶片叶轮的叶轮（叶片）质量肯定是最小的，但这没有考虑平衡重力的需求。

很显然，在现实生活中对一片、两片、三片叶片叶轮的详细设计进行比较，有计划的载荷可能非常明确地与运行策略的细节有关，并且对于每一项设计都会出现在不同的负荷情况下。结构的解决方案可能也不会非常相似。此外，在一般情况下还需要考虑挠度以及应力，尽管可以表明，对于所描述的挠度限制，质量与 $(B\lambda^2)^2$ 成正比也导致两叶片和三叶片叶轮有着相似的质量。尽管所推断的叶片质量评估不应该因此而要求太严格，但是看上去按各自最佳的尖速比而设计的两叶片、三叶片叶轮有着相似的叶轮质量（见表 11.1）。这当然对现在仍在用的一般假设提出了挑战，比如两叶片叶轮在比值 2/3 时普遍比三叶片叶轮轻。

两叶片叶轮已被建议用于海上风场。尤其是在结构能力受水深严重影响的外部结构情况下，更大的叶轮（与所定义的额定功率相关）也许会受到支持。所隐含的更低的特定叶轮载荷可能对于提高容量因子并优化利用昂贵的电气基础设施是非常适合的。在那种情况下降低的额定风速相关联的是相对更大的叶轮直径，这将增加满额定功率运行的比例，而且相对三叶片而言减少了两叶片叶轮的能量赤字。安装和维护，连同运输可能带来的好处，都可为两叶片叶轮的选择提供充分的理由。

11.3 运行和系统设计问题

在非常高的风速下关闭风机是很正常的，以便从结构上保护它们。如果对叶轮进行失速调节，它可通过机械制动停机并锁定在一个固定的位置。叶轮转矩极值（也许出现在 50 年一遇的阵风时）可以达到非常高的程度以致风机的设计者可能决定接受出现罕见事件的可能性，这样叶轮将瞬时滑移制动而不需付出过多的制动容量。然而，最常见的是叶轮将被允许空转，即可以自由地旋转，但应将叶片定于很高的角度以防止叶轮速度超过几 r/min。

应设计相应的停车策略，以避免在极端的风力条件下尝试正常运行将产生的更高的叶片负荷和塔架负荷。由 1.5 节可知，以最佳方式运行的叶轮将具有一个正压力系数 $C_t=8/9$，重负荷运行的叶轮［见式（1.79）］可能会经历正压力系数高于单位值的情况。当叶片在工作位置（所谓的失速调节叶轮）处叶轮停止或速度非常低时，正压力系数降低到与叶轮强度相对应的水平，约为 0.05，是典型的大型风机的 20 倍。变桨距调节叶轮的叶片在空转位置时，正压力系数仍会进一步降低。

单叶片的设计允许采用独特的停车策略（见图 11.2）—顺风停车使叶片被保护在塔后或者将单叶片作为风向标的侧向停车—这可能使暴风雨对载荷的影响最小化。然而这些策略方法取决于能够使被选择的停泊叶片的位置处于安全状态。

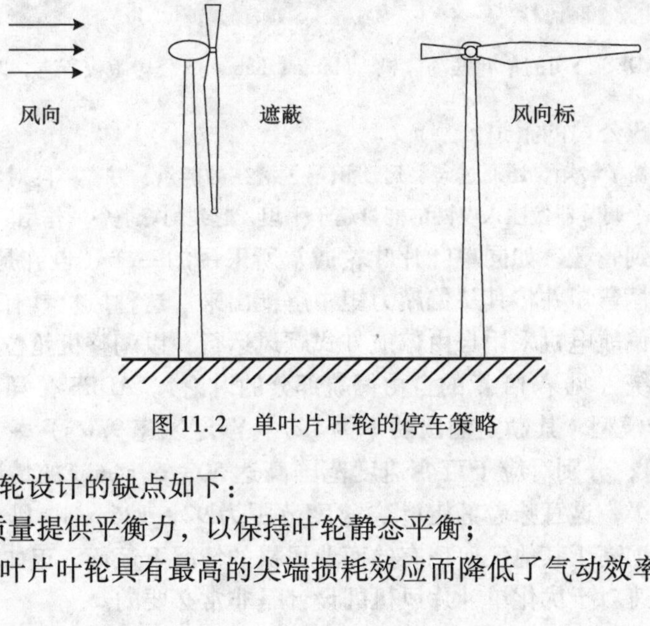

图 11.2 单叶片叶轮的停车策略

单叶片叶轮设计的缺点如下：

- 附加质量提供平衡力，以保持叶轮静态平衡；
- 由于单叶片叶轮具有最高的尖端损耗效应而降低了气动效率（如 11.1 节中所讨论的）；
- 通常复杂动力学需要将叶片铰接到主轴，以缓解荷载。

Riva Calzoni、Aeroman、Messerschmidt 及其他人设计的单叶片叶轮具有太高的叶尖速，而从声学角度在现代欧洲市场是不能接受的。高叶尖速不是单叶片概念的本质需求，但是正如已经指出的，却是优化设计所需要的。

在对一片、两片和三片叶片的叶轮技术进行整体评价时，考虑到相对能耗和动态复杂性，很难证明单叶片设计是合理的。

然而正当行业内似乎准备最终将单叶片叶轮否决时，西班牙 ADES 公司宣布设计出一个从根本上创新的、摆动式传动的单叶片风机。发电机定子（见图 11.3）是用螺栓固定在安装于轴承上、从机舱悬垂下来的齿轮箱上。发电机转子通过齿轮箱内部的传动装置连接到低速轴上。因此，发电机、齿轮箱壳和传动装置充当了钟摆的作用，使来自单叶片的内在可变转矩输入变得平滑。

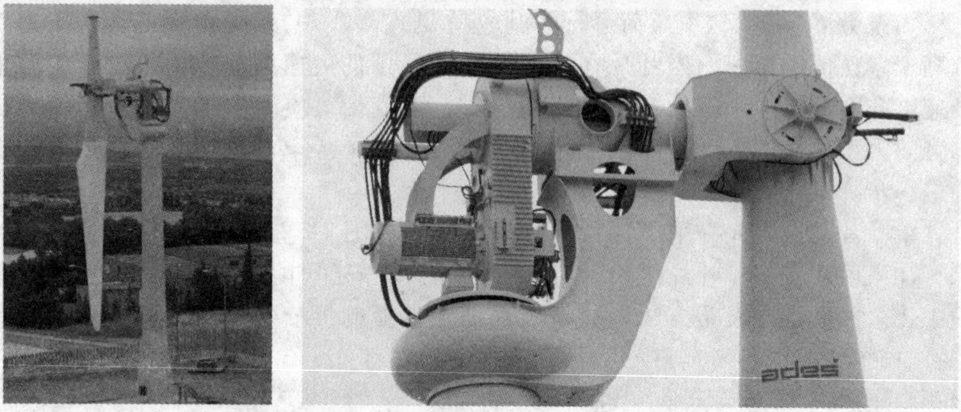

图 11.3　ADES 公司的单叶摆动风机。Manuel Lahuerta 公司版权所有，并授权转载

根据 ADES 公司的报道：

> 钟摆不仅平衡了转矩，还通过向上运动积累了潜在的能量，并在下降时将能量释放。因此，它是作为一个调节器使注入电网的能量趋于平坦，起到削峰填谷的作用。

叶片铰接到轮毂，如同单叶片叶轮通常所采用的一样（也许是必要的）。这缓解了面外叶柄弯矩并将其从偏航力矩中解耦出来。这种风机具有变桨距调整的功能，通常由偏航电机采用自由偏航方式顺风运行，以调整机舱位置来起动或解除电力电缆缠绕（见第 14 章的自由偏航部分的讨论）。ADES 公司的数据表提供了 35m 直径的模型，其额定输出功率为 127（额定风速 9m/s）~335kW（额定风速 12.5m/s），分别对应于可变速度范围高达 50~69r/min 的情况。根据所选择的发电机等级，这意味着额定叶尖速度范围为 92~126m/s。因此，一些设计将在尖端速远远高于其他任何现有的商业风机的情况下运行。正如前面所讨论的一样，高叶尖速对于优化单叶片风机的设计是非常必要的。

ADES 公司设计的、最小的（即使非同寻常）机舱，暗示着这一理念存在非常显著的潜在优势。根据 ADES 公司 2MW 风机的设计数据，叶轮质量是 11000kg，摆的质量（包括发电机）是 20000kg，机舱质量为 8000kg，得到塔顶质量只有 39000kg。行业内 2MW 等级的常规三叶片水平轴风机（HAWT）塔顶质量的平均值大约为 100000kg。然而如第 10 章及其他地方一直强调的，最终评估 ADES 的设计所节省的重量必须考虑叶尖速、转矩和质量之间的基本关系。

双叶片叶轮（见图 11.4）比单叶片叶轮具有更好的动态平衡，但相比三叶片叶轮仍然存在动态弱势。当叶片水平和垂直最低时，双叶片叶轮关于风机偏航轴的转动惯量是周期性的，在叶片水平时最大，垂直时最小。三叶片叶轮关于偏航轴具有独立于叶轮叶片角位置的恒定惯性。因此，双叶片风机可能具有更高的周期荷载。

图 11.4　Nordic N 1000 型双叶片风机（Paraje Ojos de Agua，乌拉圭）。
Nordic Windpower 有限责任公司版权所有，并授权转载

在一些这种类型的设计中，轮毂与叶片的连接是刚性的，更大的周期荷载的设计是可以接受的。在三叶片叶轮设计中，越来越多的将叶片独特的变桨距控制方式视为一种采用更先进的控制技术以减轻叶轮上载荷差异的重要方法，此选项也可被用于缓解具有刚性轮毂的双叶片叶轮额外的周期性载荷。

然而在许多设计中很好地借用了在直升机技术中建立起来的概念[2]，引入了跷跷板铰链，可以保留叶片彼此间的刚性连接，但允许"叶片对"相对于轴线摇摆，一般与叶轮轴心线呈一定的倾斜角，并在平面上扫出一个旋转圆。

跷跷板运动通常被约束在大约 ±7°的角度范围内。在均匀斜风流中，跷跷板循环往复的振幅几乎与叶片质量无关。离心效应在每个钟摆运动周期内提供了恢复力矩而往复运动的振幅受气动效应限制。

有趣的是，跷跷板叶轮的自由跷板运动在其转动频率时发生谐振。

参照图 11.5，其中半径 r 处单位长度的叶片质量 $m(r)$，跷板角度 α，轴旋转角速度 ω，关于跷板轴的转动惯量为

$$I_{yy} = 2\int_0^R m(r) r^2 \mathrm{d}r$$

由离心力产生的恢复力矩为

$$M_c = 2\int_0^R (m\omega^2 r) r\sin\alpha \mathrm{d}r$$

$$\cong 2\alpha\omega^2 \int_0^R m(r) r^2 \mathrm{d}r = \alpha\omega^2 I_{yy}$$

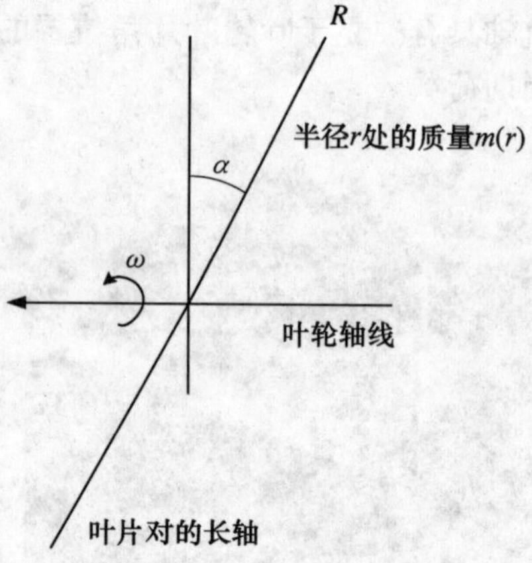

图 11.5 跷跷板式叶轮动力学

因此，自由运动方程降低到 $\ddot{\alpha} + \omega^2\alpha = 0$，表明自由跷板运动的叶轮谐振频率是 ω。稳定条件下摇摆角的振幅不变，这意味着叶轮在一个固定的平面以相对轴心线 $\left(\frac{\pi}{2} - \alpha\right)$ 的角度旋转。

在很多正常运行条件下，跷跷板运动将大大缓解循环和湍流在叶轮及塔顶诱发的疲劳载荷。而摇摆停止的影响发生在临界载荷的情况下，经常发生在紧急制动时，也可能偶尔出现在极端湍流风事件中，这就否定了跷跷板式叶轮可普遍大量加载的优点。跷跷板式系统的资本成本和可靠性问题也是一个值得关注的问题，刚性轮毂的三叶片叶轮可避免此问题。

一些支持两叶片叶轮的观点如下：

- 叶尖速如果不比有竞争性的三叶片设计高很多，那么叶片的结构优势会导致叶轮叶片的整体成本降低。
- 更简单的叶轮安装存在各种可能性。
- 如果采用跷跷板式轮毂设计，将存在轮毂中心的叶片结构有效连续的可能性。

根据 Lowson 的研究[3]，宽带噪声辐射最重要的机制是依靠通过叶片尾缘的湍流。因为尾缘的总长度较小，因而两叶片叶轮会有较低的噪声排放，原则上不超过三叶片设计。然而这只能用于比较在相同设计叶尖速度时两叶片和三叶片的叶轮，这通常对两叶片叶轮的设计不利，实际中并没有出现过。

当与所谓的基准（三叶片）设计相比，在特定的（两叶片）设计中出现能量赤字时，通常会出现一定的争论，争论的观点是可通过用相对可忽略的附加成本略微加长叶片重新获得能量。这类争论在许多领域的讨论中均非常常见，但原则上这是不健全的，其理由在 10.6 节中已给出。本质上，增加直径意味着要么是更高的叶尖速，要么是在固定叶尖速时更高的传动系统转矩，也暗示着这比任何附加的叶片成本更重要。增加直径允许叶尖速上升，也会增加噪声排放。类似的问题出现了，例如一个改进的控制系统策略降低了负载，便允许考虑更大的叶轮。这很可能具有整体的成本效益，但对于叶尖速或传动系统转矩的影响必须考虑。

双叶片对三叶片的问题非常复杂，在整体技术水平上可能最终很难在它们之间做抉择。然而从视觉冲击的角度三叶片风机被认为更容易接受。基于这个原因，它们已经占据了欧洲市场，同样也占据了世界市场，因为很多成熟的风力发电技术来源于欧洲。

11.4　多叶片叶轮

在 20 世纪 70 年代后期，致力于发电的现代风电产业发展之前，而且确实也是在发达国家普遍的电气化出现之前，风力泵是公认的技术，主要用于农田灌溉。20 年代，在美国大约有 6 百万台在使用，尤其是在北美大草原地区。为了在微风条件下提供足够的转矩来操作水泵，需要低速高硬度的叶轮，研制出了叶片数多达约 40 片叶片的叶轮，如早期由 John Wallis Titt[4] 设计的“大草原”风泵。

现代风机中，以各种设计格式设计的多叶片叶轮常见于额定功率达几千瓦的小型规模中。一些用于较大规模系统中的多叶片叶轮已被考虑。挪威人 Tek 发明的一个创新的用于兆瓦级范围内，具有更轻叶轮的五叶片叶轮系统在第 21 章进行了讨论。

假设多叶片叶轮本质上效率低下，这很常见但却是错误的。事实上，对于最佳设计，由于随着叶片数增加尖端损失减少，相反此假设是非常正确的（见图 11.1）。对于原始的水泵应用，需要由高硬度叶轮提供高起动转矩，关注点在于简单、耐用、便宜的叶轮构造而不是空气动力效率，这是简单的历史现状。

参考文献

[1] Avoloi, S., Arcidiacono, V., Botta, G. *et al.* (1993) Dynamic analysis of gamma-60 wind turbine generator and control systems: design and experimental validation. Proceedings of EWEC, Lubeck-Travemunde, March 1993.

[2] Johnson, W. (1994) *Helicopter Theory*, Dover Publications, ISBN: 0486682307.

[3] Lowson, M.V. (1993) Assessment and Prediction of Wind Turbine Noise. ETSU W/13/00284/REP, 1993.

[4] http://windengine.tripod.com/corepage.htm. Accessed September 2010.

第 12 章　变桨距与失速

12.1　失速调节

在 20 世纪 80 年代和 90 年代期间很多年中，大多数风机设计的类型是失速调节，但据统计，约一半的市场由变桨距占据，这主要归因于 Vestas 巨大的市场占有率。

在高风速下失速调节的风机运行在近似恒定的速度，尚未产生过多的功率，而且要实现这一点并未对叶轮几何结构有任何变化。维持接近恒定的叶轮速度是至关重要的，这决定了异步发电机的并网。在这方面，电网的行为就像一个大型的飞轮保持住风机的速度，使得不论风速如何变化其速度几乎不变。随着风速的增加，假如叶轮速度保持恒定，叶片剖面上面的流入角和攻角也增加（见图 1.8）。叶片剖面变得更失速，从而将功率限制到可接受的水平，而无需任何额外的主动控制。

失速是一种包含非定常气动效应的基本的三维现象，它对叶轮设计师预测失速叶轮的性能和载荷仍然是一种挑战。叶素动量理论可以使用，但为了对功率和负载情况进行更接近实际的预测，根据经验调整翼型数据，尤其对叶片内侧区域是很有必要的。已经有很多关于内侧叶轮失速延迟效应的讨论[1-3]。各种空气动力装置、涡流发生器、失速条等[4]被用于改善失速调节叶轮的功率曲线特性。

在失速过程用于限制最大功率的运行区域中，功率性能对空气密度（随着温度和与场地位置及海拔有关的空气压力而变化）和翼型表面粗糙度非常敏感。因此，功率曲线可被雨或污染物显著改变，如污垢和昆虫附着（见图 13.7）。通常在叶片轮毂连接的工程设计中，允许对变桨距设置有小的改动，可用于调整峰值功率。随后的分析表明，对于任何给定的尖速比，功率和叶轮速度的三次方与直径的 1/5 次幂成正比。因此除了失速在整个过程中的复杂性之外，叶轮几何形状的细节及与发电机转差有关的精确运行速度也对最大功率也有着显著的影响。

风机的功率因数按惯例定义如下：

$$P = 0.5\rho V^3 \pi R^2 C_p \tag{12.1}$$

式中，P 是功率；ρ 是空气密度。

用尖速比 $\lambda = \omega R/V$ 替代式（12.1）中的值得

$$P = 0.5\rho\omega^3\pi R^5\left\{\frac{C_p}{\lambda^3}\right\} \tag{12.2}$$

在式（12.2）中，$\left\{\frac{C_p}{\lambda^3}\right\}$项是尖速比 λ 的一个独特的函数。因此，在气动相似的条件下，即在任意给定的 λ，包括对应的最大功率值时，功率和叶轮速度的三次方与叶轮直径的 1/5 次方成正比。这些结果在术语上通常被称为“风扇法则”，在与产业联动的叶轮中用于输送空气或其他气体。

根据式（12.3）和式（12.4），功率曲线上的点（P_1，V_1）在任意给定的叶轮速度 ω_1 下可被映射到功率曲线上不同叶轮速度 ω_2 下相应的点（P_2，V_2）：

$$P_2 = \left(\frac{\omega_2}{\omega_1}\right)^3 P_1 \tag{12.3}$$

$$V_2 = \left(\frac{\omega_2}{\omega_1}\right) V_1 \tag{12.4}$$

因此只有源功率曲线可用，即所谓的对应于 22r/min 速度下的运行状态，该映射允许对应一系列速度产生一组曲线，例如在图 12.1 中所举的例子显示了对应于速度范围 22 ~ 25r/min、间隔为 0.1r/min 的功率曲线。曲线基本相似，相应的点，例如图 12.1 所示的最大值轨迹，对应于相同的尖速比［但根据式（12.4）具有不同的风速］，其值随着叶轮转速的三次方而变化。曲线在 11m/s 平均风速范围内彼此两两交叉，但没有三条及以上曲线相交于同一点。

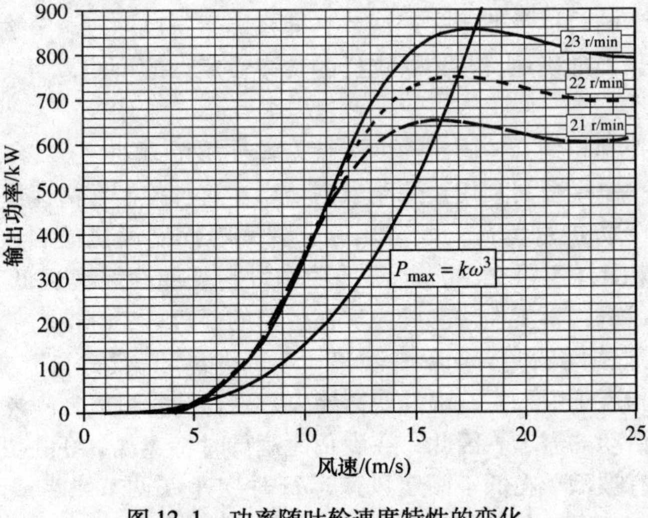

图 12.1　功率随叶轮速度特性的变化

失速有一个优于变桨控制或主动气动控制的显著优势，那就是它自动起作用。这就在负载上设定了一个自动的盖，而在主动变桨控制中，在湍流风事件中当叶片在某些不适当的位置遭受异常高的负荷时，控制系统便会发觉有故障。然而失速调节也有许多缺点，它只能实现一个近似符合要求的功率调节，而不是控制到精确的设定点，而变桨距调节却可以，特别是当与变速组合使用时。在失速调节叶轮设计中为避免功率过剩，通常涉及对额定功率妥协至低于额定功率水平，这就意味着在能量捕获方面有一定的损失。围绕失速，在噪声排放方面也会增加，失速调节叶轮设计可能在空气动力学最佳变桨安装角噪声过大而导致进一步的妥协和能量输出的减少。发电机在阵风事件中必须提供反作用转矩以保持基本上恒定的速度，这意味着峰值传动系统转矩等级可能需要大幅度大于变桨距调节设计的情况。

失速调节也可与变速相结合[5,6]。此理念删除了峰值功率对叶轮速度、污染物、空气密度等许多灵敏性相关的困难，但仍然留下了一项艰巨的任务，即在安全裕量内提供必要的反作用转矩。

12.2 变桨距调节

失速调节操作的主要替代方案是变桨距调节，这包括改变长轴附近（倾斜叶片）的风机叶片来调节叶轮提取的功率。与失速调节相反，变桨距调节改变了固有的叶轮几何结构。这其中包括感知叶片位置的主动控制系统、测量输出功率和叶轮速度，并指令叶片间距进行适当的变化。

变桨距调节的目标类似于失速调节，即在高运行风速时调节输出功率。变桨距控制提供了相当准确地调整到所选择的功率设定点的可能，而失速调节总是近似的。

与变桨距控制相结合的固定速度运行方式被用于20世纪80年代早期的设计中，特别是被Vestas公司利用，用于限制功率。这种控制在高速运行时被证明非常有问题。为了防护过负荷，固定风速、变桨距控制风机的制造商，如Windmaster和风能集团（不再交易）将降低功率设定点或在风速远低于25m/s的平均风速时关闭风机，事实上这已成为现在行业的停机风速标准。

为了回答这些问题，Vestas研制出了OptiSlip，一套允许比额定功率下跌10%的系统，相当于引入了有限的变速能力，这样叶轮可以在阵风中存储能量从而降低对变桨活动的需求。因此，在满负荷运行时将实现更好的功率控制，但可变滑移系统没有被赋予在低于额定风速运行时变速（调节噪声或增加能量捕获的潜能）的优势，而是仍然保持基本固定的速度运行。Suzlon仍然坚持这项技术（它们的系统Flexislip提供了达17%的下降），但是另一方面却正在退出主流应用。风机市场目前由双馈感应发电机（DFIG）的理念所占据，其各种类型的同步发电机［尤其是永磁发电机（PMG）］即将发挥越来越大的作用。

在现代大型风力发电机组系统中，绕开了固定速度运行与变桨距调节相结合的问题，普遍采用变速控制和变桨距调节相结合的技术。从广义上讲，可以控制发电机反作用转矩对气动载荷的即时变化迅速做出响应，叶轮的巨大转动惯量保证叶轮转速平稳变化，变桨距系统可相对缓慢地反映出气动输入转矩的趋势，并限制速度变化。

12.3　疲劳载荷问题

20 世纪 80 年代初苏格兰格拉斯哥的 James　Howden 公司就已制造出了具有旋转翼尖的风机（见图 12.2）。采用旋转翼尖作为空气制动器以防止故障条件下超速的失速调节设计，当时在丹麦是很常见，但 Howden 采用叶尖主动控制的方式进行功率调节的理念却不太常见。问题出现在向哪一个方向移动叶片——从风中探索着退回失速还是引导边缘进入风中保持附着流，直到发生了负的入射。在这两种模式下，对 330kW 的风机进行了实地测试，并收集了相关的数据。

图 12.2　加利福尼亚州 Altamont Pass 的 Howden 26MW 风场

20 世纪 90 年代后期，西雅图风力发电公司[7]在进行系统详细设计时，要求 GL Garrad Hassan 公司进行研究，评估倾斜（整个叶片）进入失速或进入附着流的相对优点，并将其作为现代大型变桨距控制风机的规范。

有趣的是，这两项研究的结果并不很清晰，整体而言，无论是投入到失速还是附加流中，疲劳损伤都会积累到相似的水平。这可通过将稳状面外叶片弯矩或叶轮推力特性与平均风速的函数进行对照比较，做定性地理解。图 12.3 中比较了典型的失速和变桨距调节设计时的稳态叶轮推力特性。将推力值进行了归一化[⊖]，统一到变桨距调节设计的额定推力。

在失速调节设计的情况下（见图 12.3），推力加载曲线与功率曲线一样是上升的，但在额定风速以上呈现缓和的梯度。因此风速的瞬时变化，被认为是仅依据于稳态特性，在负载等级上（疲劳的来源）不会产生大的变化。然而实际上，失速固有的非定常性意味着，负载等级将不断发生比准稳态特性推断的结果更大的变化。

在变桨调节的设计中，包含投入到附着流的情况，平均推力迅速下降（见图 12.3），风速高于额定风速。投入附着流降低了升力和阻力，在大型、快速的桨距偏移时，如同可能发生在叶轮紧急制动时一样，它们甚至可成为负值。这种特性陡峭的斜率意味着随着风速变化，负荷等级发生很大的变化，因此它是系统疲劳载荷的来源。

因而在失速调节运行过程中，稳态推力（或面外叶片弯曲）特性的梯度是缓和的，但非定常效应有助于显著的疲劳变化，而在附着流中避免了非定常效应，但稳态负载特性陡峭的梯度明显有助于疲劳损伤，关于哪种运作模式可能是最好的还没有清楚的结论。

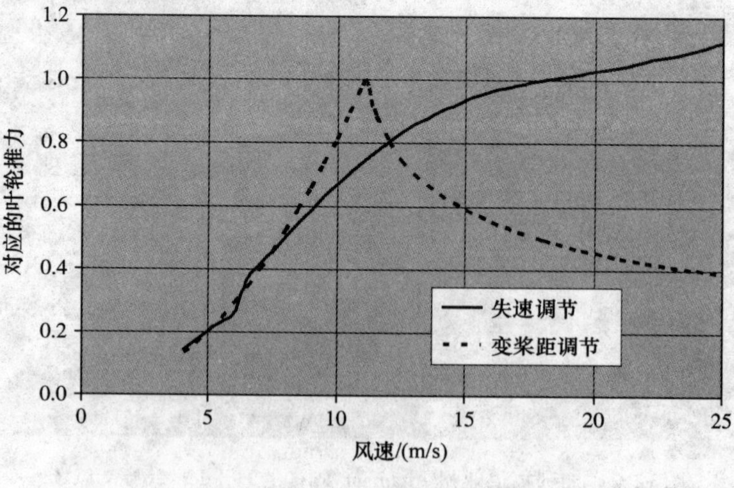

图 12.3 变桨距和失速调节设计的叶轮推力

⊖ 这里对数据进行归一化处理，统一到变桨距调节设计的额定风速，这里没有考虑任何保密性问题，而是因为原数据涉及不同直径和额定功率的设计。

12.4　电能质量和网络需求

12.4.1　风机设计的并网导则要求和意义

值得注意的是，在第 8 章中对变速风机的普遍倾向及对不含有全额定功率变换器的感应发电机系统的相对衰退，特别是在新的风力发电机组设计中，以并网导则的形式受到电网需求很大的影响[8,9]。“并网导则”是一个宽泛的术语。严格地说，它适用于输电系统中所有用户的技术需求，因此一般用于 100 ~ 150kV 高压系统。例如，英国有一个独立的“配电导则”，对配电系统（较低的电压）用户的技术要求不太苛刻。在一些国家中也有相关的技术要求，包括接入协议、标准，乃至购电协议等。为了避免混淆，将这些项目描述为技术要求可能更好，但在风电行业中满足电力系统运营商任何要求的常用术语就是并网导则。

第一次面对风力发电时，电力系统运营商强烈地倾向于从其他发电形式中复制技术要求。从德国 E. On 集团和国家电网进行技术要求复制看起来似乎特别流行。不考虑特定电力系统的特殊技术要求，有时可能会导致：

- 比所需要的更繁重的要求［例如对故障穿越能力（FRT）的要求，即使风渗透在可预见的未来非常小，而且由于干扰所造成的所有风力发电的损失对电力系统的影响可以忽略不计］；
- 对风力发电完全不适当或无意义的要求；
- 文档之间的冲突和不兼容；
- 运营商误解了它们自己的需求。

尽管采用了复制的方式，不同国家之间的标准化水平仍然很低，欧洲风能协会（EWEA）正尝试起草一份标准的并网导则，浓缩前面的定义、术语、展示的需求并证明其合规性。

定义需求是一回事，证明其合规性又是另一回事。正在努力使合规性过程更容易，包括风机或组件的型式测试，以消除对已安装的风机的测试需求。电力系统运营商可能不愿意接受计算机仿真的结果，因此例如西班牙最近要求所有风电场（现存的）拥有故障穿越能力，并通过现场测试证明这一点，这通常需要大量的试验设备。一些运营商将接受仿真结果，但它们对风机供应商不愿意提供关于控制器算法任何详细的描述已经很失望。

与风机相关的主要并网导则[8-10]如下：

1. 电压和频率偏差

风机必须在额定的电压和频率范围内正常工作（例如，±10% 电压，47.5 ~ 51.5Hz，允许短期下降至 47Hz 运行）。频率范围对于目前失速调节风机的设计可能无法实现。电压范围不成问题，因为除了小项目，并网涉及单一的大型变压器，它可以配备一个抽头转换开关使风机端电压保持在严格的范围内。

2. 故障穿越（FRT）

在电力系统中故障引起的主要扰动过程中，风机必须能够保持连接。这可导致大约有100ms的时间内故障点的电压下降到零，然后要进一步用1s左右恢复到标称值的10%以内。风机终端的电压不会降到零，但尽管如此，它也很难与简单的感应发电机保持连接。双馈感应发电机就可以，但这样做需要增列项目并控制复杂性。具有全额定功率变换器的风机解决扰动没什么困难。失速调节风机故障时将不可避免地超速然后停机，因此不兼容。

有几种电力电子产品可以安装在风机中或集中安装在风电场中，使得即便是简单的感应发电机也能符合要求。在某些情况下（如在英国），也有对故障后立刻动作的需求[11]，如有功功率必须在1s内恢复到其最终值的90%，这对于变桨距系统是非常有需求的。

3. 无功功率和电压控制

按难度增加的次序列出一些参考性的需求如下：

1）保持任意地点的功率因数在给定的范围内，这是由所有风机的设计方案实现的，如果有必要，可采用额外的开关电容器。

2）依据电力系统运营商的要求，调整任意地点的功率因数（或无功功率输出/输入）在给定的范围内。用开关电容器和电抗器是可行的，但采用电力电子技术更容易。电力电子设备可以在风机中作为变速驱动器的一部分，或作为风机中的一个附加项，或作为风电场中的中心项目。

3）调整功率因数如以前一样，但应实现响应速度的动态需求。这可能会排除使用开关电容器和电抗器，因此具有全额度变频器的系统和双馈感应发电机系统更具优势。同时，监控与数据采集（SCADA）系统可能没有足够的通信速度以实现所要求的动态响应，这要求一些制造商修正他们的SCADA系统。

4）为了有助于保持电压接近于电压设定点，而不是实现特定的功率因数而附加地控制无功功率，这需要测量连接点的电压或等效电压。

4. 频率调节

这涉及调整输出功率对系统频率的测量做出响应，以促进电网频率控制，是唯一真正有可能进行变桨距调节的风机，目前还没有对响应速度或精度的要求。因此原则上，任何变桨距调节的风机都可以遵守。

5. 功率控制

1）盖：当得到指令时，限制输出功率到一定的水平，可能要归因于输电系统上的一些约束。

2）斜坡：限制输出的变化率（MW/min）。对于正斜坡这很容易做到（增加风速）。对于负斜坡（降低风速），可以通过提前预测风速的降低而缓慢减少风电场的输出实现。

无论是盖还是斜坡，原则上由变桨距控制的风机是很容易实现的。然而如果控制是由风电场层面，而不是由风机层面实施，会更高效。例如限制每个风机的斜坡速度会比限制整个风电场的斜坡速率失去更多的产量。对于多个风电场总的输出之和，这种情况更多，但现在已经不这样做了，可能是由于组织困难的原因。

总而言之：

- 固定转速失速调节的风机不能实现故障穿越，不能提供频率调节或功率控制，并难以应付很宽的频率范围。可能需要额外的无功功率和电压控制设备。
- 采用主动失速的固定转速风机不能实现故障穿越，可能在频率调整和电压控制方面有困难，在频率和电压限制方面也可能有困难。可能需要额外的无功功率和电压控制设备。
- 采用双馈发电机和变桨距调节的风机符合所有的要求，但故障穿越并不是要求仔细的设计和额外的硬件那么简单。
- 全额定变频器和变桨距调节的风机可以充分实现所有的功能。

本章对与风机类型有关的并网导则的概述要澄清的问题是，并网导则的需求如何受到具有全额定变流器风机系统发展的偏爱。

参 考 文 献

[1] Breton, S.-P. (2008) Study of the stall delay phenomenon and of wind turbine blade dynamics using numerical approaches and NREL's wind tunnel tests. Doctoral theses at NTNU, p. 171. ISBN: 978-82-471-1019-5.

[2] Himmelskamp, H. (1947) Profile Investigations on a Rotating Airscrew. MAP Volkenrode Report and Translation No. 832.

[3] Snel, H., Houwink, R., van Bussel, G.J.W. and Bruining, A. (1993) Sectional prediction of 3D effects for stalled flow on rotating blades and comparison with measurements. 1993 European Community Wind Energy Conference Proceedings, Lubeck-Travemunde, Germany, pp. 395–399.

[4] Grabau, P. (inventor) (2000) LM Glasfiber A/S (applicant). wind turbine blade with vortex generator. Patent WO/2000/015961, Published March 23, 2000.

[5] Leithead, W.E. and Connor, B. (2000) Control of variable speed wind turbines. *International Journal of Control*, **73** (13), 1366–5820, 1189–1212.

[6] Muljadi, E., Pierce, K. and Migliore, P. (1998) Control strategy for variable speed stall regulated wind turbines. NREL/CP-500-24311-UC Category 1211. Presented at American Controls Conference, Philadelphia, June 1998.

[7] http://www.windturbinecompany.com/technology/index.html. Accessed April 2011.

[8] European Wind Energy Association (2010) Powering EUROPE: WIND ENERGY and the Electricity Grid, November 2010.

[9] Ibsch, M. and Nohme, K. (2009) Role of regulations and standards for the grid connection of wind turbines–integrating more wind energy. Proceedings 8th International Workshop on Large-scale Integration of Wind Power into Power Systems as Well as on Transmission Networks for Offshore Wind Farms, Bremen, 14–15 October 2009.

[10] Ciupuliga, A.R., Gibescu, M., Fulli, G. *et al.* (2009) Grid connection of large wind power plants: a European overview. Proceedings 8th International Workshop on Large-scale Integration of Wind Power into Power Systems as Well as on Transmission Networks for Offshore Wind Farms, Bremen, 14–15 October 2009.

[11] National Grid Electricity Transmission plc (2010) The Grid Code, Issue 4 Revision 4, 18 October 2010, http://www.nationalgrid.com/uk/Electricity/Codes/gridcode.

第 13 章　水平轴风机还是垂直轴风机

13.1　简介

如图 13.1 所示，Darrieus 型垂直轴风机（VAWT）经常被称为“打蛋器”，其旁边是另一类主要的垂直轴设计（同样由 Darrieus 最初申请的专利）H 型。作为最古老的风车，垂直轴风机可能要优先于水平轴风机（HAWT）㊀。该理念是运行在 10 世纪波斯的风车的基础。这些风车有多个叶片，其叶片由一束束芦苇制成，这类风车继续运行在中东地区，一直使用到 20 世纪。

图 13.1　现代垂直轴风机设计。（左图）RES 股份有限公司版权所有，并授权发表，（右图）Sandia 公司版权所有，并授权发表

㊀ 尽管 Murray［见第 0 章］记载了早在公元前 5 世纪第一次书面提及风车，但 D. G. Shepherd，斯佩拉的一位作者[8]，在考虑了若干更早期不确定出处的一些文献之后，推断出首次公认使用风车是在 10 世纪的波斯。

在大规模发电的现代风能技术背景下，对一些 Darrieus 型的大型垂直轴风机样品进行了测试。1988 年，Eole[1]，一台 4MW Darrieus 型垂直轴风机，在一项加拿大政府和魁北克水电公司的产业合作项目中被开发出来，这台风机运行了 6 年，效率达 94%[2]。在 20 世纪 80 年代，基于 Musgrove 理念[3-5]的 H 型风机由英国垂直轴风机公司开发出来。但是关于垂直轴风机技术唯一有意义的商业炒作是由 FloWindInc 公司进行的宣传。1987 年 Flowind 公司已经在加利福尼亚安装了超过 500 台风机，总额定容量超过 100MW，达到其峰值。它们的设计显然不能与水平轴风机相竞争，Flowind 公司于 1997 年破产。

世界上第一个由风力进行发电的例子是由苏格兰人 James Blyth 设计的包含水平轴风机的设计，它建造于 1887 年 7 月，打败了美国人 Charles F. 著名的设计，占据优势。然而在 1891 年，Blyth 基于垂直轴风力机的概念研制出了一项不同的更持久的设计。这些早期的设计为蓄电池充电，成功地实现了设计师家里的电气化。

13.2　垂直轴风机的空气动力学

垂直轴风机设计有时可宽松的归类为基于升力或阻力的设计。而这往往是合理的，在这些设备中有一些缺陷，如萨伏纽斯（Savonius）叶轮[6]，通常归为阻力设备，事实上它采用的是重要的升力。简单的分析（Manwell 等人[7]，第 104 页）给出了基于纯阻力风机的最大功率系数：

$$C_p = 0.5 C_D \lambda (1-\lambda)^2 \tag{13.1}$$

式中，C_D是风机叶片表面的阻力系数。

C_p的最大值出现在尖速比 $\lambda = 1/3$ 时，假设 $C_D = 2$，其幅值为$\frac{2}{27}C_D = 0.15$。注意，该值是由 Wilson[8]对一个转换拖动设备（例如，令三角帆帆船的帆顺风航行）计算出的$\frac{4}{27}C_D$ 的一半。“D”是截面，例如萨伏纽斯叶轮的截面，当风流撞击凸面时，会产生强有力的升力（见图 2.2）。早期的工作者（Wilson 等人[9]）也认可升力对叶轮性能的贡献，毫无意外，萨伏纽斯叶轮尽管是属于最低效的风力设备，但是却可以实现比所预测的纯粹基于理论上的阻力性能的设备具有更好的最大 C_p值。

与水平轴风机相比，对运行于理想均匀风场中所产生的轴转矩的性质进行比较，垂直轴风机运行的关键的问题就呈现出来。在均匀风场中，水平轴风机每个叶片所产生的转矩是常数，与叶片角位置无关。这是正确的，因为对于水平轴风机，在任意叶素上的局部速度三角形（见图 1.8）不依赖于叶片的角位置，叶片位置也不会出现在叶素动量方程所定义的系统中［见式（1.35）~式(1.39)］。这意味着水平轴风机的每一个叶片动量在旋转一周的过程中都可以最优运行于所有角位置。

垂直轴风机的运行状况根本不同。考虑 H 型或 Darrieus 型垂直轴风机，由叶素的切向速度和风矢量组成的局部流动三角形，随着叶片角位置会发生强烈变化。

图 13.2 的流程中 U 表示稳定的风流，V 表示叶片剖面的切向速度，W 为最终入流，α 为攻角。图 13.2 忽略了诱导速度，已大大简化，但它清楚地表明，即使在完全均匀的风中，叶片剖面的流动几何特性强烈地随着叶轮旋转位置变化，特别是攻角也发生周期性的变化。这种气动特性随着旋转周期的变化意味着剖面不能在每一个角位置均以最佳状态运行，说明垂直轴风机从根本上不如水平轴风机。攻角的周期性变化也意味着动态失速对垂直轴风机设计内在的重要性，而水平轴风机空气动力学的很多方面无需考虑动态失速效应。

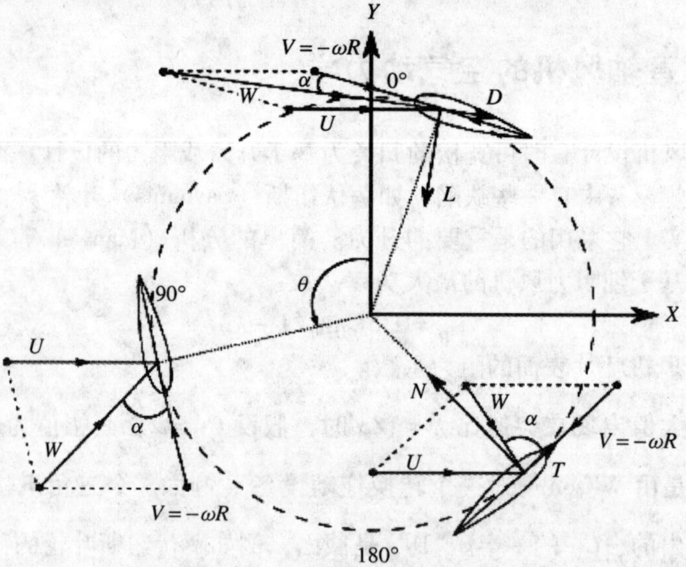

图 13.2　垂直轴风机空气动力学

在现实的湍流风流动过程中，入流，继而是水平轴风机叶片的性能自然会随其角位置而变化。然而，这种变化是随机的，而不是随着叶轮的每次旋转而周期性变化。一致的风切变或上升气流将产生准确定性的周期变动，但与水平轴风机的固有转矩循环相比，所有这些对垂直轴风机的影响均产生较小的转矩变化。因此大体上可以实现水平轴叶轮相对于垂直轴风机较好的平均功率性能。

垂直轴风机空气动力学第二个与众不同的地方在图 13.3 中进行了揭示，改编自 Freris[10]。垂直轴风机在流体中扫出的是一个圆柱体形状，而不是如水平轴风机一样的盘。将通过圆柱体的流量视为一组流管，那么每个叶片均穿过给定流管两次。两次从相同的流管通过时所提取的能量大致相当于更高硬度的叶片一次通过所提取的能量。同样由于垂直轴风机叶片不能在叶轮旋转的所有位置上运行于最大升阻比，实际上是一个较低的平均升阻比。根据图 1.10 中水平轴风机的数据进行大致类推，可以表明垂直轴风机的最佳尖速比低于水平轴风机。

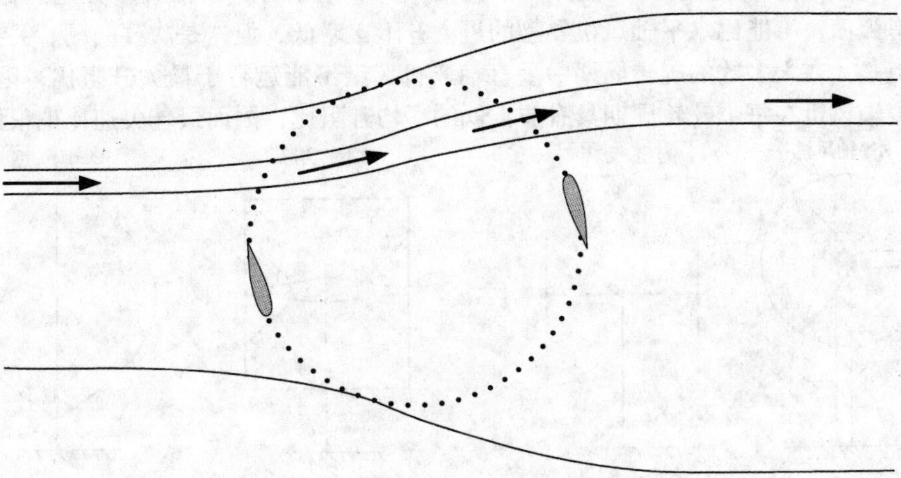

图 13.3　垂直轴风机的激励器圆柱体模型

比较 H 型和 Darrieus 型垂直轴风机的性能，尽管 Darrieus 型风机叶片部件在旋转轴线附近性能降低，但扫掠面积也减少，而轴线附近的叶素可能仍然保持一定程度的气动功能。相反，H 型设计中对支持叶片必不可少的横臂，完全寄生在气动功能中，产生的阻力（尤其是在与叶片互连的点附近）降低了叶轮功率。

比较 H 型水平轴风机和 Darrieus 型垂直轴风机，相关扫掠面积和典型的相关 C_p最大值如图 13.4 所示。叶片支持系统在减少 C_p最大值方面所产生的影响，也在图 13.4 中进行了描述，这样的结构（见图 13.1）是相当坚固的。

图 13.4 中的 C_p值是实际系统中测量的实际值，而不是理想的理论值。基于 Paraschivoiu[11] 对最佳硬度垂直轴风机的研究㊀，$\sigma = \dfrac{Nc}{R} = 0.2$，其中 N 是叶片数，c 是平均弦宽，R 是在中纬线处的叶轮半径，当实现 C_p最大值为 0.56 时，零阻力时的最佳尖速比（见图 13.5）为6。图4.3 中标注的值描述了对称 NACA 0012

㊀ Paraschivoiu[11] 强调，更高的硬度没有优势，也评论到“尽管较低的硬度可能放宽风机有用的运行范围……它们也会降低最大有效功率。”这证明，如果垂直轴风机为了降低传动系统转矩和成本而运行于相对较高的速度，那么在功率性能和能量捕获方面就需付出代价。

翼型的人工使用价值范围从零到更现实的值，接近 0.02，故障率为零。因此，由于现实中翼型阻力水平有限（只考虑气动叶轮阻力，忽略叶片支承结构的任何摩擦阻力），C_p最大值的上限约为 0.45。这使得它完全可信的是（在叶片支承结构上存在摩擦阻力及与尖端效应有关的旋涡脱落的情况下），应采用不高于 0.4 的实际极限值。这也证实了空气动力学的最佳尖速比为 4 左右，实际不会超过 5，是高效的垂直轴风机设计。垂直轴风机翼型本身，通常大多数是对称的，没有弧面，可能比水平轴风机翼型的最大升阻比略低，但这是次要问题。关键的一点是，在大多数的旋转周期中垂直轴风机翼型不能运行于最大升阻比，因此，垂直轴风机在每个叶轮周期具有非常低的平均升阻比，因而最佳尖速比也很低。

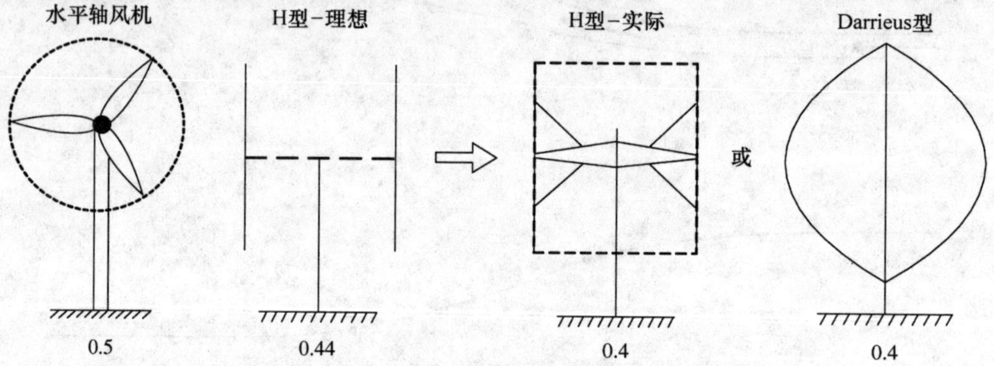

图 13.4　扫掠面积和最大 C_p

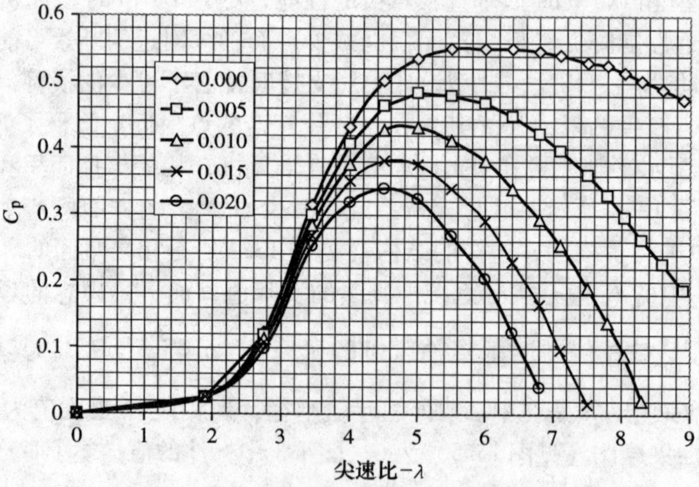

图 13.5　阻力对垂直轴风机性能的影响

根据 Wilson（对 giromill 风机[12]）的分析，具有循环变桨距叶片的 H 型垂直轴风机与水平轴风机有相同的限制，即贝兹极限。还有一个建议是，当相关的

C_p极限为 16/25，而相反的贝兹极限值为 16/27 时，如果在逆风向半柱面和顺风向半柱面的叶片被视为两个独立的激励盘串联运行，基本限制应该像垂直轴风机气动分析中所采用的一些方法那样，超过贝兹极限一点[13]。

图 13.6 说明了改变旋翼硬度的影响，$\sigma=\frac{Nc}{R}$的范围为 0.05～0.5。显然如果把垂直轴风机的设计尖速比推到最佳值以上，那么 C_p 最大值及暗含的能量捕获量均会有所损失。一般来说，增加叶片数（硬度不变）的结果（这里没有显示）会像水平轴风机设计中那样，C_p最大值增加但会将最佳尖速比推到更低的值。

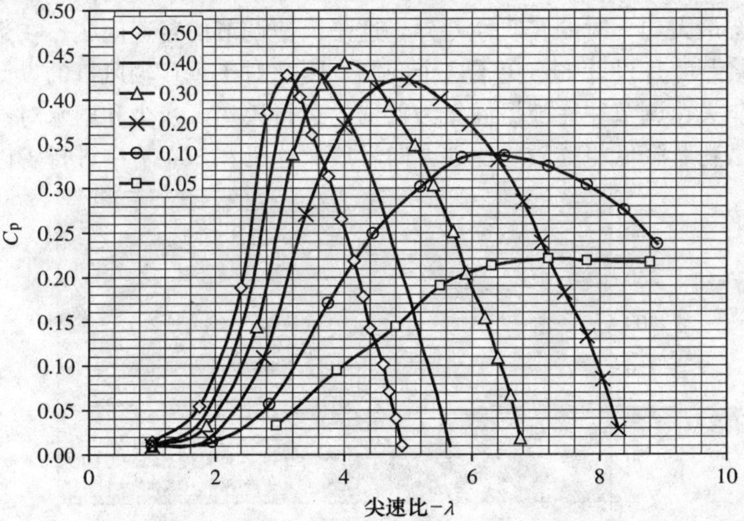

图 13.6　垂直轴风机的最佳硬度和尖速比

垂直轴风机固有的较差的气动特性，再加上固有的较低的最佳尖速比，意味着垂直轴风机会出现能量损耗和较高的传动系统转矩等级。这将用能量 - 转矩问题㊀表示其特性，并在 13.3 节和 13.4 节更详细地进行考量。

由于所讨论的解决包括动态失速和每个流管两次通过等攻角周期性变化的问题，在基本的稳态特性方面，垂直轴风机的空气动力学比水平轴风机更复杂。尽管垂直轴风机技术还没能在主流大规模发电过程中幸免于难，但垂直轴风机的气动理论和总体设计已经被研究得非常多了。1992 年受垂直轴风机有限责任公司的委托，进行了一项研究[14]，引用了超过 1200 份已发表的文献和许多其他关于垂直轴风机技术的出版物，对垂直轴风机技术进行了概述，气动理论从那时起开始出现。

㊀ 这个词在工业上一般不用，在这里用于概括在大规模发电的背景下，垂直轴风机设计中单个的最重要的方面。

13.3 功率特性和能量捕获

所有的 FloWind 风机设计均为失速调节，现在将从 Sandia 对最广泛使用的 19m FloWind 垂直轴风机所做的研究报告[15]中选取的功率曲线与传统的水平轴风机进行了比较。失速调节的特征，对水平轴风机和垂直轴风机同样适用，是失速点对粗糙度的敏感性。当叶片比较脏或潮湿时，功率曲线会有明显的不同。图 13.7 揭示了在约 220kW（叶片脏）到 290kW（叶片干净）之间 19m 的 FloWind 风机在稳态最大功率时的实质性差异。这是失速调节的普遍问题，在运行于附着流中的变桨距叶片设计中避免了这个问题。因此对于垂直轴风机的设计此问题不明确，除非失速调节往往被提倡作为首选的运行模式。灰尘和雨水对性能的影响引发了翼型朝着降低粗糙敏感性的方向发展，这已在 2.4 节中进行了讨论。

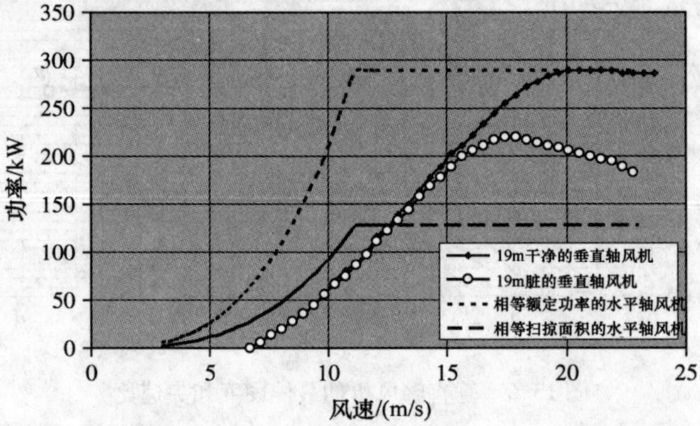

图 13.7　水平轴风机的功率曲线与 19m 的 FloWind 风机相比较

在图 13.7 中，19m 的 FloWind 风机设计与现有技术水平下典型功率密度（叶轮扫掠面积与额定功率的比）0.4kW/m² 和额定风速约 11m/s 的垂直轴风机㊀进行了比较。与现有技术水平的垂直轴风机相比，约 7m/s 的非常高的切入风速和非常高的 17～20m/s 的额定风速，意味着非常差的性能水平。FloWind 在它们的高度上是 20 世纪 80 年代中期到 90 年代加利福尼亚州市场主要的供应商，它们有充分的激励来对已被证明是合理的技术进行大幅度改进。

基于图 13.7 中的功率曲线，在一个年平均风速 9m/s 的优良的海上风场，一个设计良好的水平轴风机每年将产生大约两倍的能量。主动控制的垂直轴风机原则上可以比 19m 的 FloWind 风机有更好的功率曲线。然而这会增加成本和复杂性，

㊀ 垂直轴风机的设计从概念上是因为没有精确的规定等级的商业设计的存在，但是它们是用这种技术在现实中可得到的功率曲线的现实再现的。

而大多数垂直轴风机设计宣称失速调节的简单性是其优点。对建立垂直轴风机主动控制的有效气动机制还没有达成共识。对失速调节垂直轴风机的叶轮安全系统的需要意味着应采用机械轴制动。考虑到垂直轴风机的速度较低、转矩较高，以及与变桨/主动调节相比，失速调节需要额外的负荷裕度，垂直轴风机的制动可能是很大的项目。

垂直轴风机有限责任公司的垂直轴风机设计的失速调节特性，在功率曲线形状方面，比 19m 的 FloWind 风机设计得更好[3-5]。这可能反映了关于 H 型与 Darrieus 型的一些通用的因素，但它主要与 FloWind 风机所选择的高设计速度相关，它特别在功率特性方面做了妥协以缓解高转矩等级和系统重量的问题。

13.4 传动系统转矩

风机传动系统的成本主要与其输入转矩等级有关。在这里，“额定”严格地意味着安全设计的最大转矩等级，而不是与标称额定功率有关的转矩，尽管对进行比较的目的来说，这可能仍然是一项非常有用的估量。

从文献［3-5］可知，表 13.1 中的数据是可用的。这一时期的发展可以合理地被视为认真努力地进行具有潜在最高效的 H 型垂直轴风机设计。

表 13.2 中的数据表明，垂直轴风机有限责任公司的垂直轴风机设计，在最佳运行时尖速比约为 3 和 4。对于类似的功率等级和扫掠面积，可能很难精确地描述出垂直轴风机的最佳尖速比，或确立水平轴风机对垂直轴风机设计速度的比率。然而对于变速风机的大型水平轴风机叶片，通常其设计尖速比为 9 左右。因此，水平轴风机的设计速度可能超过等值的额定垂直轴风机一个 2 或更多的系数，转矩、重量和传动系统成本与速度成反比。

给定扫掠面积的垂直轴风机的转矩等级可能会因较高的高径比而降低。这使得风机能够在任何给定的“尖端速度”（在垂直轴风机的情况下叶素的速度最大程度地远离轴心线）下具有相对较小的直径并更快地旋转。在 FloWind 风机设计的发展中也承认了这一点。根据垂直轴风机有限责任公司（后来是可再生能源系统）委托的对 Darrieus 风能技术[14]的全面调查：

> Darrieus 叶轮的高径比逐渐增加。早期机器的高径比接近于 1.0，可能这种形状可使叶片和某一扫掠面积下柱的长度最小化。除了其他方面，后期的设计还公认，传动系统的成本（接近总成本的 50%……）非常依赖于低速转矩的值；如果功率为常数，而高径比增加，那么叶轮速度也增加（以维持相同的相对风速和尖速比），而转矩降低。

显然这只能在某种程度上被采用，没有此设计，结构上会变得笨重及旋转轴会成为动力学实际问题。很高的高径比作为降低垂直轴风机额定转矩的解决方案，将在第 15 章进一步讨论。

表 13.1　英国设计的垂直轴风机性能

设计	最大 C_p 值	相对应的尖速比
VAWT 260	0.4	4
VAWT 450	0.3	3
VAWT 850	0.31	3.2

表 13.2　19m FloWind 风机与水平轴风机转矩等级的比较

19m 垂直轴风机	脏	干净	单位
功率	219	289	kW
尖端速度	51.8	51.84	m/s
直径	19.2	19.2	m
轴速	5.4	5.4	rad/s
转矩	40.6	53.5	kNm
同等最大功率的水平轴风机			
功率	219	289	kW
尖端速度	75.0	75.0	m/s
直径	26.4	30.3	m
轴速	5.7	4.9	rad/s
转矩	38.5	58.4	kNm

指定最大稳态尖端速度 75m/s 的垂直轴风机设计为典型的运行于变速状态的大型高效垂直轴风机，并确定风轮直径符合 0.4kW/m^2 的行业平均等级对扫掠面积的比，FloWind 19 的转矩等级（干净和脏叶片）可与相同最大功率的水平轴风机相比。表 4.3 表明扭矩等级相差不大。然而，垂直轴风力机设计（图 13.7）具有非常高的额定风速。因此 FloWind 设计可以被视为一种垂直轴风机设计，在转矩—能量谱的一端具有与水平轴风机相似的转矩，并具有简单廉价的制造，属于失速调节，但具有较差的功率特性。

转矩—能量谱的另一端由垂直轴风机有限责任公司的 VAWT 450 设计来说明。额定风速是 11m/s，采用变速运行以确保对于所选择的额定功率（130kW），将获得比得上㊀高效水平轴风机的功率曲线和能量捕获。因此 FloWind 运行于一个高于最佳速度、基本上固定速度的垂直轴风机上，避免了通常垂直轴风机的转矩损失，但从图 13.6 中可见，在能量损失方面需要付出由高切入风速和失速调节的不足而带来的昂贵代价㊁。

㊀ 就垂直轴风机技术而言，这是一项慷慨的声明。由 VAWT450 缩帆系统实现的功率调节存在的缺点是在高风速时功率仍会上升。

㊁ 垂直轴风机有限责任公司辩称，撤销了叶片缩帆系统和能够依靠时速调节是垂直轴风机向前迈进的有用的一步。然而考虑到 19m FloWind 在干净叶片状态下的功率曲线，很明显，垂直轴风机的失速特性非常延迟，导致了很高的额定功率和非常差的功率曲线。VAWT450 功率曲线的数据显示在停机风速（25m/s）之前，峰值功率没有最大值。

考虑130kW 等级的水平轴风机，并如以前一样坚持0.4kW/m^{2}的行业平均等级对扫掠面积的比，意味着具有 20.2m 的风轮直径。在最大尖端速度 75m/s 的变速模式下，对应的最大风轮速度是70.4r/min。VAWT 450 运行于高达27r/min 的变速模式下。这意味着因数为（70.4/27）=2.6 的转矩值。因此，需要额外的费用用于垂直轴风机传动系统的重量和成本。虽然变速器和发电机在这一设计中处于地平面，进一步考虑的是需要长转矩管将转矩传输到地面。在 VAWT 850 设计考虑此转矩管的质量和成本的进展过程中，抛弃了便于维修的地面传动系统的理念，变速器被安装在与风轮横臂相同的高度上。

13.5 垂直轴风机的适当应用

现在仍有许多小规模的风机设计存在。在城市环境中存在着垂直轴风机的可能的利基市场。垂直轴风机有时可以更好地整合在建筑设计中，有比水平轴风机相对较低的转速，更安全，具有较低的噪声和振动。另一个重要的技术问题是，除了垂直轴风机的轴对称性为其在水平面上提供了对风向固有的不敏感性之外，垂直轴风机还能很好地应对通常出现在建筑物边缘的上向流（见图 18.3，第 18 章）。

随着代尔夫特的 Turby 垂直轴风机[16]的发展，可以发现当流入叶轮的流量不垂直于旋转轴时风机的性能似乎增加了。van Kuik 和 van Bussel 等人进一步调查这种现象[17-19]，结果发现，随着倾斜角增大，顺风叶片的更大一部分从迎风叶片的阴影中显现出来，允许它以更高的能量看到即将到来的流量。所用的模型是具有 0.7m 跨度和 0.06m 弦宽的两叶片 H 型叶轮。在约 25°的上向流中发现功率系数增加到最大值，约为水平流中相应值的 1.3 倍。显然，功率系数等于或大于上向流角度在 ±40°以内范围的水平流中的值。

垂直轴风机的这种特性可以证明漂浮风力发电系统的优点，该系统中支持系统的运动是不可避免的。然而需要相当大的 20°～30°的角度以获得更多叶轮功率的收益，随着叶轮倾斜由叶片自重效应会引入在垂直轴风机设计时通常认为应避免的疲劳。因此，当水平轴风机在垂直斜流上损失效率时，垂直轴风机却增加效率。然而相比较高效的水平轴风机，垂直轴风机与增强的上向流性能相关的任何这类能量增益仍然被功率性能的内在缺陷所淹没。

13.6 垂直轴风机设计现状

13.6.1 问题

13.3 节和 13.4 节的讨论绝不是最终评价，但是它应该澄清核心的转矩－能量问题，这对垂直轴风机技术的经济学是至关重要的，并应该明确的指出为什么早先的垂直轴风机设计没有在商业上取得成功。这并不否定未来的垂直轴风机技术，只是要展示在实现可行的垂直轴风机技术方面经商业史证明的关键的、主要的挑战。

风机概念的整体比较总是很复杂。垂直轴风机通常采用更简单的叶片设计，这可能允许采用廉价的制造解决方案。然而这由更大的安装叶片的面积所抵消，与水平轴风机相比，考虑更低的设计速度和更高的硬度，并降低气动效率。此外，H 型垂直轴风机需要额外的叶片支撑结构。垂直轴风机将在非常大的范围内重新得到应有的重视，因为自重叶片载荷在每一次创新过程中都是恒定的，而在水平轴风机的径向张力和叶片的面内弯矩中存在疲劳循环，它随着水平轴风机尺寸的增大变得日益重要。然而垂直轴风机也有其他疲劳载荷问题㊀。因此在水平轴风机和垂直轴风机整体负荷的比较上这种优势实际上是否有着非常大的重要性是非常值得怀疑的，例如允许传统 H 型 20MW 的垂直轴风机和一个等效的水平轴风机设计有利地竞争。而且没有根据也不合逻辑的是，垂直轴风机的规模扩大将不同于水平轴风机已被观察到的基本上按三次方倍缩放的规律（见 4.6 节）。

垂直轴风机拥护者可能会觉得这里给出的风机设计的评价很负面。希望这一问题能得到理解，作者绝对没有片面的来研究这个问题。事实上（在商业设计中无论是从历史观点上说，还是从现有模型的技术水平看），水平轴风机的最佳设计尖速比大约是垂直轴风机的两倍，C_p 最大值比水平轴风机要大 15% ~20%。这一观察不承认或不评价垂直轴风机的任何系统优势，但它直接揭示出这样的收益必须克服实质隐藏的缺点。

13.6.2 解决方法

除了小型垂直轴风机的利基市场，如果要实现一个可实行的大型垂直轴风机设计，那么创新是必要的。“V” 型垂直轴风机[20]，例如，倾斜叶片汇聚到接近于地平面，实现了原始的垂直轴风机的设计意图，即在地平面有发电设备和维护场所以及低质量中心受益的支撑结构设计。

Ferreira 最近的工作[21]充分挑战了之前在基本水平上的、对垂直轴风机空气动力学的理解。这表明，垂直轴风机的设计可以更好地被优化，也许与水平轴风机的性能差距可以减少。

垂直轴风机主张在以失速调节的形式而无变桨或偏航的系统中，对设计进行巨大的简化。然而考虑到垂直轴风机的失速调节特性不是特别好（在一定程度上考虑了动态失速效应维持的升力），而且超速保护（在没有叶片变桨的简单理

㊀ 例如风切变和一般湍流将在 H 型垂直轴风机与叶片连接的横臂上产生弯曲力矩。在叶片的旋转位移中，辐射状向外大部分被取代的叶片部分的离心力将增加，而辐射状向内被取代的相应的叶片部分反而降低。因此产生了一个破坏稳定的力矩，该力矩趋向于增加原有的旋转。垂直轴风机的连接设计要求通常是非常高的。

念中不存在）是重大需求，要求有专门的气阀或重载轴制动器，有变桨调节叶片（全跨度或部分跨度）的垂直轴风机设计可能会有价值。周期桨距不仅会提 C_p 最大值，而且在增加翼型上每循环周期的平均升力对阻力性能时，将增加最佳设计尖速比从而减少传动转矩。

本章提到了对垂直轴风机转矩问题一个可选的方案，即采用了多叶轮系统潜在经济效益的替代解决方案已经被提出并在 15.7 节进行了回顾。

由于垂直轴风机固有的低速度意味着相对高的轴转矩，假设叶轮轴输出常规电力，继而引出的问题是是否有更好的发电理念。在 6.10 节中讨论的方案可能值得考虑。

参 考 文 献

[1] Dery, J. (1985) Eole, aerogenerateur a axe vertical de 4 MW a Capchat, Quebec, Canada. 9th Biennial Congress of the International Solar Energy Society, June 1985.
[2] http://www.mti-energy.com/mkby/vawt-history.pdf. Accessed April 2011.
[3] Powles, S.J.R., Anderson, M.B. and Tan, C.C. (1989) Two years of operation of the 25m VAWT at Carmarthen Bay. Proceedings EWEC 89, July 1989.
[4] VAWT Ltd (1990) The Demonstration of A Vertical Axis Wind Turbine on a Remote Island, Draft, October 1990.
[5] Mays, D., Morgan, C.A., Anderson, M.B. and Powles, S.J.R. Experience with the VAWT 850 demonstration project. Proceedings, EWEC 90, September 1990.
[6] Savonius, S.J. (1931) The S-rotor and its application. *Mechanical Engineering*, **53**, 333–338.
[7] Manwell, J.F., McGowan, J.G. and Rogers, A.L. (2008) *Wind Energy Explained*, John Wiley & Sons, Ltd. ISBN: 13: 978-0-471-49972-5 (H/B).
[8] Spera, D.A. (ed.) (2009) *Wind Turbine Technology: Fundamental Concepts in Wind Turbine Engineering*, 2nd edn, ASME Press.
[9] Wilson, R.E., Lissaman, P.B.S. and Walker, S.N. (1976) *Applied Aerodynamics of Wind Power Machines*, University of Oregon.
[10] Freris, L.L. (1990) *Wind Energy Conversion Systems*, Prentice Hall International (UK) Ltd, p. 97. ISBN: 0-13-960527-4.
[11] Paraschivoiu, I. (2002) *Wind Turbine Design: with Emphasis on Darrieus Concept*, Polytechnic International Press, Canada. ISBN: 978-2553009310.
[12] Wilson, R.E. (1978) Vortex sheet analysis of a Giromill. *Transactions, ASME Journal of Fluids Engineering*, **100**, 340–342.
[13] Newman, B.G. (1986) Multiple actuator-disc theory for wind turbines. *Journal of Wind Engineering and Industrial Aerodynamics*, **24** (3), 215–225.
[14] Schienbein, L. (1992) *Darrieus Wind Turbine Technology Assessment Study*, Renewable Energy Systems, Ltd, Report for December 1992.
[15] FloWind Corporation (1996) Final Project Report: High-energy Rotor Development, Test and Evaluation. Sandia Report No. SAND96-2205, Sandia National Laboratories, Published September 1996.
[16] (2006) Turby Information and Specifications Brochure, January 2006, http://www.turby.nl/99-downloads/Turby-EN-Application-V3.0.pdf.
[17] Mertens, S., van Kuik, G. and van Bussel, G. (2003) Performance of an H-Darrieus in the skewed flow on a roof. *Journal of Solar Energy Engineering*, **125**, 433–440.
[18] Ferreira, C.S., Dixon, K., Hofemann, C. *et al.* (2009) The VAWT in Skew: Stereo-piv and Vortex Modelling. AIAA 2009-1219, January 2009.
[19] Ferreira, C.S., van Kuik, G. and van Bussel, G. (2006) Wind Tunnel Hotwire Measurements, Flow Visualization and Thrust Measurement of a VAWT in Skew. AIAA 2006-1368, January 2006.
[20] http://www.enviro-news.com/news/funding_for_new_wind_turbine_design.html. Accessed April 2011.
[21] Ferreira, C.S. (2009) The near wake of the VAWT, 2D and 3D views of the VAWT aerodynamics. PhD thesis, TU Delft.

第14章 自由偏航

14.1 偏航系统的能源成本价值

表9.1中能源成本（COE）表明，偏航系统可能占资本成本的3%或4%，在全生命周期能源成本方面相对更少。注意，具有代表性的是偏航系统成本的1/3或更多可能在偏航轴承上，偏航轴承不是可有可无的，很明显，带有自由偏航系统的水平轴风机（HAWT）中可节约的资本价值不能很大。此论据对垂直轴风机（VAWT）稍有不同，因为它根本不需要偏航。垂直轴风机避免了偏航系统的全部资本成本、与（水平轴风机）不完善的跟踪相关的效率低下、偏航系统故障引起的可靠性影响及相关的综合全生命周期维护成本。因此，垂直轴风机避免了偏航系统，与水平轴风机任何自由偏航解决方案相比会产生更可观的净能量成本收益，但是当然垂直轴风机也有其他非常重要的平衡设计问题（见第13章）。

14.2 偏航动力学

现简要讨论一下基本的偏航动力学⊖。偏航系统的载荷来源于通过叶轮平面的负载的不对称。这可能出现在入射风场或叶片和叶轮的几何学及结构方面。气动偏航力矩的产生主要来自差动叶轮载荷，它导致了（三）叶片的面外叶片弯矩的不平衡。作用在由塔中心线到叶轮平面距离决定的力臂上的差动面内剪切力也有贡献。大多数其他负载组件也在一定程度上有助于偏航转矩，例如，如果叶轮转轴倾斜将有助于叶轮转矩。因为最有效的负载是差动负载，与盘平均量如叶轮转矩或推力相比，它们本质上更难测量和预测。下面的讨论不特定于自由偏航，但将会围绕自由偏航启发出一些问题，特别是偏航稳定性的问题。

很容易发现，叶片面外弯矩的 n 次谐波一般会在机舱和偏航系统产生 $n+1$ 次和 $n-1$ 次谐波。尤其是，这意味着第一个（每转1周出现1次）叶片谐波是偏航系统的第零次谐波，也是稳态偏航力矩的决定性因素。

⊖ 叶素动量理论可被用于完成偏航行为，但它在偏航流，特别是关于尾流和非定常气动性的假设方面最具挑战性。

考虑定常风中的双叶片，其叶片循环性地每转一周倾斜一次，在 0°时出现最大襟翼力矩（一个瞬时出现的偏航力矩），在 180°时出现最小值，这些角度均是相对于水平叶片位置测量的。显然这将会引起偏航轴的净转矩。实际上没有应用任何周期性的桨距变化，可以理解，叶片上每转 1 周出现 1 次的气动襟翼谐波倾向于产生同样的效果。这是很容易推广的数学术语。

在图 14.1 中，叶轮以频率 ω 旋转，一片叶片的位置在角度 $\theta=\omega t$ 处，相应的面外弯矩用 M_y表示。

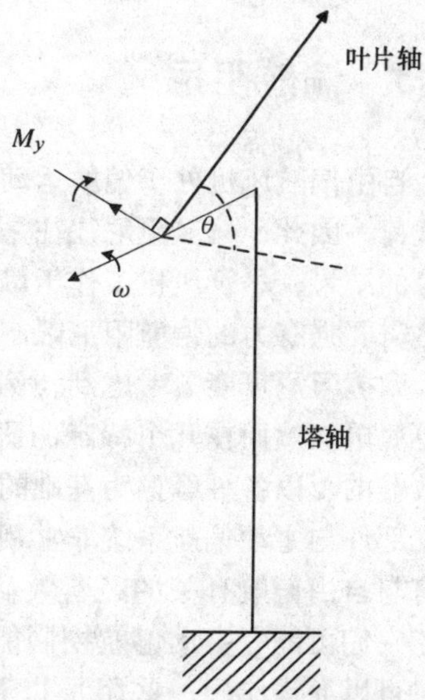

图 14.1　叶片谐波的转换

令 M_y 的第 n 阶谐波是 $M_n\sin(n\omega t)$。那么，该矢量在偏航（塔轴中心线）轴方向的分量是

$$M_n\sin(n\omega t)\cos(\omega t)=\frac{1}{2}\{M_n\sin([n+1]\omega t)+M_n\sin([n-1]\omega t)\}\tag{14.1}$$

因此，在机舱的参考坐标系下叶片载荷的 n 次谐波一般转移成为第 $n+1$ 次和第 $n-1$ 次谐波。不幸的是，每转 1 周出现 1 次（$n=1$）的叶片气动力矩，即气动稳定偏航力矩的来源（$n=0$）预测起来非常复杂。正是这种气动载荷，尤其受失速滞后效应的影响，这可能与偏航误差的操作及叶片普遍的三维非定常气动特性有关。

因此，偏航跟踪行为特别难以预测。就其本身而言，不是反对自由偏航，但却是设计师必须面对的一个实际问题。一般有必要观察样机的自由偏航行为，并调整此系统。根据风机叶片失速发展过程中的区别，偏航稳定特性也有可能在低风速和高风速之间变化。

更进一步，对于柔性叶片，特别是如果自由偏航被用于顺风轻质柔性叶片结构中，在叶片的弹性响应与气动载荷之间会产生相移。这可能提高偏航稳定性，但也可能导致风轮以特定的角偏移来跟踪风向，该角度与风速和风轮旋转方向有关。跷跷板式叶轮（参见 11.3 节）与叶片刚性或近刚性连接到轮毂的叶轮有略微的不同。他们通常表现出更好的偏航跟踪和较低的偏航角速度，因为叶片面外力矩是从偏航转矩解耦的。标准的叶素动量（BEM）理论不会预测恢复偏航力矩，这完全是由于空气动力效应，而且需要一个斜尾流模型（见 1.13.4 节）。

14.3 偏航阻尼

自由偏航风机处于偏航运动过快带来的风险中，可能给叶片带来不希望的陀螺载荷。因此，偏航阻尼往往是必需的。就主动偏航风机而论，这不是一个令人吃惊的结果，尽管风机工作于偏航率直到陀螺载荷被关注为止是毫无疑问的，但仍然需要强有力的偏航阻尼限制偏航轴承的振动。

摩擦阻尼可能需考虑到，例如，它提供的阻尼看起来比齿轮传动电动机提供的更简单。然而在几个特定的研究中[1]发现，齿轮电动机的解决方案是作为成本效益的、以各种摩擦为基础的替代品。因此，鉴于偏航轴承总是需要的，而且现在部件与主动偏航系统非常相似，自由偏航系统中节约的成本可能非常小，仍然有与自由偏航有关的经营效益。一些迎风的风机，在偏航姿态时通常是稳定的，它们可能有主动偏航控制能力，但当偏航角速度或偏航误差超过设定限制时，可以允许应用一些阻尼以及控制系统的干预使之运行于相对自由偏航的状态。

14.4 主传动

按照惯例，具有电动偏航系统的风机允许偏航叶轮几次完整的旋转，在此过程中主电力电缆（连接机舱中发电机到开关柜、变压器和电网）可能简单的被允许扭曲。偏航的完整旋转可能发生在数月甚至数年的时间里。计数器将测量偏航转数，当达到极限时，在适当的和风条件下，偏航系统将按要求将叶轮机舱向相反的方向调节，从而解开主电缆。如果省掉电动偏航系统，那么要么进一步复杂化，要有偏航位置测量传感器和小功率电动机以执行此功能，要么需要通过集电环传送风机的主功率输出，在 MW 级的大功率风力发电系统中，这可能非常麻烦也很昂贵。

14.5 自由偏航风机的运行经验

在 20 世纪 90 年代中叶，GL Garrad Hassan 和 Partners 为英国工业部进行了自由偏航的评估[2]。其中包括一项参数的研究，得出的结论如下：

- 采用标准叶素动量理论，预测出固定轮毂刚性叶片顺风机将在高风速偏航时出现不稳定的现象；
- 跷跷板式顺风机由于跷跷板响应的相位校正引入了使之稳定的推力分量预计将在偏航时保持稳定；

• 叶片柔性可以引入足够的相移到叶片挥舞力矩对偏航力矩的贡献中，以改善偏航稳定性；

• 斜尾流空气动力学的引入可以加强在低风速时的偏航稳定性，但在高风速时的影响几乎可以忽略不计；

• 失速滞后现象的引入（以与叶片柔性类似的方式）为挥舞力矩引入了相位滞后，这会产生一个稳定的偏航力矩。

该评估强调了在叶轮设计中偏航跟踪空气动力学和结构动态因素普遍的敏感性。

对自由偏航情况下风机运行经验的评估指出，许多自由偏航风机已经在偏航跟踪精度方面有很好的表现，往往比理论模型预测的更好。对于20世纪90年代中叶运行在英国Great Orton风场的Cater300kW风机这是正确的。当偏航系统中的摩擦力等因素可能会抑制响应时，微风中的偏航跟踪行为更易变。具有跷跷板式轮毂的两叶片风机，一般来说在自由偏航运行过程中都存在问题。直径78m、柔性、双叶片、跷跷板式、顺风、变桨距调节的3MW WTS－3型Maglarp风机的自由偏航行为中包含了一项非常有趣的解释。

Ganander[3]对此展开了讨论。风机不能在5°范围、30s的时间内保持指向风并经历锯齿形偏航运动（背风时的机械偏航，速度取决于风速，然后由偏航驱动器带回）。这种行为与摇摆自由度有关；当跷跷板铰链被锁住时，机器能够随风而动。

因此，当Maglarp风机试图摆出风时，十分令人惊讶的是锁定的跷跷板铰链改善了问题。对此一个可能的解释是，质量中心相对于跷跷板铰链的位置，将催生频率为1P的跷跷板运动，导致推力矢量驱动机器摆脱风力。然而，面内剪切力分量被期待能最终使运动稳定。Ganander指出，在叶轮允许自由运动的地方已经进行过测试，但偏航误差太大，以至于在达到一个平衡的位置之前运营商已失去了耐心。

在Risϕ的试验中记录了关于自由偏航行为完全不同的经验。在Risϕ关于双叶片、跷跷板式叶轮项目[4,5]之后的历史是具有12m直径的Windane样机被安装在一个高度湍流（复杂地形）的场所，并遭遇了几次失败。这样的结果是意料之外的，因为安装在Risϕ的相同的风机经历了所有的风力情况，包括湍流密度水平高达15%的秋季风暴。对此风机失败原因的调查表明，样机非常有限的跷跷板运动（2°）出现了错误。

为了“优化”此概念，本项目探索了不同程度的跷跷板刚度及有无自由倾斜度的问题。测量方案由一个专门针对顺风、双叶片、跷跷板式、自由偏航理念的气动弹性模型所支持。显然，对于产生最好偏航行为的小刚度和阻尼的偏航稳定性，跷跷板刚度是最重要的参数。过小的刚度水平可能会导致振荡的暂态偏航行为。

风机行为的一般讨论表明，它与风速无关（表明了跷跷板运动的优势，它使得推力在确定偏航行为时调整风机）。

14.6 小结

尽管自由偏航的收益受到限制，但如果系统能够良好运转，在缓解一定的系统负载和灵敏地跟踪风力方面也有可能是有价值的。

许多逆风风机，至少在某些运行风速范围内，在偏航过程中本质上是稳定的，局部自由偏航可能是实现实际利益的选择。在这种情况下，动力偏航的所有机制和控制系统继续存在，但风机基本上被允许自由偏航直到偏航误差或偏航角速度超过限制时，主动偏航系统才会进行干预。与此相关的是系统具有“软”偏航特性[6]，这可能可以用带有智能控制算法的兼容硬件和/或执行器实现。总之，在偏航系统设计时有很多精细的问题需要考虑，但非常明确的是，在水平轴风机的设计中凭借其自身的能力提高自由偏航能力，而使成本显著降低是不成立的。换句话说，自由偏航是不存在的！

参考文献

[1] Jamieson, P. and Jaffrey, A. (1997) Advanced wind turbine design. *Journal of Solar Energy Engineering*, **119**, 315–320.

[2] Rawlinson-Smith, R.I. Free Yaw Behaviour of Wind Turbines. GH Report 517/BR/001, ETSU, Agreement No: W/13/00484/11, March 1996.

[3] Ganander, H. (1989) Importance of yaw system of two bladed HAWT, practical and theoretical results. European Wind Energy Conference and Exhibition, Glasgow, 1989.

[4] Kretz, A. and Rasmussen, F.R. (1990) An Aeroelastic Model with Applications to a Two Bladed Wind Turbine. Risø-M-2884, 1990.

[5] Rasmussen, F.R. and Kretz, A. (1992) Dynamics of a Two Bladed Teetering Rotor, Risø-R-617(EN), 1992.

[6] Engström, S. (2001) Soft Yaw Drives for Wind Turbines. DEWI Magazine, No. 18, (Feb 2001).

第 15 章　多叶轮系统

15.1　简介

多叶轮技术有着悠久的历史，在现代很多创新体系中仍然坚持多叶轮的理念，但由于现在大型的单一风力发电机组从技术上是可行的，人们感觉它十分复杂而且没必要，因此在主流设计中已不再考虑使用。如图 15.1 中的系统（Honnef[㊀]，1930）起源于一个愿景，即当钢材作为叶轮叶片唯一的实际材料，并且尤其是由于大型钢叶片重量非常大，当非常大容量的单机风机不可行的情况下，如何一次将风电部署为大规模机组。

最大的现代风机依靠高强度复合材料作为叶轮系统。这种复合材料具有比钢更高的强度重量比，允许实现更大的叶轮。

15.2　标准化效益和概念的发展

在 20 世纪 70 年代，Heronemus[㊁]提出了很多有远见的多叶轮系统的概念，包括用于制氢的海上漂浮式多叶轮阵列。根据 Woddy Stoddard 提及的 Heronemus1968 年的作品：

> Bill Herinemus 不仅预测了即将到来的世界范围的能源危机，而且预测到了未来可再生能源的大规模发展。其中包括太阳能、陆地和海上风能及海洋热能。对于发电厂、海洋科学与工程等方面他无所不知，并且他能以实用且令人信服的方式阐述他的观点。

多叶轮工程概念的许多细节均取得了进展。多叶轮系统在标准化叶轮和传动系统组建及可扩展性方面的核心优势被确定，即不需要过度扩张容量来增大个别叶轮的规模就可以实现大规模系统容量的事实。

多年来，叶片制造商以及其他零部件的供应商被生产越来越大机组带来的挑战所吸引。然而如果问什么能提高可靠性的同时又降低成本，最普遍的回答是市场要求的机组尺寸是否稳定在单一的或几个优选尺寸上。标准化潜在的巨大利益

㊀ Honnef 的愿景包括直驱发电机、城市及海上风场的应用。

㊁ 马萨诸塞大学的 Jon McGowan 将 Bill Heronemus 回忆为美国风能的领袖，是一位对氢经济很有远见的人。

图 15.1 Honnef 观点的重现（1930）

可以通过多叶轮的概念实现，其中可能用更多的而不是更大的叶轮来实现更大的容量。标准化的成本效益被描述许多工业部件成本降低的经验曲线[1]很好地记录下来。

15.3 运行机制

20 世纪 80 年代和 90 年代，Lagerwey 风能公司的 Henk Lagerweij 建立了各种各样的多叶轮系统，获得了一些关键工程问题的经验，例如偏航和叶轮间的相互作用。根据 Lagerweij 的经验，对于一个特别的六叶轮系统，该系统十分令人满意，但是客户却倾向于传统的解决方式。Lagerwey 的设计作为一种有主支撑结构上叶轮悬臂的树状结构而得到发展。这是关于振动问题的潜在主题[2]，特别是如果扩展到大型阵列，而且一个封闭的晶格支撑结构似乎更可取。

15.4 缩放比例经济学

大约在 1995 年，Jamieson[3]与英国工业部签订合同开展了一项关于先进风力发电概念的研究。其基本目的是为了从风力发电系统中寻求改善能源成本的途径。其中一个根本问题是增加叶轮扫掠面积，相当于价值能源与本质上是成本指示器的系统质量的比率。

报告[3]表明，采用多叶轮系统是实现效益的一种方式。这项工作介绍了多叶轮系统另一个先前没有清楚地认识到的主要优势：许多小型机组在叶轮和传动系统方面从根本上比单机大型机组的性价比更高，其根本原因就在于表面积与体积之间的基本关系（见图 15.2）。

在图 15.2 中，阴影部分表示暴露在风中的面积（正比于能量捕获的值），明亮部分表示与有用面积有关的体积（正比于质量和成本）。一个有 9 个单个单元组成的系统（淡灰色）的体积（以及可推出质量和成本）占单机大型单元体积的 1/3（等价于规模更大的立方体的所有 27 个单元）。总的来说，一个 n 叶轮的系统与一个等容量的单一大型叶轮系统相比较，多叶轮系统中叶轮与传动系统总质量和成本与传统的单叶片质量和成本的比是 $\frac{1}{\sqrt{n}}$。这意味着两者的比较是在同一技术发展阶段，而不是按照风能技术的惯例，将小的、旧的组件与大型新式组件相比较，但是相反还考虑到小的组件已经采用了最新的技术进行了最优的制造。

图 15.2　基本缩放关系

市场必然要发展，陈旧的、小规模技术总是与新的大型先进技术及真正的商业数据在系统和组件质量方面进行比较，在首次检查时（见 4.5 节关于缩放更广泛的讨论）似乎与这个过于简单化的扩展定律相矛盾。因此，证明扩展优势的第二个关键要素是仔细分析商业风机的数据，这些数据与扩展潜力完全不矛盾，反而是支持了它。关键的问题是，比如当历史上叶片质量似乎是遵循几乎是二次曲线时，其根本关系（见图 4.5）是三次方关系。因此，如果采用最新的技术进步重新对较小叶片进行设计与制造，那么利用最新的技术进步有可能出现下一个新的三次方曲线，并体现多叶轮系统充分的经济优势。

很明显，在多叶轮阵列的支撑结构和偏航机制上仍有新的挑战。然而除了对结构元素的一些额外的阻力，气动载荷一般仅用于等值大型风机，并被很好地分布在极端条件大大降低的地方。因此，从叶轮叶片和传动系统成本中去掉 $\left(1-\frac{1}{\sqrt{n}}\right)$，相比较单机的大型叶轮，这提供了巨大的利润空间，以抵消在结构和偏航机制上任何额外的成本。考虑到，例如 20MW 的多叶轮系统，包含有额定功率均为 200kW 的叶轮 100 个，假如考虑最新的技术进步对设计进行全面优化，与一台单机 20MW 机组相比，叶轮和传动机构质量和成本节省 9/10 是有现实的可能性的。

15.5 历史回顾

对多叶轮历史的总结如下：

1）当考虑可行性采用钢作为唯一的叶片材料使得叶片尺寸有限时，大型机组容量概念上的解决方案（1930 年的 Honnef 等）。

2）重视多叶轮系统用于大型机组容量的潜力，避免机组规模扩大的标准化收益，和对于这些系统的许多概念的发展（Heronemus 1970 ~ 2002，Stoddard 1973 ~ 2007）。

3）一些多叶轮系统设计和运行的实践经验（Lagerweij 1970），以及一些在荷兰的研究项目。

4）重视扩展规则，这意味着多叶轮系统的基本经济优势，并且基于商业数据证明潜在收益的案例的发展（Jamieson 1995）。

15.6 多叶轮阵列的气动性能

在 Lagerwey 开发的系统中，没有来自相反叶轮相互作用的功率损耗，但叶轮不是很密集。虽然对密集的水平轴风机（HAWT）大型阵列的气动性能没有太多的研究，Smulders 等人[4]用一个简单的风洞实验表明，一对具有直径 2.5% 的横向紧密间距的叶轮，没有功率性能的净损耗，甚至还有少量的增益。有了反向旋转的叶轮，邻近的尖端涡流被取消，但这并没有区分共同旋转情况下产生的净功率。然而更进一步的气动试验或计算流体动力学（CFD）建模仍然要求确认更大型的阵列在产生净功率方面如何表现，以及与单一大型叶轮相比，阵列是否对偏航误差有更大的敏感性。

Heronemus 的观点现在由他的女儿 Marcia Heronemus - Pate 继承，她成立了海洋风能系统（OWES）组织，并受西南研究院（SwRI）委托在弗吉尼亚州进行了美国国家航空航天局兰利全尺寸风洞的测试（2007 年 10 月）。西南研究院为风洞试验特别设计开发了一套支撑结构，该结构允许 6 个叶轮围绕中央叶轮在径向轨道上运动，所以很大范围的叶轮间距（直径的 2% ~ 16%）都可以被评估。围绕叶轮的白色斑点（见图 15.3）是流量可视化簇。

在这一间距范围内，没有检测到对系统功率性能[5]的显著影响。在 ±10°的偏航误差范围内进行了几项测试，显示出预期的偏航性能有所降低，但显然并不是任何叶轮都可作为单一的孤立叶轮。这些结果更加巩固了这一事实，即在没有不利的气动干扰情况下多叶轮阵列是可行的。

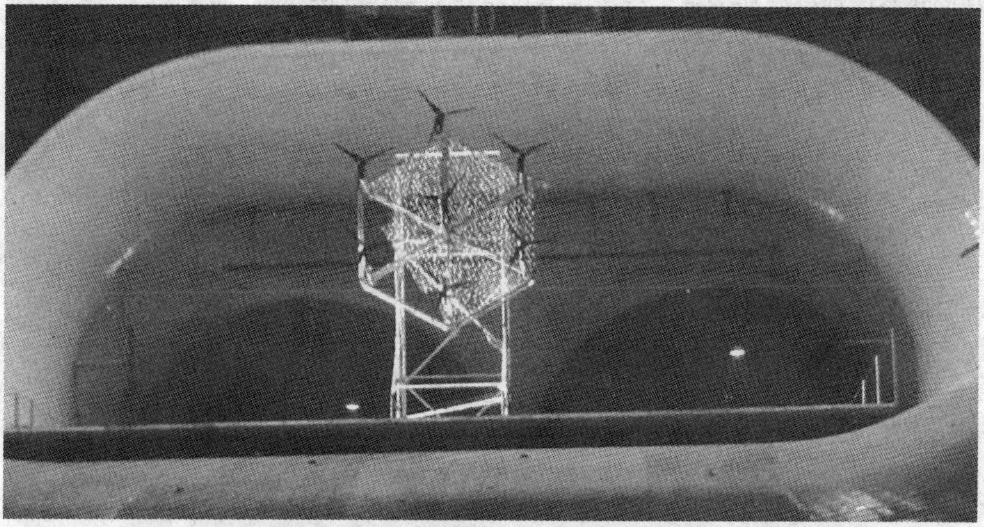

图 15.3　美国国家航空航天局兰利风洞中的 7 叶轮多叶轮阵列。
Marcia Heronemus Pate 公司版权所有，并授权发表

15.7　最近的多叶轮理念

偶尔会出现一些公司促销多叶轮系统的情况[6-8]。在其宣传材料中一般会有些许迹象，即关于按比例的经济争论已经被确认为多叶轮理念的主要动机。然而无论出于什么理由，当尝试了多叶轮设计并进行了概要成本的评估时，由于潜在的扩展利益，经济可能会显得相当有前途。这可以解释在风力技术发展的背景下多叶轮创意的持久性。

在美国能源部 2004 年在华盛顿主办的深水会议报告中，Jamieson[9] 提出了一项受 OWES 委托的研究，研究对由晶格结构支持的紧密间距的多叶轮组极端载荷进行了比较，该晶格结构是根据有限元分析开发的。将其与等值单机大型叶轮的极端载荷进行比较，且每个系统都处于相同的湍流风场中。多叶轮系统中的许多重要载荷均较低，而载荷仅略有增加是由于支撑结构的阻力产生的侧向力造成的。

OWES 委托 GL Garrad Hassan 和 Aerotrope[10] 开展进一步的工作，它们开发一个 16 叶轮阵列支撑结构和偏航系统的设计（见图 15.4 的 2008 年提出的设计）。与单机大型风机相比，多叶轮系统中叶轮和传动机构质量的减少已非常大，以至于所有的叶轮、传动机构及支持它们的框架结构均可被支撑在圆柱式塔架和偏航轴承上，这类似于等效的单机大型叶轮的支撑结构。有强烈迹象表明，

对多叶轮阵列偏航的需求不应该大大削弱其潜在的经济优势。

图 15.4 OWES 的 16 叶轮多叶轮阵列。Marcia Heronemus Pate 公司版权所有，并授权发表

在第 13 章中关于垂直轴风机（VAWT）设计的讨论中，垂直轴风机的概念看起来在具有较低的气动效率和较高的转矩（重量和成本）方面，相比较水平轴风机来说是严峻的挑战。在单叶轮系统肩并肩设计的比较中，很难看到垂直轴风机可以如何竞争，此结果也得到了工业历史的支持。然而在多叶轮阵列中出现了一些支持垂直轴风机的新观点。

具体而言：

• 垂直轴风机可通过可能的矩形叠加更好地融入结构中，也允许叶轮输出进行机械互连。

• 垂直轴风机对多叶轮阵列中的偏航误差敏感性更低，这同时也考虑了支撑结构的干扰，水平轴风机阵列可能比单个水平轴风机具有更多的问题。

• 在某些地区，风向图有主导方向，基于垂直轴风机的多叶轮阵列可能不需要偏航。

以色列 Coriolis Wind 公司目前正在开发一种基于垂直轴风机的多叶轮系统。图 15.5 阐述了其概念设计，一个小型的测试样机系统于 2009 年 5 月建立，如图

15.6 所示。Coriolis 公司设计揭示了垂直轴风机设计的另一个独特的特点，这在 13 章进行了简要的讨论。

图 15.5　Coriolis 公司多叶轮的理念。经 Rafi Gidron 博士授权发表

图 15.6　Coriolis 公司三模块多叶轮系统样机。经 Rafi Gidron 博士授权发表

如果垂直轴风机叶片的长径比足够大，则相对于水平轴风机而言就会避免转矩损失。假设 H 型垂直轴风机被设计成具有相同的额定功率和额定转矩（即有相同的额定风轮转速），而且（通过具有更大的扫掠面积）达到同样的额定风速及相似的能量捕获。初步分析表明，当满足如下方程时才能实现：

$$D_{\mathrm{V}} = \left(\frac{V_{\mathrm{V}}}{V_{\mathrm{H}}}\right) D_{\mathrm{H}} \tag{15.1}$$

$$\frac{L_{\mathrm{V}}}{D_{\mathrm{V}}} = \frac{\pi}{4}\left(\frac{V_{\mathrm{H}}}{V_{\mathrm{V}}}\right)^{2}\left(\frac{Cp_{\mathrm{H}}}{Cp_{\mathrm{V}}}\right) \tag{15.2}$$

式中，D 是直径；V 是最大稳态叶尖速度；L 为叶片长度（只适用于 H 型垂直轴风机）；Cp 为额定风速下的功率系数；下角 V、H 分别指垂直轴风机和水平轴风机。

式（15.2）中，假设垂直轴风机和水平轴风机具有相同的传动效率。考虑到 Alpha Ventus 海上项目[11]用到的 M5000 Multibrid 风机叶尖速度为 $V_{\mathrm{H}}=90\mathrm{m/s}$，而最近的一项垂直轴风机设计 VertAX[12]的叶尖速度为 $V_{\mathrm{V}}=44\mathrm{m/s}$，并假设额定风速 Cp_{H} 约为 0.46，Cp_{V} 约为 0.4，式（15.2）表明，转矩和能量具有奇偶性的垂直轴风机叶片的长径比约为 3.8。如果所考虑的水平轴风机是被设计用于以陆地为基础的项目，其叶尖速度为 75m/s，那么长径比减少为约 2.6。

此外，安装在垂直轴风机的叶片总长度与对应的水平轴风机叶片总长度（假设每个风机叶片数相同）的比是

$$\frac{2L_{\mathrm{V}}}{D_{\mathrm{H}}} = 2\left(\frac{L_{\mathrm{V}}}{D_{\mathrm{V}}}\right)\left(\frac{V_{\mathrm{V}}}{V_{\mathrm{H}}}\right) \tag{15.3}$$

对应 $V_{\mathrm{H}}=90\mathrm{m/s}$（对于 Multibrid M5000 海上风机来说），式（15.3）预测的比值是 3.6，或者对于典型的以陆地为基础的水平轴风机，$V_{\mathrm{H}}=75\mathrm{m/s}$ 的比值为 3.1。要以这种方式使一个单一的垂直轴风机具有很高的叶片长径比，这在结构上非常具有挑战性，显然在叶片和叶片支撑结构方面也是非常昂贵的。

在 Coriolis 的概念中（见图 15.5），垂直堆叠的垂直轴风机模块集，每一个都由周边结构很好地支撑着，与单一的（直驱）发电机机械相连。因此，为使互连的支撑结构作为整体的阵列使用，Coriolis 公司的设计有效地实现了良好的纵横比和低转矩，这对单一机组的垂直轴风机是有问题的。此外，扩展规则（4.4 节和 15.4 节）也表明，叶轮和传动机构在质量和成本方面的总数将比单一的等效水平轴风机或垂直轴风机更小。这似乎在 Coriolis 公司的初步设计中得到了证实。多叶轮系统其他通用的优点——具有模块化的系统可允许基本单元的标准化设计，用于装配的自我安装解决方案和更大的容错，同样适用于 Coriolis 公司的设计。

第一步已在一个支撑平台上建成的三个独立叶轮的样机机组（见图 15.6），

用于评估性能和工程问题。支撑结构将呈现出某种流量阻抗，根据第 1 章的观点，这可解释为降低了整个叶轮组的最佳正压力系数，因此降低了整体的 C_p 最大值。至今尚未清楚这是否会过多地妥协于 Coriolis 公司的概念的整体经济前景。然而主要的一点是，该系统为垂直轴风机的能量提供了一个合理的答案——转矩问题，它也适用于大规模的电力生产。

15.8 多叶轮的结论

根据扩展定律和标准化的优势，对于多叶轮系统进行更详细的调查，作为解决规模扩大问题的解决方案有一个很好的例子。

这是一个海上风场的特别的例子，从经济上能够提供一个净容量可能超过 20MW 的单一系统，因此基于单叶轮的概念，比曾经更大的机组容量更可能会实现。可将这样的系统设想为以像石油钻塔、运输备用配件的物资等情况一样的方式，由工作人员轮班作业实现永久性的操纵（因此没有必要对于轻微故障或重置设置外部访问，也没有必要设计过多的信息冗余），允许通过支撑结构部件从内部访问风机。这个概念实现了在单一的基础上拥有大容量的收益（或者如果考虑浮动平台则是锚泊系统）并且大大减少了远程访问的必要和维护时气候窗限制的问题。

通过叶轮平面的差分载荷，与自然地发生在湍流风中的情况一样，在单机大型风力发电机组的每一个叶片上会产生巨大的不平衡载荷。同样的风场中多叶轮系统的影响会完全不同。没有单一的大型叶片能够专注于气动载荷中的不平衡性，而且通过总扫掠面积上的风载荷的变化可能被风力发电机组的个别控制而缓和。如果认为这样有利，那么多叶轮支撑结构上的净转矩反应可以通过叶轮交替反向旋转大大消除。

与多叶轮系统有关的一个明显的问题是大大增加的部件数目。然而应注意，在一个具有 n 个叶轮的系统中叶轮故障的成本仅占总容量的 $1/n$。此外，部件的质量和可靠性将通过部件的标准化和更大批量的生产得到改善。

多叶轮阵列的重点是多。正如扩展关系所表明的，经济优势随着叶轮数而增加，在叶轮数量很少的系统中是无济于事的，至少不能直接作为解决经济提高问题的方案。一些系统提出仅使用几个叶轮[13]。这样可能有优势，但对它们来说，情况完全不同，对容积效益而言不能太多地依赖于基本区域。

多叶轮经济学的真谛已被证明具有面积—体积关系。这是工程上一个周期性的问题。传热率与面积有关，而比热容与体积相关。因此燃料做成粉末状，或者在散热器采用散热片来增加与给定体积相关的总的表面积。通过将多叶轮的概念扩展到大批量的微小尺寸叶轮来追求风机叶轮的面积—体积比最大化所带来的问题，会产生气动性能的巨大损失，这将导致非常低的雷诺数。

然而，一些创意，如在“风树”中振动的叶子可以通过如压电效应提取能量，已被考虑到。最近的系统开发了一个 10cm 左右直径的多动力单元系统的“叶轮振动”。报道称[14]其约有 18% 的效率，而传统的这种规模的（被建议的）风机约有 1% 的效率。然而这些想象出来的创意似乎应该注意的是，对它们应该用深刻的合适的逻辑来理解。问题的关键是找到一种有效的方式来整合来自多种电源的功率，而且在非常低的雷诺数下也有良好的气动功能，这种性能如果人类没有掌握，那么可能昆虫已彻底掌握。

参考文献

[1] Stewart, R.D., Wyskida, R.M. and Johannes, J.D. (eds) (1995) *Cost Estimator's Reference Manual*, 2nd edn, John Wiley & Sons, Inc. ISBN: 978-0-471-30510-1.

[2] http://tech.dir.groups.yahoo.com/group/small-wind-home/message/12796. Accessed April 2011.

[3] Jamieson, P. (1995) The Prospects and Cost Benefits of Advanced Horizontal Axis Wind Turbine Design. Garrad Hassan Report No. 317/GR/02, February 1995 (internal company report).

[4] Smulders, P.T., Orbons, S. and Moes, C. (1984) Aerodynamic interaction between two wind rotors set next to each other in one plane. EWEC, Hamburg, October 1984.

[5] Ransom, D., Moore, J.J. and Heronemus-Pate, M. (2010) Performance of Wind Turbines in a Closely Spaced Array. Renewable Energy World (May/June 2010), Vol. 2:3, pp. 32–36.

[6] http://www.selsam.com/. Accessed April 2011.

[7] www.windharvest.com. Accessed April 2011.

[8] Rainey, D.L. and Weisbrich, A.L. (1998) WARP technology for low cost and environmentally friendly Marine based wind power plants. Proceedings of BWEA 20, Cardiff, September 1998.

[9] Jamieson, P. (2004) Future vision of the technology. Presentation to US, DOE Deepwater Wind Energy Workshop, Washington DC, October 2004.

[10] http://www.aerotrope.com/. Accessed April 2011.

[11] http://www.alpha-ventus.de/. Accessed April 2011.

[12] http://vertaxwind.com/. Accessed April 2011.

[13] de Vries, E. (1997) Multi Rotor Wind Turbines. WindStats Newsletter Autumn 1997, Vol. 10 (4), p. 8.

[14] http://www.worldchanging.com/archives/003739.html#piezo. Accessed April 2011.

第 16 章　设计主题概述

在基本的可行性障碍被清除后，评估任何风机系统的创新性或其他方面时，下一步是花时间审查能源捕捉性能及转矩和速度的基本要素。

在设计主题的列表中，变桨距与失速、两叶片与三叶片的优点对比一直是工业界经久不衰的热点问题。最后，对于所有的工业界和学术界努力的历史投资，上述这些选项在整体技术水平和能源成本（COE）方面可能差异很小。因此，非技术方面，如视觉外观或间接技术方面，像电网合规性的具体细节，已经做出了选择。变速在使变桨距控制特别有效方面一直是关键。与定速、高转差率或双速系统相比，电子产品增加了成本和可靠性问题，而且仅获得很小的能量。因此，如果变速、变桨距调节的风机比设计良好的失速调节型风机具有显著的能源成本优势，这是值得怀疑的。然而变速提供了重要的操作灵活性，并有着现代的功率变换器和优秀的电网合规性。

似乎出现了一副更清楚的画面，那就是垂直轴风机（VAWT）作为一个单一的单元与水平轴风机（HAWT）相比处于极其不利的地位，在能量捕获方面它要么巨大而昂贵，要么差得多；或者在较小的程度上，两者都有一定的不足。垂直轴风机技术在市场上大规模发电尚未取得成功。这不是拒绝垂直轴风机，但也说明如果垂直轴风机在商业上大规模应用取得成功则需要动摇现在的观念。

水平轴风机可以通过自由偏航实现其自身极少的成本降低。各种自由偏航、有限的自由偏航、软偏航或智能偏航可能不过是净收益。

本书所评论的主题中不包含顺风和逆风，在摘要中也没有过多的考虑。传统的水平轴风机若具有足够硬度的叶片能适应逆风运行，那么考虑其顺风运行几乎是没有意义的。顺风运行主要是协调有柔性叶片的叶轮设计，如 7.2 节中讨论的高速叶轮。

虽然多叶轮系统的概念在小规模内坚持着，但主流行业已经很少注意它。当钢成为叶轮叶片唯一的实用材料时，它才开始作为一种权宜之计。作为规模扩大的经济方面的解决方案，其潜能几乎没有得到认可。当然还有一些关键性的问题需要解决，如进一步验证大型阵列的气动性能和更详细的系统设计和评估。然而考虑到从二次方 - 三次方定律的基本原理和标准化大规模生产的收益两方面获得的经济前景，多叶轮无疑值得进一步调查研究。

前面的评论表达了非常明确的观点—尽管是基于一些在前面的内容中已经提出的推理和分析。这里没有最终的答案—新思路为表面上显得很差的方案赋予了新的生机。设计主题评论的主旨是围绕关键设计方案确定主要问题，启发可能的方法来评估概念的选项并公开逻辑论证，这可能加强流行的观点或公认的智慧或与其相冲突。

第4篇　创 新 示 例

考虑到设计的背景和在风机设计选择中对一些主题的评估，现在介绍几个创新技术的例子。这些所述仅仅是例子。这里并没有试图挑出要么在技术上，要么在商业条款里最重要的风能技术创新，在这个几乎每天都会出现新专利的行业里，仍然不很全面。同时也有许多创新，即使它们在市场上的地位是显而易见的，但由于一些商业机密的原因它们仍然不能被有效地讨论。以下考虑了一些非常不寻常概念的混合及一些更主流的发展。

第 17 章　强适应性叶轮的概念

17.1　叶轮运行的要求

在探索创新的叶轮系统时，必须首先考虑风机叶轮最基本的安全和有效监管。叶轮监管系统有两个主要功能：

1）阻止叶轮危险的超速行为。

2）管理高于额定风速的输出功率使之在满意的范围内防止破坏传动系统的功率水平或使其他系统组件过载。

此外，除了这些主要的安全功能，其目的是在最大化能量输出和最小化设计驱动负载之间找到一个最佳平衡。

防止叶轮在发电机没有提供反作用转矩的故障情况下超速是比在高于额定风速时调节功率更加繁重的任务。图 17.1 展示了一种典型的功率性能特征，C_p是叶尖速对风速比率的函数，λ 对于 3 个定桨距角设置为 1°（C_p最大时一个特定叶轮设计的最佳状态）、10°和 20°。假设叶片间距作用朝着负向入射以维持附加流，直到失速出现负的攻角。在尖速比达到某一最大值 λ_{max}处，每个特征通过零，这相当于在不考虑没有任何发电机或制动系统反应转矩或摩擦损失的情况下，叶轮速度可以达到最大的可能值。尖速比对应于 λ_{max}，图 17.2 展示了具有任意给定桨距角的叶轮可获得的最高尖速比和最大叶轮转速。1°的桨距角对应于

最大 C_p的曲线，其峰值限制尖速比约为 20。桨距角大于或小于 1°会导致 C_p最大值和 λ_{max}的降低。事实上在叶尖速非常高并在跨音速区域时，与马赫数有关的环境下极限尖速比可能会减少。这略微有点学术，因为这样的叶尖速通常与叶轮或发电机在极度离心载荷情况下的故障有关。尽管大型叶轮通常会被设计用于最大程度超速约超过最大稳态运行速度 30% 的情况下，并运行在更多的有限超速水平内，因此了解小型叶轮的极端失控条件是很重要的[1]，这样的条件可容忍相当高的超速以避免复杂的叶轮调节系统。

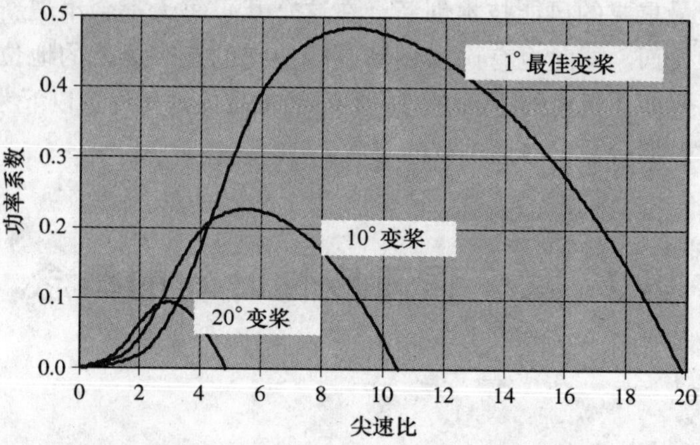

图 17.1 对所选定的桨距角的功率系数特性

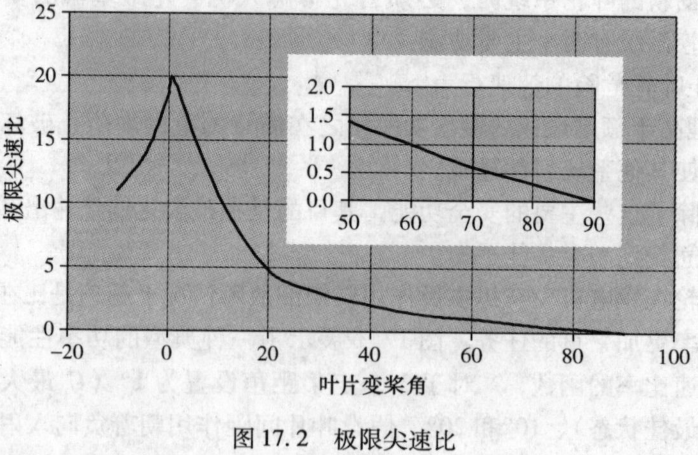

图 17.2 极限尖速比

叶轮的极限叶尖速为

$$\omega R = \lambda_{max} V \tag{17.1}$$

假设正常的最大稳态运行叶尖速为 V_t，而且在极端故障条件下最终的叶尖速限制是比它更大的一个因数 f。那么就需要有足够的安全性：

$$\lambda_{max} \leqslant \frac{fV_t}{V}$$

考虑典型的设计值 V_t 为 75m/s，在速度为 70m/s 的极端阵风中 f 为 1.3，那么

$$\lambda_{max} \leqslant 1.4$$

从图 17.2 的插图中很明显可看出将 λ_{max} 限制到低于 1.4 范围内，通常需要非常高的至少大于50°的桨距角。为了保持叶轮在所有风况下都能维持很低的空载速度，空载叶轮桨距角通常比此大，为 80° ~ 90°。另一方面，功率极限的调节（见图 17.3）需要稳态桨距角在 0° ~ 30°，在动态控制作用中可能要达到约 40°。

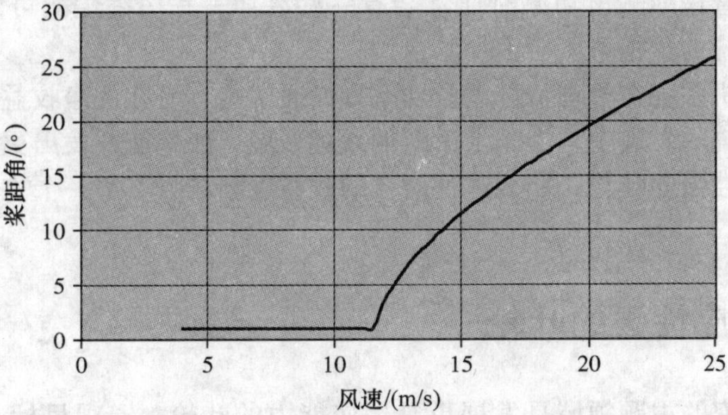

图 17.3　典型的稳态桨距角计划表

因此，对超速保护的气动需求比高于额定风速时功率调节的需求要繁重得多。

17.2　风机的控制

在风机的设计中叶轮空气动力学、结构动力学、传动系统动力学及控制系统动力学都有非常密切的相互作用。控制[2]在很大程度上超出了本书的研究范围。这里专门讨论了适应性强的与叶轮概念有关的控制，绝不与其在风机设计中整体的重要性成正比。

在风机的运行层次结构中，最关注的是安全问题，工程设计旨在建立机械和电力方面具有失效保护的系统，以便在任何可预见的故障发生时能保护系统。正常运行于发电状态的所有大规模风力发电系统，其主动控制系统对计算机有很大

的依赖性。运行的全面管理被描述为监控，该控制水平提出了关于起动、关闭、偏航制动过程和对还没有达到触发安全系统动作水平的故障响应。

在监控系统内部是所谓的闭环控制系统，该系统在普遍变速的情况下，变桨距调节发电机将调节叶片的间距，而且典型地，通过功率变换器的控制也将调整发电机的反作用转矩。此控制系统运行的原理是基于桨距角、叶轮转速和发电机转矩/功率测量反馈的基础。控制目标可能首要的是调节电力输出功率到所期望的设定点或通过跟踪所描述的转矩—速度特性使出力最大化。

然而，输出功率只是一个风机“负载”，现在人们也很好地认识到控制系统通过与整机动力学的内在相互作用通常能做更多的事情。适当的变桨动作可以使塔振动失谐[3-5]，并可能大幅降低塔的疲劳损伤。如果能提供额外的传感器（通常是加速计）测量临界振动，可以更有效地对负载进行控制。当扩展的控制目标超越了管理的输出功率时通常会有一些妥协——功率性能可能会有一点退化，变桨系统的负担可能会更加繁重。

不过风机系统在管理负载以及功率方面通常会有潜在的净收益，这是现在对风机控制系统的发展中一个非常活跃的兴趣领域。如果能开发出更多执行器容量增加的适应性强的叶轮，那么这种潜在的收益也会增强。下一个主题将会讨论这个问题。

17.3 适应性强的叶轮

最新研究的主题领域是发展更具适应能力的叶轮。宏观目标是增加能量捕获，同时包含设计驱动负载。尽管已经取得了重大的进展，但是直接通过改进的叶片剖面的空气动力学和改进的叶轮设计的气动优化具有有限的容量来增加能量。然而可以限制负载的系统可以允许更大直径的叶轮在能量输出方面具有更大幅度的增加。

为这些目的服务的叶轮适应性可能以多种多样的形式出现，一些例子如下：

- 叶轮叶片的差动变桨控制。
- 气动弹性设计的叶片一般包括量身定制的结构特征以引入挥舞变桨耦合[6]。
- 具有附加可控表面的智能叶轮（微标签、后缘襟翼增升、主动涡流发生器）[7-9]。

在评估智能叶轮的理念时，需要仔细考虑控制动力学。一些系统，如微标签，具有合适的执行能力，而且对于工程师可能相对容易，但响应的相位延迟可以说是一个明显的缺点。设计研究表明，后缘襟翼增升超过跨度的足够程度会使叶轮疲劳载荷减少，可能约60%。襟翼通常具有良好的控制特性，而且最感兴趣的是开发拥有灵活表面的系统（不像带有刚性襟翼的典型飞机设计）以避免后缘表面的延翼展方向的断裂。

叶片的差动变桨控制近年来受到广泛关注，这取决于每个叶片都有独立控制的变桨执行机构。20 世纪 80 年代早期变桨系统通常是集合体，典型地包含把它们从机械上相互连接起来的机制。其中一个有趣的创新是 John Armstrong 提出的滚珠螺杆机构的概念（见图 17.4）。

叶片间距受一个轴向移动的滚珠螺杆通过一个主齿轮箱轴上的孔所驱动。变桨驱动电动机用叶轮保持定桨距同步地驱动滚珠螺母。如果电动机发生故障或停止，滚珠螺杆会离开自己的桨距以使叶轮停止。这种连接非常有效，被用于 WEG MS2 型风机，24 年之后它仍运行在阿尔塔蒙特山口风场中。

图 17.4　MS2 型风机的变桨联动系统。John Armstrong 公司版权所有，并授权发表

最初在集合系统中使叶片互相连通可能一直被认为是比较令人满意的安全特性，该集合系统会阻止任何单个桨距角较大的差异。随着叶轮尺寸的增加，集体变桨距机构会成为工程师更高的要求。此外，当 1998 年提出 GL 规则[10]时，允许具有独立驱动变桨距系统的叶轮有两个气动制动，独立变桨系统成为主导。起初除了同步运行叶片没有其他方法，但个别叶片的变桨距控制当时是很容易实现的。一项对这种个别的变桨距控制具体的研究[11]表明它具有大量的潜在好处，比如叶柄疲劳载荷降低了 15% ~30%，轮毂和轴负载减少了 20% ~40%，塔顶力矩减小了 10%。另外一些最近的研究[12,13]确认了上述数字，并建议在功率性

能或速度调节方面不妥协而变桨活动的频率必然增加的情况下，变桨距系统的极端疲劳载荷和全生命周期的疲劳载荷都可以减少。

当前研究的重点是使用最少的执行器容量，针对翼型剖面的敏感区域（如后缘）修正气动性能，因为在这片区域很小的几何变化都可以显著改变气动特性。

目标是生产“智能”叶轮，其中具有适当的执行器容量而又相对便宜的系统可以显著提高叶片的监管和系统载荷，并更好地管理疲劳损伤和最大能量捕获之间的权衡。然而这样的系统必然只是补充部分，依靠它们自身不能足够地改变叶轮的气动性能以处理超速保护和功率限制的主要监管功能。

也有可能存在更激进的概念。这些概念的基本原理是采用一个可变直径的叶轮使尺寸最大化，并且在轻风和微风情况下都能暴露在风载荷下，这对能量捕获是非常重要的，但也会在更高的风速下通过减小扫掠面积，以抵御系统增加的负荷。这些概念会在 17.4 节和 17.5 节中讨论。

上述所讨论的所有适应性均朝着不同的方向发展，从刚性叶轮几何结构到可能最终朝着鸟类翅膀的柔性和更高适应性技术方向发展。

17.4 锥形叶轮

17.4.1 概念

铰链叶片是直升机设计中的惯例，其中由离心力产生的强大的恢复力矩将平衡气动弯矩，具有铰链叶片的叶轮设计在风能技术早期历史中很常见。在 20 世纪 80 年代玻璃纤维增强塑料材料系统成为叶轮叶片既定的技术以前，钢铁通常被用于叶片结构（见图 4.1 及相关的讨论），叶片被装上铰接以缓解钢自重产生的弯矩。

因此早期装有铰链叶片的风机与最早的多叶轮系统以大致相同的方式进化，由于用钢铁制造非常大的叶片所面临的难题，所以这基本上是出于防御的目的。1995 年 GL Garrad Hassan 被英国贸易和工业部（DTI）邀请进行一项先进的风机设计的前景评估。在此项目进行期间[14]，应运而生出现了可能会有截然不同的对铰接叶片（和第 15 章中讨论的多叶轮系统）的正面激励。

考虑各种各样的创新设计并寻找推进风机设计的基本原则产生的结论是有两个也许只有两个主要原则可以明显改善此技术，它们如下：

1）增加能量捕获（值）对设计驱动负荷（成本）的比率。

2）增加扫掠面积（能量捕获值）对系统体积的比率（成本）。

第一条原则引出了可变直径叶轮的概念，这是将要进行描述的；第二条引出了多叶轮的概念，这在第 15 章中已被讨论过。

设计具有铰链叶片的锥形叶轮的原始动机是为了纠正产生大部分能量的风速范围（3~15m/s）和大部分设计驱动负载及相关的成本所遭受的更高的风速范围（12~60 或 70m/s）之间明显的比例失衡问题。此想法是设计一个直径可能比传统刚性的基线设计大 25% 左右的叶轮（一定是在顺风的姿态下）。设计的目的是比等价的额定传统系统提取更多的能量，同时避免临界负荷的增加。叶轮按锥形调度运行，典型的如图 17.5 所示。风机基线现在是 100m 直径、变桨距调节、变速、3MW 的风机。相对于原始的、额定功率均为 450kW、基于锥形叶轮设计和丹麦失速调节设计为基线的原始评估（大约在 1995 年），这是一个改进。

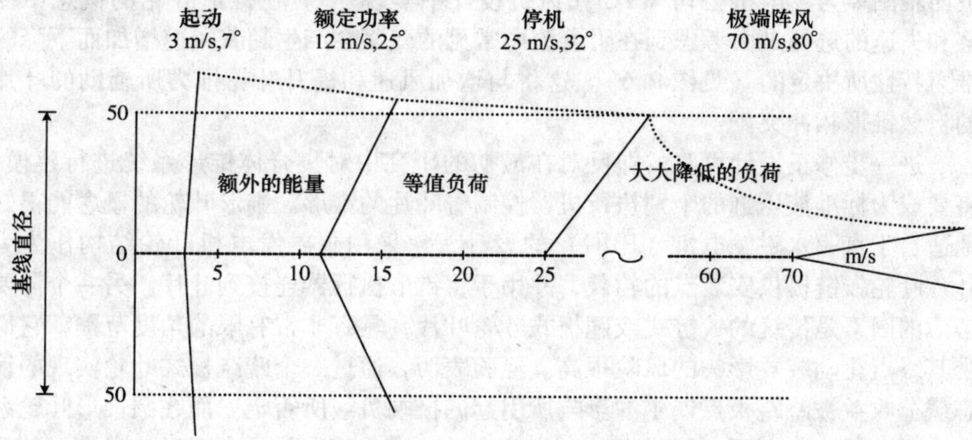

图 17.5　锥形叶轮的运行

轻风（即 3~9m/s）中处于最大扩张以便使能量捕获增至最大限度的叶轮在锥角为 6°时开始运行。圆锥用运行于负载控制模式的执行器进行主动控制，旨在当风速低于额定值又不超过规定的叶柄弯矩极限时最大限度地进行能量捕获。随着风速的增加，叶轮以空气动力学和离心力之间自然均衡的方式，并由运行在规定负荷极限之内的锥形执行器提供附加襟翼阻尼自由地成为圆锥体。这种均衡角由洛克数 γ 决定的，这里以弦宽 c、升力斜率 $\partial Cl/\partial\alpha$、叶轮半径 R 和叶片挥舞惯性 I_b 表示：

$$\gamma = \rho c(\partial Cl/\partial\alpha)\frac{R^4}{I_b} \tag{17.2}$$

洛克数是尺度不变的，因此，例如就像在 4.4 节讨论的，如果坚持扩展比例相似性，那么均衡锥角不变。一个运行在恒定速度的顺风叶轮的自由锥角，可以帮助进行功率调节，但是可以解释的是不是其自身适用于在风速高于额定值时调节功率到设定值。还有一个考虑是一个自由的锥形叶轮是动态不稳定的。扫掠面积的收缩降低了叶轮的转动惯量，通过角动量守恒，叶轮趋向于加速。

1995年的初步研究考虑了失速运行状态，其发电机反作用转矩被用来减少叶轮速度，这反过来又降低了离心力从而导致锥角增加。控制动力学很复杂，但是如果对颇具挑战性的功率调节设计方案，可以发现这是可行的。最初的研究仅考虑了锥形和变速采用发电机反作用转矩的控制降低速度并在高运行风速下提升锥角。

不过关于运行问题更近的考虑表明，最好的方案可能是带动叶片朝着失速倾斜的变桨距控制。当这一概念首次被发展时，它因为避免了变桨距系统结合锥形系统，被认为是合适的。然而这项技术在直升机技术中却非常普通，并且成功地被西雅图风力发电机公司 WTC 在风机设计中实现[16]。在锥形叶轮的概念中变桨和失速的选择是由考虑到在附着流中常见的变桨会产生随着风速增加而下降的推力特性所决定的（见图9.6）。这将与增加风速和提升叶轮推力所辅助的叶片的自然锥形相冲突。

进一步修正设计思路，即反对在最初的研究中对集合体锥形系统进行建模，将要成为标准液压缸的个别执行机器控制着叶片的锥形。锥形叶轮的概念能很好地适合于直驱永磁发电机（PMG）的设计，它采用永磁发电机叶轮结构作为为叶片叶轮铰链提供安装点的轮毂，并用于将锥形执行器连接到叶片。另一个需要考虑的因素是传统的铰链式或翘板式叶轮叶片，具有非常有限的角度范围，它们受其终点止动装置影响的风险很高。经验表明，通过一个跷跷板式叶轮实现的动态载荷收益被跷跷板点偶尔的影响所引起的极端负载所否定。而在圆锥形叶轮系统中避免了这一方面，因为它所对应的圆锥角远非其在强风中通过的末端，并且在故障安全制动作用下，锥形制动器将会仍然提供阻尼作用。

自20世纪90年代中期最初的工作开始，Crawford[17]开发了改进的圆锥气动模型。Crawford 和 Platts[18]及其他人考虑到了锥形叶轮设计的运行和工程中更进一步的方面。

Garrad Hassan[19]在概念上进行了最初的研究，在湍流风中负载和性能的建模被锥形叶轮设计中许多关键问题的其他独立评估所补充：噪声发射[20]、视觉冲击[21]、偏航系统[22]和永磁发电机设计[23]。

对设计中主要的关注点进行了评估。例如当叶片停在完全锥形的位置并且在极端风暴条件下系统担任起风向标的作用，由于风向和一般风湍流的变化，会引起严重的测量荷载吗？对一组三维湍流风场的仿真，描述了70m/s的最大3s的阵风（极端阵风，I类风场），建议采用侧向负载，尽管很重要但不应驱动任何主要部件的设计。

17.4.2 锥形叶轮：总体评价—能量捕获

假设具有图17.5所示的圆锥明细表，锥形叶轮的功率曲线（125m的完全展开直径和 3MW 的额定电力输出）和基线（直径 100m，额定功率为 3MW）在图 17.6 中进行了显示。假设两种设计具有相同的传动机构，该传动机构以效率表示其直驱永磁发电机和功率变换器。锥形叶轮超过基线的能量增益百分比作为年平均风速的函数被表示在图 17.6 的插图中。

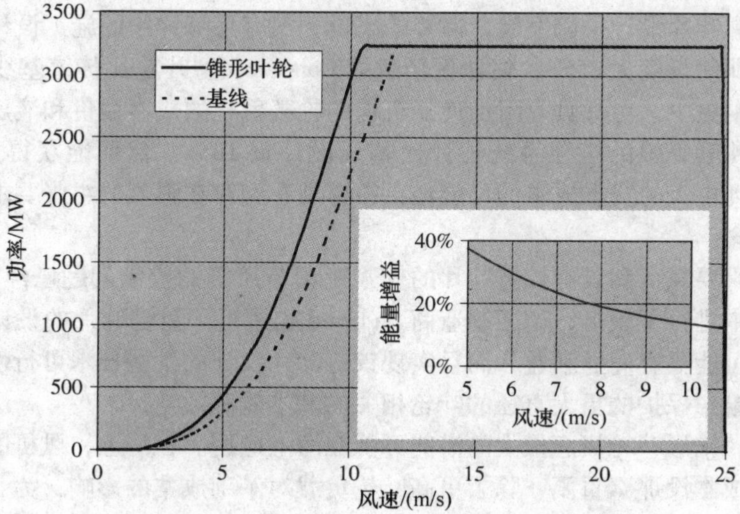

图 17.6　锥形叶轮与基线的叶轮功率和能量的比较

17.4.3　锥形叶轮：总体评价—负载

一般来说，将比锥形叶轮大 25% 的负载限制到基线设计水平的目标是成功的（见表 17.1）。该数据来自于对均处于当时最新技术水平的、450kW、具有 Bonus 450 失速调节风机的原始研究。风机均没有采用变桨距调节。根据建议，在改进的比较中，在锥形叶轮的情况下采用倾斜至失速的控制。

表 17.1　Cone 450 和基线 450kW 临界弯矩（kNm）的比较

临界弯矩	全生命周期等效疲劳负荷			最大负荷		
	圆锥	基础	比率	圆锥	基础	比率
叶片	180	187	0.96	521	667	0.78
轮毂	198	219	0.90	600	611	0.98
轴	197	202	0.98	600	556	1.08
翻转	113	157	0.72	455	666	0.68
偏航	81	219	0.37	492	558	0.88

17.4.4 概念综述

20 世纪 90 年代中期，英国 DTI 项目开展了非常广泛的研究，所取得的主要成就是对负载和系统动力学进行了建模，其中也包括复杂控制系统的设计。对成本的评估是非常鼓舞人心的，但是相对浅显。后来提出了轮毂叶片设计的有限元分析，轮廓叶片设计得以发展，但总的来说，没有足够详细的施工设计来支撑成本预算。即使长度大 25%，估计更轻载的 Cone 450 型叶轮比传统基线设计的总重量和成本更少。考虑具有附加连杆机构的轮毂系统的成本溢价和液压锥形执行器，Cone 450 完整的塔顶系统估计比基线设计贵 10%。然而能获得大量能量，甚至考虑到更大的资本成本的可能性，很容易看到存在强烈的主张要求进一步研究这一概念。

一些重要载荷和具有铰链叶片的变桨距调节风机的控制问题已经在 WTC 设计的风场中进行了验证，德国制造商 Sudwind 也进行了铰链叶片的设计。这些公司发现它可能具有商业利益，而且实现铰链叶片设计的某些技术可行性还没有获得与更大锥角保护的更大直径的叶轮相关的基本能源效益。

最后，锥形叶轮概念最大的潜能可能在海上应用。在海上，风机的成本相比陆地上的成本没那么重要，除了更高叶轮负载对基础成本的影响，为了获得更高的容量因子及昂贵的电力基础设施更高的利用率，增加叶轮直径是顺理成章的。对于锥形叶轮设计，基础载荷还没有显著增加，然而直径高达 25% 的增加取决于风速，这将大大增加额定风电场容量下每兆瓦的能量输出。叶轮的装配和运输也受到了包含叶片折叠在它们的铰链上这一可能性的推动。

17.5 变直径叶轮

锥形叶轮主动改变扫掠面积，因此实际上是改变了叶轮直径。Jamieson[24] 基于包含在主叶片剖面之内的滑动叶片的想法对实现变直径叶轮的另一种方法进行了构思，如图 17.7 所示。

最佳叶片所需的恒定升力分布可通过采用更高设计升力系数的翼型而被保持在可伸缩部分更小的弦宽上。弦宽或扭曲极小的变化要求超过典型尖速比约为 9 的最佳叶轮设计中跨度最远端的 30%，因此伸缩叶片部分可方便地实现恒定截面。主叶片末端和可伸缩部分之间的过渡当然具有空气动力学的意义，而且需要精心设计以使损失最小。

使最大直径大于轻风下相同功率等级的传统叶轮以及比强风中相同的传统叶轮直径更小的伸缩策略类似于锥形叶轮的概念，两者整体目标是相同的，即实现额外的能量捕获，同时更有效地管理设计负荷。

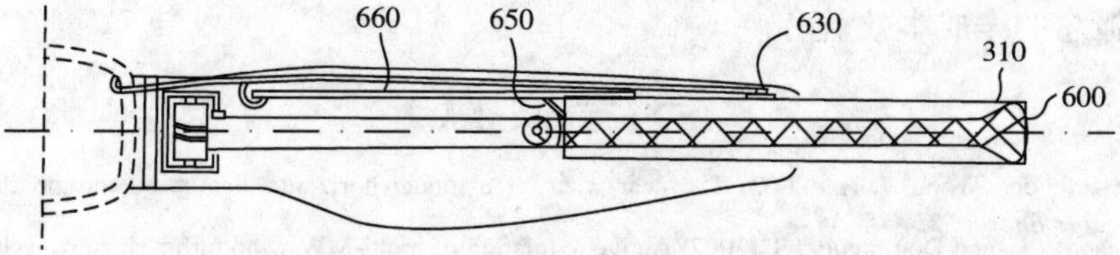

图 17.7　变直径叶轮的叶片。摘自专利文件 US 6972 498 B2

然而，考虑图 17.7 的功率曲线特征，最能说明一些有趣的差异。

叶轮作为一个具有最佳固定几何形状的变速叶轮运行在全伸展状态下处于理想尖速比和最大 C_p 时，达到对应于图 17.8 中 A 点的风速。随着风速的增加，叶轮直径逐渐收缩。尽管叶轮现在对于严格的最大 C_p 必然属于次优几何结构，也许令人惊讶的是，它运行起来比传统的变速叶轮在低于额定功率的恒定速度范围内状态更高。增加风速相应的会减少尖速比。将叶轮缩小增加了其硬度，这适合于降低尖速比从而保持较高的 C_p 的情况。

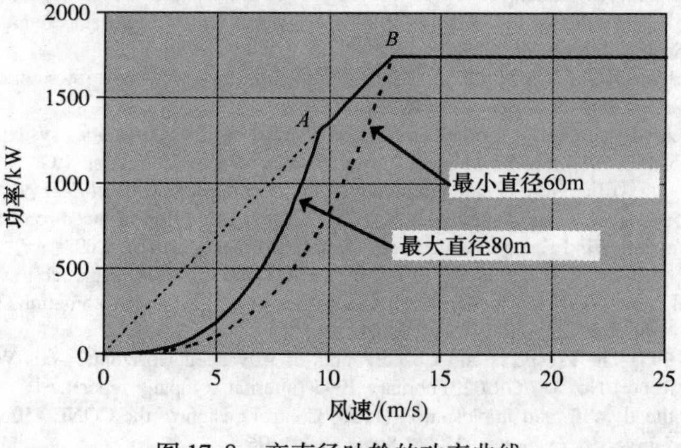

图 17.8　变直径叶轮的功率曲线

将叶轮直径降到 70m，实现了等值传统叶轮的额定功率（直径 70m、1500kW 额定功率）。随着直径进一步减少到 60m，功率到达 B 点，没有超过任何尖端尖速的限制，叶轮轴的转速可能增加。因此在与传统风机相同等级的完全额定转矩和相同的尖端速度限制时，变直径叶轮可运行在更高的转速，并产生更多的功率（约为 1750kW）。在电力系统增容到更高功率等级时当然会有一些附加成本，但研究表明以这种方式运行整体比较经济。对于最小直径小于传统值以及最大值大于传统值的方案，这种类型系统的最优化，相对于与额定功率相关的直径的选择是非常微妙的，自然这也取决于风场的风力条件。

尽管叶片滑动机制很明显具有挑战性，但是变直径运行的能源效益是主要的，包含滑动机制的叶片结构设计研究表明，工程上的问题是可以克服的，有望获得此概念的净成本效益。

参考文献

[1] Ebert, P.R. and Wood, D.H. (2002) The near wake of a model horizontal-axis wind turbine at runaway. *Renewable Energy*, **25**, 41–54.

[2] Leithead, W.E. and Dominguez, S. (2007) Active regulation of multi-MW wind turbines: an overview. *Power System Technology*, **31** (20), 24–34. doi: 1000-3673(2007)20-0024-11.

[3] Bossanyi, E.A. (2000) The design of closed loop controllers for wind turbines. *Wind Energy*, **3** (3), 149–163. doi: 10.1002/we.34.

[4] Leithead, W.E. and Dominguez, S. (2005) Controller design for the cancellation of the tower fore-aft mode in a wind turbine. CDC/ECC, Seville, Spain, December 2005.

[5] Chatzopoulos, A. and Leithead, W.E. (2010) Reducing tower fatigue loads by coordinated control of the Supergen 2MW exemplar wind turbine. Torque2010–The Science of Making Torque from the Wind, Heraklion, Crete, June 2010.

[6] Lyons, J.P., Robinson, M.C., Veers, P. and Thresher, R.W. (2008) Wind turbine technology – the path to 20% US electrical energy. Power and Energy Society General Meeting, Pittsburgh, July 2008.

[7] van Dam, C.P., Chow, R., Zayas, J.R. and Berg, D.E. (2007) Computational investigations of small deploying tabs and flaps for aerodynamic load control. The science of making Torque from wind. *Journal of Physics: Conference Series*, **75**, 012027. doi: 10.1088/1742-6596/75/1/012027.

[8] Marrant, B.A.H. and van Holten, T. (2006) *Comparison of Smart Rotor Blade Concepts for Large Offshore Wind Turbines.* Proceedings of the Offshore Wind Energy and Other Renewable Energies in Mediterranean and European Seas, Civitavecchia, 2006.

[9] Barlas, T.K. and van Kuik, G.A.M. (2010) Review of state of the art in smart rotor control research for wind turbines. *Progress in Aerospace Sciences*, **46**, 1–27.

[10] Germanischer Lloyd Regulations for the certification of wind energy conversions systems. Edition 1993 with Supplement 1, March 1994 and Supplement 2, March 1998 Chapter 2, Section 1.C.

[11] Bossanyi, E.A. (2003) Individual blade pitch control for load reduction. *Wind Energy*, **6** (2), 119–128.

[12] Leithead, W.E., Neilson, V. and Dominguez, S. (2009) Alleviation of unbalanced rotor loads by single blade controllers. European Wind Energy Conference, Maseilles, France, March 2009.

[13] Leithead, W.E., Neilson, V., Dominguez, S. and Dutka, A. (2009) A novel approach to structural load control using intelligent actuators. 17th Mediterranean Conference on Conrol and Automation, Thessaloniki, Greece, June 2009.

[14] Jamieson, P. (1995) The Prospects and Cost Benefits of Advanced Horizontal Axis Wind Turbine Design. Garrad Hassan Report No. 317/GR/02, February 1995 (internal company report).

[15] Connor, B., Leithead, W.E. and Jamieson, P. (1996) Control design of the CONE 450 wind turbine. BWEA 18 Conference, University of Exeter, 25–27 September 1996.

[16] http://www.windturbinecompany.com/technology/index.html. Accessed April 2011.

[17] Crawford, C. (2006) Re-examining the precepts of the blade element momentum theory for coning rotors. *Wind Energy*, **9** (5), 457–478.

[18] Crawford, C. and Platts, J. (2006) Updating and optimisation of a coning rotor concept. 44th AIAA Aerospace Science Meeting and Exhibit, Reno 2006.

[19] Jamieson, P. and Jaffrey, A. (1997) Advanced wind turbine design. *Journal of Solar Energy Engineering*, **119**, 315–320.

[20] Lowson, M.V. and Lowson, J.V. (1994) Noise Evaluation of Coning Rotor. Report No. 94/07, Flow Solutions Ltd, 26 September 1994.

[21] Nicholas Pearson Associates & Garrad Hassan (1995) Visual Impact Study – Coning Rotor HAWT. ETSU NAA/668 E/ETSU2/TI, November 1995.

[22] Bennett, M.G. (1995) *Evaluation of Possible Yaw Systems for the CONE-450 Wind Turbine*, M G Bennett & Associates Ltd, Ref. R2637/1A, August 1995.

[23] Spooner, E. (1994) Direct-drive, Variable-speed Generator for CONE-450 Advance Wind Turbine. School of Engineering University of Durham, 27 June 1994.

[24] Jamieson, P., Hornzee-Jones, C., Moroz, E.M. and Blakemore, R.W. (2005) General electric company (assignee) variable diameter wind turbine rotor blades. Patent No US 6, 972,498 B2. Dec. 2005.

第 18 章　覆盖式叶轮

带边缘的、与叶轮成为一体的叶轮以及位于管道或扩散器中的叶轮在风能技术的历史上不时地出现。与叶尖风向标一样，如果被适当的设计，叶轮边缘也作为一个扩散器与叶轮一起动作。

有时带边缘的叶轮，例如 Swift 1.5kW，2m 直径的风机（见图 18.1），边缘的功能也是提供更安全、更强大的叶轮组件并抑制叶尖噪声以提高气动性能。虽然整体边缘的优势是它支撑着叶轮叶片，并被叶轮叶片所支撑，但其缺点是在随着叶轮叶片移动过程中，它在叶轮上增加了总的气动阻力。

图 18.1　带边缘的叶轮设计——Swift 1.5kW

然而叶轮的边缘可能有多种功能，带有与叶轮分离的管道或扩散器的最常见的设计目标是诱导附加质量流量通过叶轮的扫掠面积，从而对于给定叶轮直径，与开流中的性能相比，显著提高其性能。正如在 1.5 节中对长度的讨论，任何增加的功率均正比于质量流量的增加，它随着速度的增加是线性的而不是三次方的规律。

这样，在关键设计中就应在性能收益的值和额外结构的成本之间做权衡。在扩散器设计中相关的问题是如何用最小的附加结构获得最大的性能增强。为此考虑了末端边界层注入[1]和基于混合搅拌喷射器原理[2]的其他系统设计。这样做的目的还是在叶轮平面上有助于在周围空气中能量提取过程中增加质量流量，在这种情况下从一些与扩散器相邻但不流过叶轮的质量流能量中获得收益。

2006年10月Katru Eco－Inventions有限公司的Varan Sureshan，Implux™风力发电机——一个覆盖式叶轮系统的发明者，请求GL Garrad Hassan公司协助完成他的系统，尤其是协助其开发叶轮设计。作者曾参与1995年左右的一些Vortec项目，意识到没有严格的理论来优化当时存在于扩散器中的叶轮。解决这一问题的挑战，至少从考虑理想非黏流的基本层面上，触发了1.5节的广义激励盘理论及其应用于叶素动量（BEM）理论的发展。

Implux设计（见图18.2）包含传统的轴向流动，但安装在中央垂直轴上的叶轮。它被放置在包含了内部导流叶片的轴对称覆盖物的要塞处，该导流叶片的作用是引导环境风向上流动通过叶轮。高于叶轮水平面的上部结构担任起扩散器的作用，通过扩散器顶部的风流有助于产生尾流。

Implux概念并不是主要针对质量流量的增加，是专门针对商业建筑的屋顶部署而设计的，需要注意的是与流动分离区域有关的强劲的上升流是典型的在建筑物顶边的流量，关键的目标是开发一套对流动方向不敏感的系统。由于具有关于垂直轴的对称性，Implux系统像垂直轴风机（VAWT）设计一样，可以明显地适应任何风向而没有垂直流分量。采用计算流体动力学（CFD）进行流场仿真（见图18.3）显示在上升流中，甚至在相当严格的40°左右的角度都有性能的增强。

CFD仿真也证实，即使有固定几何结构的轴对称入口导向叶片（见图18.2上部）并且对结构周围的流量开放，但是依然有极小的漏流绕过叶轮。这可能是由于来自扩散器边缘形成的涡流和来自尾流夹带的吸力造成的。

矢量流方向（见图18.3）展示了设计中如何很好地处理上升流中流入角以及夹带尾流的空气的气流角问题。对于此系统的分析建议在最大C_p时的C_t不应高于0.7左右。于是采用基于广义流叶素力量方程的最佳叶轮理论开发了初步的叶轮设计（见1.12节）。

在如Katru设计的黏流系统运行的现实世界中，8/9的理想叶轮正压力系数覆盖式系统中的低效现象有所降低，但也可能被夹带尾流的表面流所增强。在其设计发展过程中，Katru首次尝试采用CFD建模并概括地将叶轮电阻建模为压力降。后来在CFD中进行了详细叶轮的建模。此系统对于所要研制的任何精确的

图 18.2 Katru Eco - Inventions 公司的 Implux 覆盖式叶轮系统。Katru Eco - Inventions 有限公司版权所有，并授权发表

理论性能预测都极其复杂。然而一个非常有用的、关于某一扩散器的几何结构是否优于另一个的指南是在最大 C_p 时的正压力系统 C_t 值是否增加。在很大程度上不考虑根据最大 C_p 值判断的叶轮效率，这是正确的。

在 Implux 设计初步发展的过程中，重点关注的是系统气动设计和性能问题。最近一个完整的系统设计被开发出来。一个类似于蜂窝一样的结构自然是牢固的，但是对于制造来说也相当复杂。如第 13 章中所讨论的一样，垂直轴风机对上升流不敏感，在缓和的上升流中甚至可能获得性能增长。虽然 Implux 设计在某些方面比垂直轴风机更复杂，但是它可能胜过相似等级的垂直轴风机，并能在具有潜在的、更和谐的视觉冲击的城市环境下，为叶轮提供更安全的控制。Implux 设计在新加坡一座 16 层建筑上进行了样机测试，现在（2010 年 12 月）已接近攻坚阶段。

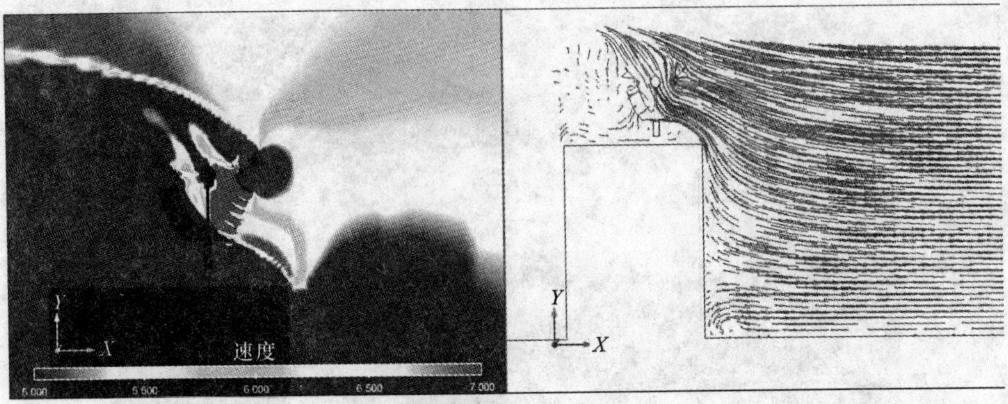

图 18.3 运行在建筑物顶层的速度场（m/s）。Katru Eco - Inventions 有限公司版权所有，并授权发表

参考文献

[1] Oman, R.A., Foreman, K.M. and Gilbert, B.L. (1975) A progress report on the diffuser augmented wind turbine. 3rd Biennial Conference and Workshop on Wind Energy Conversion Systems, Washington DC, 1975.

[2] http://www.flodesignwindturbine.org/. Accessed April 2011.

第19章　Gamesa G10X型传动系统

在20世纪80年代和90年代期间，传动系统的设计几乎没有进展，大多数传动系统由两级或三级的变速器（根据风机的尺寸而定）和高速感应发电机（通常是1500r/min或1800r/min）组成，并以明确的模块化方式布置。现在传动系统发展的情况发生了变化（见8.3节），它成为创新最活跃的领域之一。第6章（见6.6节）讨论了具有一级或两级传动装置和永磁发电机（PMG）、被称为混合动力的传动系统设计，对特别紧凑且性价比高的传动系统解决方案的潜力也进行了评论（见6.9节）。

除开发了一种低质量、两段式的叶片和其他创新之外，Gamesa还在其4.5MW、128m叶轮直径的G10X风机设计内采用了混合动力传动系统技术。

它们的变速器系统被高度集成（被Gamesa公司描述为"COMPACTRAIN"），将叶轮主轴直接连接到变速器（见图19.1）。

图19.1　G10X变速器总成。Gamesa公司版权所有

变速器由额定功率下输入轴速度11.84r/min和整体传动比37.88的两级行星结构组成。第一级是正齿轮，第二级是螺旋齿轮。将锥形滚柱轴承用于第一级和第二级的整合。第一级行星和第二级进行了专门设计以吸收由主轴倾斜引起的挠度。在第一级、第二级和高速轴模块之间采用了模块化设计（若有需要可在实地进行更换）。采用压力润滑将合成润滑油通过带有油槽的独立通道供给每个轴承和齿轮使用。所有润滑管道都设置在外部以便维护。Gamesa公司声称这种布置相比较与其竞争的传统系统设计具有明显更少的零件数。变速器质量是35t，若包括主轴总成，总质量约为70t，总体尺寸直径为2.3m，长为3m。

G10X永磁发电机（见图19.2左图）是径向磁通设计，采用了大型风力发电机组中永磁发电机设计中最常用的高强度钕铁硼磁体。它有 24 个磁极，额定转速为 448r/min（最大转速为 627r/min），额定功率为 4.8MW。机架和外壳采用水冷式，永磁发电机的设计寿命为 20 年，除了润滑作用外免维护。

图 19.2　G10X 发电机（左）和风力发电系统。Gamesa 公司版权所有

发电机质量 18.5t，连同 70t 的变速器和主轴系统，表明与少数其他可比得上等级和直径的非常大型的风机系统相比，其总的机舱系统质量很低。传动系统说明了混合设计类型的优点，即通过便于安装和维护的模块化设计可以降低质量和成本。

第 20 章 陀螺转矩传递

陀螺仪非常令人着迷，是因为它有着令人惊奇的特性—即关于一个轴的转矩会引起关于另一个不同轴的运动。对这种奇怪行为的分析已达到了某种程度以致对旋转陀螺仪运动综合分析的解释被认为是经典刚体动力学的最高成就[1]。

本章没有探究陀螺仪动力学的细节，对转矩传递方面的有效性能进行了概括。Stephen Salter 考虑将陀螺仪广泛用于其著名的波能设备“点头鸭（Nodding Duck）”中[2]，他研制出一种有效描述陀螺仪动作的“黑匣子”[3]。黑盒子具有输入轴 A，其相应的输入转矩和速度分别为 τ_A 和 ω_A，输出轴 B 对应的转矩和速度分别为 τ_B 和 ω_B。此盒子具有陀螺仪的特性 $\tau_A \propto \omega_B$，当然也有平时所说的变速器特性 $\tau_A \propto \tau_B$。盒子中陀螺仪的转动惯量、角速度和进动角分别是 I、Ω 和 φ。假设传输无损，那么功率 $P = \tau_B\omega_B = \tau_A\omega_A$。

表 20.1（从 Salter 的文献［3］摘录修改所得）揭示了所应用的输入㊀转矩与输出运动之间的映射关系，反之亦然，这对于陀螺仪系统行为有各种不同的影响。

除了黑匣子的主要特性，同样值得注意的是陀螺仪的传递是根本上振荡的，而且需要连续的输出转速，输出必须在某些方面做出调整。

尽管存在这些问题，但恰恰是陀螺仪动作的不寻常特性使其具有了用于电力传输系统的可能性。对风机传动系统有一种理想是它成为一种可以将可变、低速、高转矩的输入转变为恒定高速、低转矩输出的系统，从而可以连接到同步发电机上，比如在大规模电力生产中经常使用的那种。陀螺仪无级变速器（GVT）能够实现这一点吗，它又会是什么样子？

许多发明者申请了专利，将陀螺仪的特性应用于转矩传输过程。它们被建造出来后通常非常复杂及笨重。最近，M. Jegatheesan（Jega）设计了一个复杂度相对降低的巧妙系统㊁，尽管它仍然需要一个通过离合器进行输出矫正的机械装置。

㊀ 为方便起见，采用了“输入”和“输出”的术语。然而这些特性是对称的，“输入”和“输出”的概念可以互换。

㊁ GL Garrad Hassan 公司被要求对此系统进行评估。此工作正在进行中，一些细节仍属于机密。陀螺能源（Gyro Energy）有限公司和发明家 Muthuveipillai Jagatheeson（Jega）很友好地同意在本章中发表相关的讨论。

表 20.1 陀螺仪“黑匣子”的属性

输入轴 A	输出轴 B
转矩	速度
τ_A	$I\Omega\cos\varphi\omega_B$
ω_A	$\dfrac{\tau_B}{I\Omega\cos\varphi}$
轻阻尼	重阻尼
K_A	$K_B=\dfrac{(I\Omega\cos\varphi)^2}{K_A}$
小弹簧	大惯性
S_A	$M_B=\dfrac{(I\Omega\cos\varphi)^2}{S_A}$
小惯性	大弹簧
M_A	$S_B=\dfrac{(I\Omega\cos\varphi)^2}{M_A}$

下面对 Jega 概念[4]应用于风机传动系统中会出现的问题进行了总结。

此概念的本质是通过凸轮或曲柄，风机叶轮的输入转矩引起活塞（见图 20.1）摆动。此摆动经由连杆臂摇晃在副机架中旋转的陀螺仪轴。摇晃陀螺仪的旋转轴，通过经典的陀螺效应，产生了一个关于垂直角度轴线的转矩，引起了与连杆臂连在一起的主机架的摆动，而副机架可以相对活塞自由旋转（见图 20.1 中的主推力轴承）。这样便造成了主机架的摆动运动。最后应用离合器对（Jega 同样对于离合器提出了专利解决方案，尽管磁流变离合器[5]对此应用可能有兴趣）来纠正主机架的摆动运动，并产生一个单向旋转的输出。

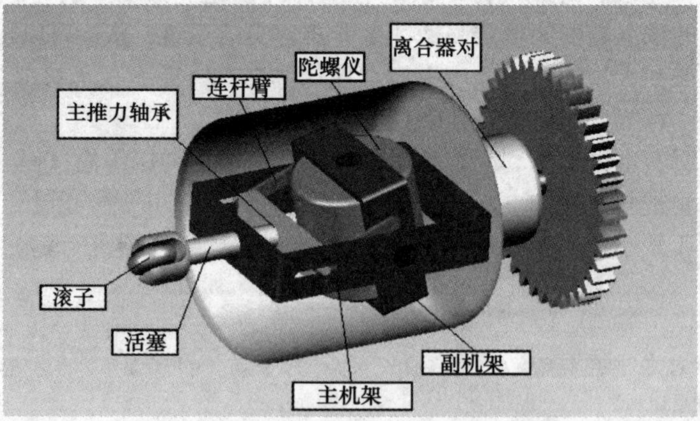

图 20.1 单个 GVT 单元

单个陀螺仪单元的转矩输出如图 20.1 所示，可以发现它极其不规则，这说明存在很大的输出功率变化，而且陀螺仪轴承负荷非常高。此外，如果风机叶轮驱动一个如图 20.1 所示的单一单元，也就是通过曲轴布置，在单个陀螺仪单元中存储的能量将与存储在风机叶轮中的能量是同量的！改变陀螺仪的旋转速度将需要巨大的转矩，或响应会非常慢，从而排除了这种方案作为功率控制方案的可能性。所有这一切都给如何开发可以解决这些问题的系统布置留下了具有挑战性的问题。

Jamieson 等人[6]提出了一个解决方案，即用轴向环凸轮（见图 20.1）来产生所需的摆动输入运动。相比通过单个直驱单元进行电力传输的需求，每个陀螺仪所需的角动量随着凸轮凸角数目 n 乘以陀螺单元数 m 所得到的倍数降低。因此，具有 11 个凸角和 6 个 GVT，在固定设计的陀螺仪速度时，每个陀螺仪转动惯量降低至 1/66。更明显的是，在陀螺仪轴承中产生径向力的转矩也相应地减小。这是该装置一个至关重要的优势。

图 20.2 所示是该系统详细的计算机仿真模型（具有 11 个凸轮凸角和 6 个陀螺仪单元且它们的输出相互连接）。在此模型中运行于 1500r/min 的标准同步发电机被连接到 GVT 系统的输出。

虽然 6 个 GVT 单元总的机械输出仍然变化很大（见图 20.3），但由于 GVT 输入频率的增加正比于凸轮凸角数，这种变化会出现在比同步发电机基波频率（与输出机械惯性和电气刚度有关）明显要高的频率上。因此发电机能够滤除机械转矩的变化，将其减小为轻微的波纹，产生平滑的输出功率（见图 20.3）。

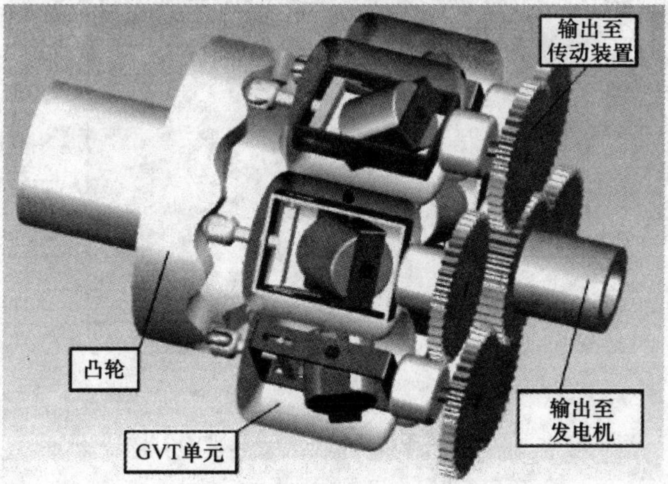

图 20.2　GVT 系统配置

图 20.4 给出了一个具有常规传动系统（环境风速 18m/s 及 10% 的湍流强度）、运行在变速状态的 1MW 风机低速轴转矩典型的历史记录。低速轴转矩存

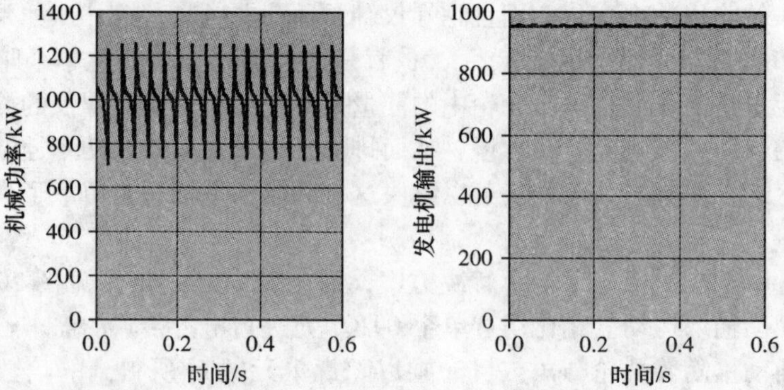

图 20.3　机械和电功率输出

在明显的高度变化，反映出风中的湍流。变桨距系统的作用是保持额定功率，因此桨距角的变化近似地与轮毂高度的纵向风速有关。考虑到风机叶轮的高转动惯量，相关的轴速变化（见图 20.5）并不大，而且叶轮速度的高频变化已被滤除。

相同的输入转矩和速度变化可以被认为是图 20.2 中带有 GVT 系统的传动系统的输入。那么，GVT 系统的输出与传统传动系统有很大不同，这就是表 20.1 中“黑匣子”特性开始起作用的地方。

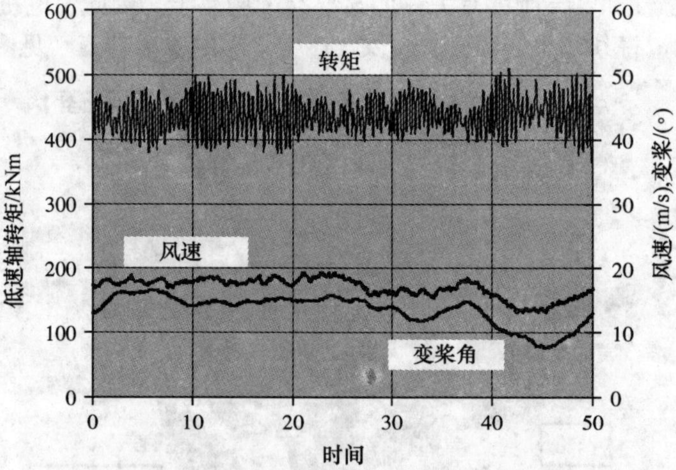

图 20.4　低速轴转矩历史纪录——典型的 1MW 风机

由于在转矩和速度特性映射中的“黑匣子”效应，（发电机）GVT 系统输出转矩的变化看起来与输入的低速轴转速的变化相像。这在图 20.5 和图 20.6 的插图中进行了强调。因而在 GVT 系统中，转动惯性不仅平滑了输入速度的变化，而且它也平滑了输出转矩的变化。更准确地说，如图 20.3 所示，与 GVT 系统内

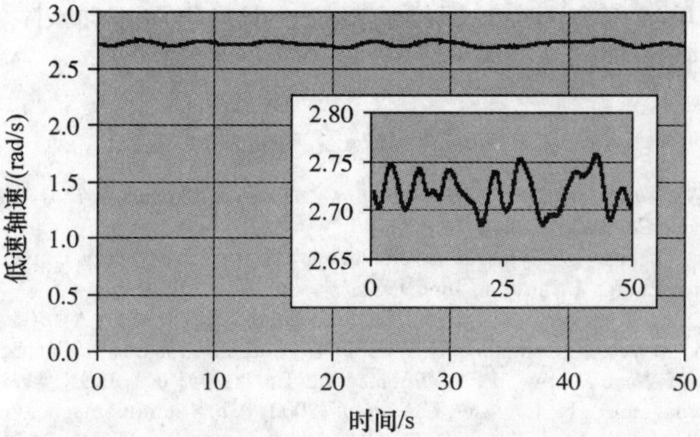

图 20.5 典型的 1MW 风机低速轴转速历史纪录

部循环的固有特征联系在一起的高频转矩变化保持了下来，但直接由于风湍流（见图 20.4）产生的低频活动被大大消除。

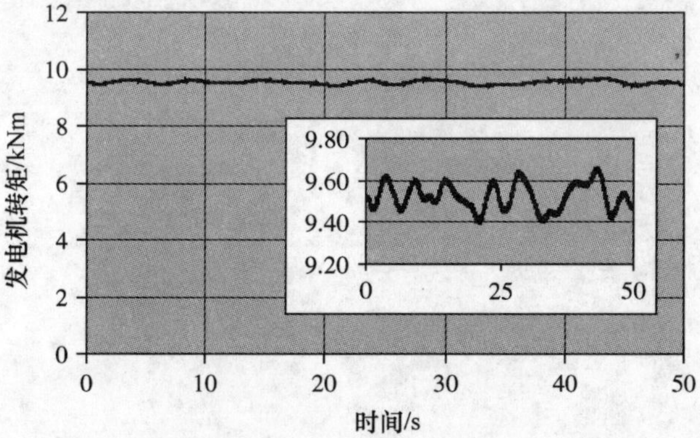

图 20.6 1MW 额定输出的发电机系统的发电机转矩

这意味着，GVT 提供了一个出色的传递系统，其输出基本上对风湍流不敏感，而且其变速的力学性能使标准、恒速的同步发电机能直接相连。然而该优点的代价是系统应具有非常高（但很容易预测）的内部循环载荷，而且对系统中各种轴承，尤其是陀螺仪轴承要求极高。

在对 GVT 系统进一步评估的过程中，对其质量和成本与传统的传动系统进行了对比。GVT 系统对剩余的风机并没有实质影响，因此沿第 9 章中所显示的路线对能量进行评估的成本在只注重传动系统比较的情况下可以容易遵循。概要评估鼓励包含 GVT 系统的质量和成本，但像以往一样，仍然需要另一种水平的更详细的设计和样机试验来验证其潜力。

陀螺能源有限公司持续地发展着它们的理念。根据对以往项目学习的收益，演变出一个更简单的仅有两个陀螺仪的系统，但是仍需要和六陀螺系统一样使用凸轮和连杆以增加输入频率。

参 考 文 献

[1] Crabtree, H. (1909) *An Elementary Treatment of the Theory of Spinning Tops and Gyroscopic Motion*, Longmans, Green and Company, London.

[2] Salter, S.H. (1982) The use of Gyros as a reference frame in wave energy converters. 2nd International Symposium on Wave Energy Utilisation, June 1982.

[3] Salter, S.H. (1980) Recent progress on Ducks. *IEE Proceedings*, **127** (5, Part A), 308–319.

[4] Jegatheeson, M. and Moore, H. Continuously Variable Transmission for Use in Electricity-generating Systems Utilising Wind and/or Wave Energy. IPENZ Engineering TreNz 2005-001. ISSN: 1177-0422.

[5] Kavlicoglu, B., Gordaninejad, F., Evrensel, C.A. *et al.* (2002) A high-torque magneto-rheological fluid clutch. Proceedings of SPIE Conference on Smart Materials and Structures, San Diego, CA, March 2002.

[6] Jamieson, P., Jegatheeson, M. and Leithead, W. (2004) Gyroscopic variable transmission for wind turbines. Global Wind Power Conference and Exhibition, Chicago, March 2004.

第 21 章 Norsetek 叶轮设计

一些早期的叶轮设计，例如著名的通常被视为现代风机技术起点的 Gedser 风机和后来使用绳子或支撑杆使叶片相互连接起来共同分担叶轮载荷的 Nibe 风机[1]。众所周知用于支撑规定负荷的给定长度的悬臂梁可在质量方面被包含支柱和拉索的支撑系统降低至 1/10 多。这个概念被 W. K. Watson 所提出的风机立体构架带到一个极端的水平[2]。

挪威公司 Norsetek AS 正在开发一个更新的概念（见图 21. 1），相比较更早期设计的支撑叶轮，它有非常显著的创新。

其目的是实现更轻、更硬的大叶轮设计，通过减少叶轮从塔外伸的部分，同时用一些有益的塔架和基础，使塔顶结构进一步经济化。采用超过平常所见的 3 个叶片的结构，叶片更细、更轻，但能更有效地通过叶轮支撑系统相互连接。通过两个独立的支撑系统实现了刚性叶轮的布置。一个固定在轮毂的框架上，每个叶片连向前面突出的支柱，但是通过旋转接头连接到每个叶片，因此叶片仍然可以以平常的方式进行变桨。每个叶片自身通过一个突出的“A”字框架和扎线支撑，从而独立于系统。所有这些元素都采用流线型的空气动力学设计，从而将阻力降至最小程度。阻力对支撑件的不利作用可被来自更多叶片降低了尖端损耗带来的收益所补偿甚至超过。

初步评估涉及叶轮最优化，式（1. 61）用专门推导的附加项反映与叶轮支撑系统相关的阻力损耗对功率系数的影响反映了不同设计尖端速度和叶片数量的影响。曾经通用的参数研究已经进行，使用叶素动量（BEM）代码（GH 叶片）结合体现支柱和连接点细节的有限元结构模型在更多的细节中对首选的设计安排进行了研究。所拥有的 3 个以上的叶片使叶轮盘的加载能更好地平均化，使更多的疲劳载荷的控制方案（假设为独立的变桨控制）以及通过叶轮组件互连充分分配载荷成为可能。

在叶片快速投入负倾角时，如叶轮紧急制动时采取的常规做法一样，叶片面外弯矩和叶轮推力往往相反。这已经在高速顺风叶轮的评估过程中进行了讨论（见 7. 2 节）。

还有另一个极端载荷的情况，它们出现在故障状态，引起叶片弯曲负荷的逆转。最初的额定功率 5MW、直径 129m 的三叶片设计被作为基线开发出来，与 Norsetek 设计相比较。在与传统的风机具有类似的运行状态时，此基线设计（ - 14MNm）的极端反向（负的）叶柄面外弯矩被发现是正的极端值（23MNm）

的 2/3 次幂。

在 Norsetek 的最初设计结构中低估了这种反向弯曲负荷，然后考虑了大量的设计方案，其中包括结构改造及更有效的监控。首先只研究了监控系统的改造，包括：

1）最大变桨率；

2）软件设置，叶轮超速水平；

3）（叶轮速度变化的）可控的停机率；

4）紧急情况下临时停车的制动转矩水平；

5）电网损失事件后发电机可产生转矩的时间。

在仔细调整这些变量后适当注意所有对机械安全的影响，反向弯曲负荷大幅减少，逐步形成了令人满意的设计和运行方案。后来 Norsetek 重新评估了他们的设计，进行了结构上的修改以最好地适应预期的加载制度，同时也进一步优化质量、降低成本。

图 21.1 Norsetek 支撑叶轮的概念。Norsetek AS 公司版权所有，并授权发表

初步评估在减少叶轮质量和降低成本的潜力方面很有前途，尽管设计这样一个系统在细节上当然有许多挑战，例如已讨论过的影响持续性但具有经济关联性方面的挑战，及充分满足反向弯曲负荷的挑战。

这是一个典型的在风能中有越来越多的创新发展的例子，其中具有强大技术背景但对风能不熟悉的私人发明家可能正试图使创新的理念引起风能行业的关注。

参考文献

[1] http://www.windsofchange.dk/WOC-eurstat.php. Accessed April 2011.
[2] Hansen, A.C. (1987) Review of the Aerodynamics of the MOD-2 Emulating Space Frame Wind Turbine. Report for R Lynette and Associates, October 1987.

第 22 章　西门子叶片技术

创新作为一个过程已成为大量以学术和商业为导向的考试主题，然而本书的重点在于创新概念的技术—经济评估，而不考虑过程—创意如何发展以及，如果有，它们如何在工业中被采用。下面的内容几乎一字不差地源自原来的 Bonus AS 公司技术总监、现在的西门子风力发电公司的技术总监 Henrik Stiesdal，应作者本人要求，稍作编辑。这段文字巧妙的展示了创新的需求、过程和实现。

在 Bonus 公司风机制造的早期，叶片是从分包商处购买，最初从 Økær Vindenergi 公司购买，然后是 Økær 公司的代理商 Alternegy 公司，1986 年其倒闭之后又改为从 LM Glasfiber 公司那里购买。20 世纪 90 年代，我们逐渐遇到了越来越多的叶片供应商的问题。

从 1991 年往前，我一直在寻找可替代的叶片供应商，但是一无所获—预期的供应商要么规模太小，没有能力胜任，要么有其他不足。例如，Aerpac 公司，一直深陷客户的法律诉讼，形象不佳。我和老朋友 Martin Winther - Jensen 讨论了好几次这个问题。Martin 在 20 世纪 70 年代参与过 Tvind 风机的建造，我们相识于 1978 年并成为朋友，一起致力于风力发电事业，我在工业上，他在 Risø 做型式审批，后来进入 Bonus 公司和我们一起工作。

在 1995 年暑假帆船旅行过程中，在我的小帆船上，Martin 和我第 *n* 次讨论了叶片的问题，诸如，为什么没人做成这样的……这种排列怎么样，那样是不是更好……。在非英岛南群岛游览的三两天中，我们充分讨论后大概解决了“理想化的叶片”的基本要素问题，通过（像惯例中的那样）将叶片制成两片解决了问题—消除了胶接点，仅采用极少数的玻璃式，将其置于真空灌注的底座上。

Stiesdal 和 Winther - Jensen 开发的整体叶片制造图解于图 22. 1 中。

在创意过程建立的过程中，没有其他任务和周围环境创建的开放思想无疑是关键要素。有个人一起讨论也非常重要—关于这个问题我当然会思考很多，但是一个人时，经常遇到最终不真实的一些障碍。这时与一个理解解决方法的人争论是很重要的。然而从一个平静夏日在一艘帆船上迸发出创意的愉悦转变成一个工业产品是很漫长的一段路，之后我们回到了 LM 公司的日常事务中。然而这个创意并没有凋谢，我遇上了另一位老相识，Kaj Johansen。Kaj 在我 1987 年加入 Bonus 公司时，曾短期为 Bonus 公司制造过叶片，但是他当时年纪尚小不能很好地经营公司，之后便破产了。之后公司聘请他作叶片维修技术员，正是在这个背景下，我邀请他加入了这场头脑风暴。

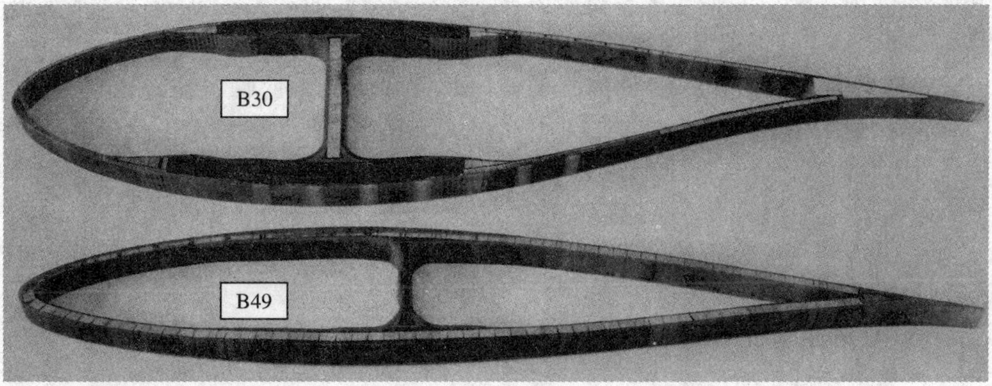

图 22.1　由 Stiesdal 和 Winther – Jensen 为西门子公司研制的一片式叶片技术。
西门子风力发电公司版权所有，并授权发表

Kaj 的叶片也是一片式的，但是基于将玻璃放在可以保持在叶片内部的固体泡沫芯层中。这种结构未给玻璃提供大的空间容量，也不能供大叶片使用。然而从其更早期的工作中，Kaj 掌握了注射厚厚的玻璃纤维层的难度。掌握这部分技术是很关键的问题，要是任何一个人能解决这个问题，那么就万事大吉了。要是没人能解决，我们就不得不放弃真空注塑了。

我们在 Kaj 的家庭工作室建立了一个扩展版本，他很快提出了各种技术证实了注入厚厚的玻璃纤维层是可行的。虽然还没有与一片式技术过程关联起来，但这是一个关键的推进和里程碑。在注射技术的研发过程中，Kaj、Martin 和我有过多次讨论，正是在这些讨论过程中，1995 年那次划船旅行的创意再次被带到一个合理的水平上，回头看每个因素都具备了（叶柄、稳定性、敷设技术、真空袋等），于是提出了一个可以整合在一片式制造中的解决方案。最后 Kaj 就如何生产叶片做了一个小的实景片段，跟我们最终呈现出来的很像。

1998 年，丹麦奥尔堡的大型造船厂 Danyard 到访。他们曾经为丹麦海军制造过复合舰船，但是该项目中止了，他们正在寻求合作伙伴。他们能为我们做些什么吗？这看起来似乎是天赐良机——一个具备大型设备和很高能力的合作伙伴。我们邀请他们参加了一次会议，他们很适合，也很机智。之后 Kaj 和我又去拜访了他们，我们大约得出的结论是这项工作可以运作。不过他们反悔了，虽然与我们讨论的管理者很感兴趣，但是董事会不接受。Danyard 为一个轮船集团所有，造船厂打算出售，而且只能作为造船厂出售，不能作为过渡阶段的东西出售。所以，这件事没谈成。

造船厂的人因为这件事真诚地向我们道歉，于是我打电话给造船厂的 CEO，与他商量，为什么不带几个关键的员工来我们公司上班？这就是所发生的事，

1998 年 11 月 1 号，我们正式在奥尔堡开始发展运营，目标是在 1995 ~ 1998 年开发基于概念的工业级叶片制造技术。

1999 年间，大部分的细节都已到位，而且即使经常面临收益递减的问题，从 Danyard 聘请过来的人和早期在项目中的人都做出了很大的贡献。

所以总而言之，创新的叶片是一个漫长过程的结果：

- 在特定的情势下，从挫折中产生对解决方法的渴求；
- 1995 年划船旅行的“革命性部分”，变成了真正的头脑风暴，本质上消除了“理想化叶片”的关键元素；
- 1996 ~ 1998 年 Kaj Johansen 探索的“进化部分”；
- 奥尔堡科技项目的“微调”部分。

最关键的促成因素之一是决策能力。我能自由地说动手做吧，招聘员工吧。当然，我必须同意而且要得到我们的 CEO Palle Nørgaard 的认可。但是他和我一样受到叶片供应问题的挫折，所以征求他的同意就没问题了。

这就是一家顶级的风机制作商西门子公司为应对外部供应的技术和商业问题，在发展风机叶轮叶片内部制造过程中如何进行创新的创新纪录。在许多创新的案例中，Enercon 公司的直驱技术可能是另一个恰当的例子，也许很重要的一点是关键技术的决策权要掌握在一个或少数有权利行使它的人手上。很多潜在的创新，虽然可能有很强的技术论证，但是因为层层的管理者中有个别反对的声音而渐渐凋零了。

第 23 章　摆　　振

失速在许多行业中都“臭名昭著”—对飞机安全性的危害及造成涡轮增压机潜在损伤的起因。在风力发电行业中，一定程度上由于失速的渐进性，通常是从叶柄到叶尖，以及大气湍流中气动叶片普遍比较严峻的疲劳环境，失速没有像当初设计时考虑的那么大，已被积极地被作为一种校正输出功率的手段而利用。

当风机在附着流条件下正常运行时，有很强的升力阻尼减缓叶片振动。相同的升力阻尼也有助于维持轮船在大海中航行的稳定性，当风机运行时，还可以减少波浪荷载对海上风机支撑结构疲劳的影响[1]。

当一台失速调节的风机运行在深度失速状态时，叶片剖面的攻角变大。这会导致某些在入射角的叶片运行时超过最大升力，此处升力曲线的斜率，进而，升力阻尼可能都是负的。那么叶片振动存在潜在的不稳定性。叶片在抗扭刚度上通常有丰厚的利润，因此扭转振动不再是大问题。在某些情况下，尤其是更大型的风机，失速引起的襟翼振动就值得关注了。这个问题在 Joule Ⅲ框架工程下受欧盟资助的实证研究纲领中受到了大量的关注[2]。然而，有很少的迹象显示失速调节风机出现了叶片襟翼振动的主要问题。通常，仿真中甚至采用最新技术水平的非定常气动模型（包括动态失速和失速滞后效应），预测了比实际情况可能遇到的更剧烈的振动。

然而，在 20 世纪 90 年代后期，出现了非常有趣的一个由失速引起的边缘振动问题。1997 年 5 月 ~ 1999 年 12 月，在风力发电运营商所遇到的问题方面的公共信息和由叶片制造商生产的修补程序都很好地纪录在《Windpower Monthly》（风能月刊）中[3-8]。在某些情况下，边缘振动损坏了叶片，在另外一些情况下还大大地干涉了有效发电。此问题的关键点可通过图 23.1 了解。

如果所有的 3 个叶片在边缘方向的相位出现振动，那么所产生的轴转矩变化大小是每个叶片情况的 3 倍，传动系统的转矩阻尼大致可以限制这种振动。然而在图 23.1 的振动模式下，一个叶片是静止的，而另两个叶片反相振动。这在叶轮轴上产生的净转矩为零，因而振动不受传动系统阻尼的影响。

尽管这些问题像往常一样被提出，但是如图 23.1 中所提的问题在实际情况中是很微妙的。虽然图中描述的动作不会产生净叶轮转矩，但是有叶轮质量中心沿着节点固定叶片的轴线（图中所描绘的叶片位置的垂直线）转动，当叶片旋转时就变成了叶轮的转动。Petersen、Thomsen 和 Madsen[9] 说明了叶片和叶轮动力学如何耦合到全球系统动力学对响应水平有至关重要的影响。

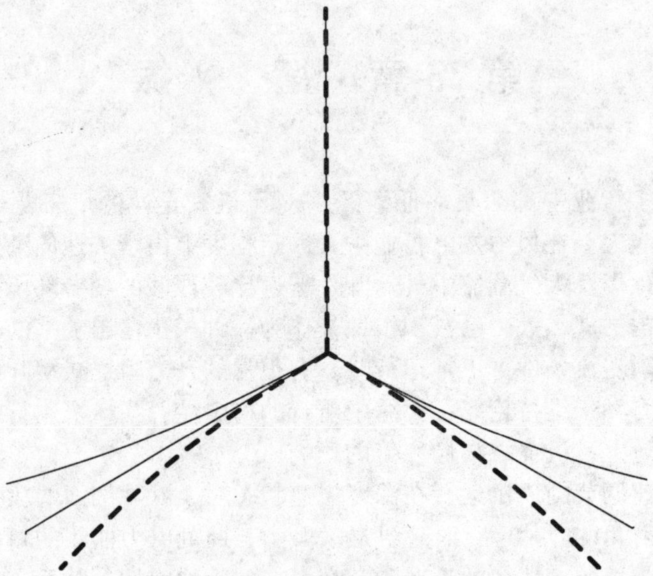

图 23.1　不对称边缘振动模型

当边缘振动问题首次出现在运行于 17m/s 左右风速下的深度失速状态的失速调节风机时，很多叶片制造商的反应是开发桨叶减振器作为一种在源端阻尼边缘振动的手段。这些系统背后的原理现在看来就是一种典型的对钟摆动力学的创新。需要注意的是，现在正在讨论的问题不是共振的问题，共振时励磁频率与特定的不足以被阻尼的固有频率相匹配。相反，这是一个稳定性问题，即不管固有频率在什么合理的范围内，巨大的振动将因缺乏相关振荡模式的阻尼而发生在该固有频率处。

动态减振器被设计成各种各样的部件，从小小的电动理发器到大型的地震防护建筑。J. Ormondroyd 和 J. P. den Hartog 在 1928 年引进了这个概念。Den Hartog 提出了对具有耦合的质量和弹簧的 2 自由度系统的基本分析[10]。这个概念是将能在主要部件中激起振动的振动能量转换成次要部件（减振器）的振动。

在阻尼叶片边缘振动的情况下，原则上减振器可以是一个单摆。但不幸的是，能够处理叶片边缘不稳定性的、具有适当的固有频率的单摆将要跟叶片一样长。Anderson 等人[11]发明了一个基于复摆的系统来解决这个问题。

在图 23.2 中将单摆同某一类通过齿轮互连被迫做反向运动的复摆进行了比较。风叶轮以频率 ω 旋转。在图 23.2 上方运行的离心加速度代替了熟悉的悬摆重力加速度的角色。现在就可以确定系统在不同情况下的固有频率了。对于单摆的情况（见图 23.2 中的左图）：

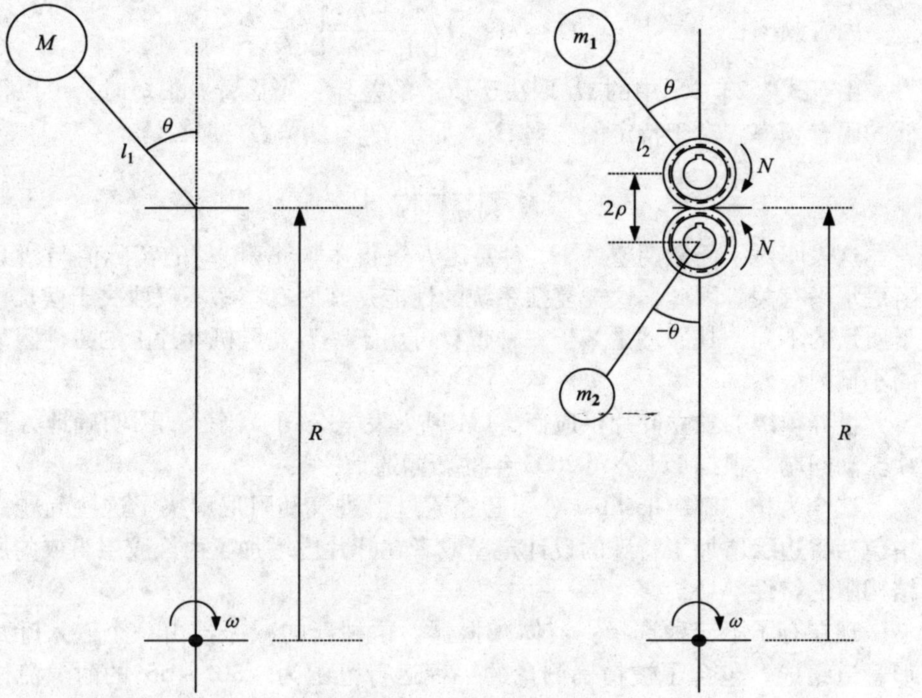

图 23.2　单摆和复摆

$$M \cdot l_1^2 \cdot \frac{d^2}{dt^2}\theta = -M \cdot \omega^2 \cdot (R + l_1 \cdot \cos(\theta)) \cdot l_1 \cdot \sin(\theta)$$

当 l_1 和 θ 很小时：

$$l_1^2 \cdot \frac{d^2}{dt^2} = -\omega^2 \cdot R \cdot \theta$$

固有频率：

$$\Omega_1 = \omega \cdot \sqrt{\frac{R}{l_1}} \tag{23.1}$$

对于复摆的情况（见图 23.2 中的右图）：

$$m_1.\ l_1^2 \cdot \frac{d^2}{dt^2}\theta = -m \cdot \omega \cdot (R + \rho + l_2 \cdot \cos(\theta))l_2 \cdot \sin(\theta) + N \tag{23.2}$$

$$-m_2.\ l_2^2 \cdot \frac{d^2}{dt^2}\theta = -m_2 \cdot \omega \cdot (R - \rho - l_2 \cdot \cos(\theta))l_2 \cdot \sin(\theta) + N \tag{23.3}$$

用式（23.2）减去式（23.3），并将 ρ、l_2、θ 视为无限小：

$$(m_1 + m_2) \cdot (l_2)^2 \cdot \frac{d^2}{dt^2}\theta = -(m_1 - m_2) \cdot \omega^2 \cdot R \cdot l_2 \cdot \theta$$

固有频率：
$$\Omega_2 = \omega \cdot \sqrt{\left\{\frac{m_1 - m_2}{m_1 + m_2}\right\} \cdot \frac{R}{l_2}} \tag{23.4}$$

由于式（23.4）中的 Ω_2 取决于质量的差异，当摇臂 l_2 很短时，可以得到较低的固有频率。对于特定的频率 Ω_2，如果 $\Omega_2 = \Omega_1 = \Omega$，那么

$$l_2 = \left(\frac{m_1 - m_2}{m_1 + m_2}\right) \cdot l_1$$

这表明对于任意期望的 Ω，l_2 要比 l_1 短得多。m_1 和 m_2 的实际值与所必需的阻尼水平有关。因此，这类复摆系统的性能是其固有频率不仅取决于摆长也取决于质量的不同。其原理是基于一种带有可用于一系列风机叶片上的磁性阻尼系统的小型减振器。

世界顶级的独立叶片供应商，LM 风力发电公司，当然试图明确地处理此叶片振动问题。根据 LM 公司 2003 年的新闻通信[12]：

迄今为止，LM Glasfiber 公司已经通过引进气动阻尼解决了这些问题。这其中包括将边缘增加了特殊的设计定型或者在叶片内增加了由橡胶层组成的所谓的结构阻尼特性。

现在有了第三种选择：液体减振器。这种新的减振器由一个嵌入叶片的 U 形管道组成，包含了被精确测量的一种运行范围为 -30° ~ 55° 的耐温流体的体积。减振器中的流体吸收了振动的能量从而将它们消除。

流体系统对于减振功能来说是非常合理的，而且其维护投入相比较任何机械系统都很少或可以忽略。

参考文献

[1] Jamieson, P. and Quarton, D.C. (1999) Technology development for offshore. Garrad Hassan & Partners Limited. European Wind Energy Conference, Nice, March 1999.

[2] Petersen, J.T., Madsen, H.A., Björk, A. *et al.* (1998) Prediction of Dynamic Loads and Induced Vibrations in Stall. Risø-R-1045(EN), May 1998.

[3] Blade Cracks Signal New Stress Problem, Preventative Investment Needed on Turbines with Large LM Blades. *Windpower Monthly* article (May 1997).

[4] Stall Strips Cure Wobble. *Windpower Monthly* article (Feb 1998).

[5] Blade Retrofit Work on Entire Series. *Windpower Monthly* article (Jun 1998).

[6] A Solution for Blade Wobble. *Windpower Monthly* article (Oct 1998).

[7] Fighting it Out for the Heavyweight Title. *Windpower Monthly* article (May 1999).

[8] Vibrations Fix Looks Solid. *Windpower Monthly* article (Dec 1999).

[9] Petersen, J.T., Thomsen, K. and Madsen, H.A. (1998) Local Blade Whirl and Global Rotor Whirl Interaction. Risø-R-1067(EN), August 1998.

[10] Den Hartog, J.P. (1985) *Mechanical Vibrations*, 4th edn, Dover Publications, pp. 87–106. ISBN: 0486647854.

[11] Anderson, C., Heerkes, H. and Yemm, R. (1999) The use of blade-mounted dampers to eliminate edgewise stall vibration. EWEC 1999, Conference Proceedings, Nice, March 1999, 207–211.

[12] LM Newsletter (Feb 2003).

第 24 章　磁性齿轮传动和准直驱

24.1　磁性齿轮传动技术

现在风机系统中所采用的永磁发电机（PMG）设计通常利用高强度的磁性材料，即所谓的稀土磁体，尤其是由通用汽车、住友特殊材料公司和中国科学院在 1983 年并行开发的钕铁硼复合材料。这些磁体比老的铁氧体磁铁能提供更高的磁通密度，并且因此可以制造更紧凑、功率更大的电机。价格从 20 世纪 90 年代中期的 160 欧元/kg 大幅降低到 2006 年的 16 欧元/kg，使得这项技术能够负担得起，尽管最近价格又升到 30 欧元/kg。

英国的 Magnomatics 有限公司开发了磁性齿轮传动技术，它们根据对这种稀土磁体的使用进行的仿真研究表明，其 50 ~ 150kNm/m^3 的传递转矩密度的能力比得上两级和三级螺旋变速器。

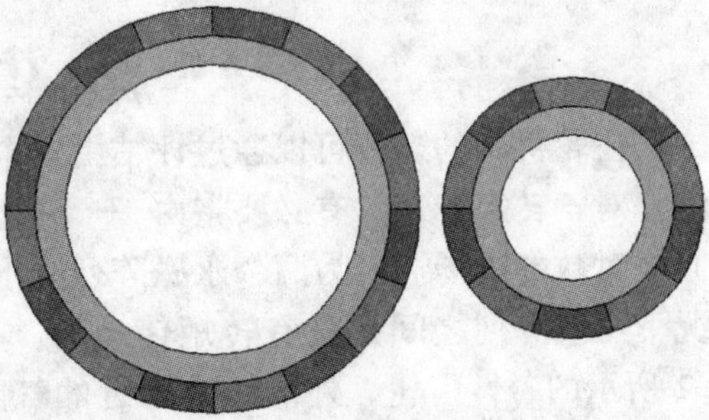

图 24.1　早期的磁性齿轮设计

最明显的磁性齿轮传动的概念（见图 24.1）是机械齿轮设计的模拟，其中啮合齿被相邻的永磁体所取代。很明显，不论对传统齿轮还是这种类型的磁性齿轮，转矩传递发生在只有小区域的接触或近距离接触时。由于磁场中的切应力远远小于接触齿轮金属的许用应力，因此，这种磁性齿轮（见图 24.1）不能像传统齿轮那样传递高转矩，只适用于专业应用的场合。

磁性齿轮设计中一个关键的进展是发明了大转矩磁性齿轮[1]。该齿轮（见图 24.2）由 3 个同轴部件组成：

1）具有极对数 p_i 的内部永磁阵列。

2）具有极对数 p_o 的外部永磁阵列。

3）带有 n_p 个铁磁体磁极的中间环形组件：调制组件。

该齿轮的整个圆周均用于传递转矩。因此该磁性齿轮传动技术的转矩密度远远大于图 24.1 中更早期的磁性齿轮设计。

为了在这些组件之间传递恒转矩，在极对数和磁极数之间必须遵守下列关系：

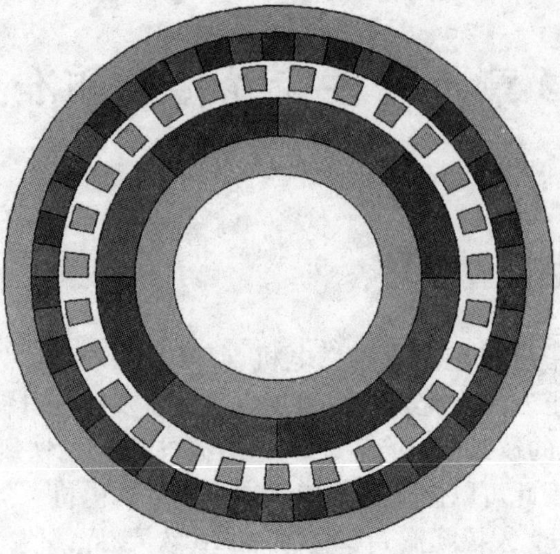

图 24.2　$p_i=4$、$p_o=23$、$n_p=27$ 的大转矩磁性齿轮

$$p_i+p_o=n_p \tag{24.1}$$

该齿轮机构的运行可以通过评估由两个磁铁阵列形成的气隙磁场而被更好的理解。对于转矩传递，有必要将由一个磁体阵列产生的磁场加上另一个具有完全相同极对数的磁场。因为两个永磁阵列有不同的极对数，因此在没有调制转子的情况下这些阵列之间是没有转矩传递的。举一个例子，图 24.3a 显示了对于图 24.2 所示的磁性齿轮，外部磁铁附近的气隙中的磁场，其中外部磁铁和调制转子都不存在，即磁场完全是由内部磁体排列产生的。该磁场的空间谐波频谱，如图 24.3b 所示，清楚地表明，该磁场的极对数为 p_i（$p_i=4$）。图 24.3a 中的波形并不是完全纯正的正弦波，因为它反映了仅有 4 对磁极的弧形磁铁真实的磁化强度，因此在图 24.3b 中会有轻微的谐波分量在主谐波数为 4 时附加在其上。

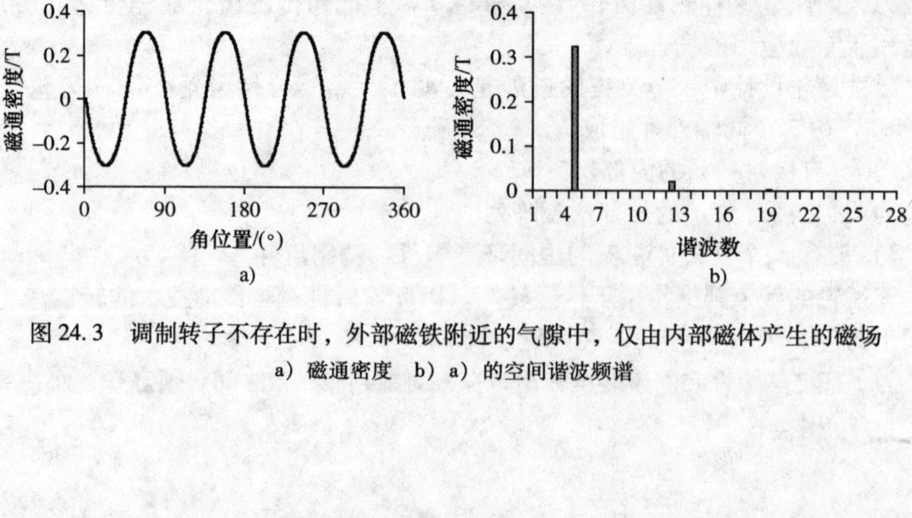

图 24.3　调制转子不存在时，外部磁铁附近的气隙中，仅由内部磁体产生的磁场

a）磁通密度　b）a）的空间谐波频谱

由于铁磁磁极的存在，由每个永磁阵列产生的磁场都被调制，这样就产生了与永久磁铁其他阵列有相同磁极数的空间谐波。这种谐波是异步的，因为它相对于原转子以不同的速度旋转。例如图 24.4 a、b 显示了在外部磁极阵列附近的气隙中由内部磁极阵列产生的磁场及其谐波波谱。这就是图 24.2 所示的调制转子存在但将外磁铁去掉的情况。可以清楚地看到，除了极对数为 p_i 的谐波之外，还会产生极对数为 p_o 的附加谐波，此附加谐波将与外部磁极阵列相互作用以传递转矩。因为极对数为 p_i 的谐波与极对数为 p_o 的谐波以不同的速度运动，因此两个转子之间会存在齿轮转矩传递。

传动装置不同组件的速度方程为

$$p_i\omega_i + p_o\omega_o = n_p\omega_p \tag{24.2}$$

式中，ω_i 是内部永磁阵列的速度；ω_o 是外部永磁阵列的速度；ω_p 是调制组件的速度。

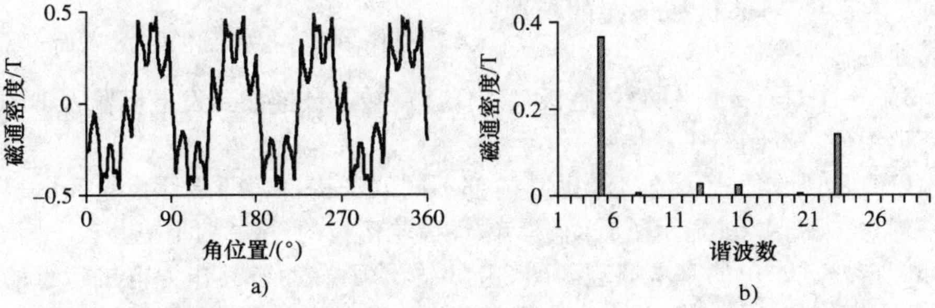

图 24.4　调制转子存在时，外部磁铁附近的气隙中，仅由内部磁体产生的磁场
a）磁通密度　b）a）的空间谐波频谱

当传动装置的 3 个组件之一保持静止不动，在另外两个组件之间将会有一个固定的传动比。例如当调制组件保持不动（$\omega_p = 0$）时，内外永磁阵列之间的齿轮比是：

$$G_{r,o\to i} = -\frac{p_o}{p_i} \tag{24.3}$$

两个轴按相反方向旋转。或者，当外部磁体阵列保持不动（$\omega_o = 0$），齿轮比变为

$$G_{r,p\to i} = \frac{n_p}{p_i} = 1 + \frac{p_o}{p_i} \tag{24.4}$$

现在两轴的旋转方向相同，得到了更高的齿轮比。据此齿轮传动技术，1∶1 到近似 30∶1 之间的单级齿轮比是很容易实现的。

24.2　准直驱技术

Magnomatics 在无刷永磁发电机设计时整合大转矩磁性传动装置的过程中，

将它们的磁性齿轮传动技术又推进了一级[2]。由此产生的电机，如图24.5所示，因为它有直驱电机的特点，被称为准直驱电机（注册商标PDD®)，尽管它使用磁性齿轮来实现其高转矩—密度特性。

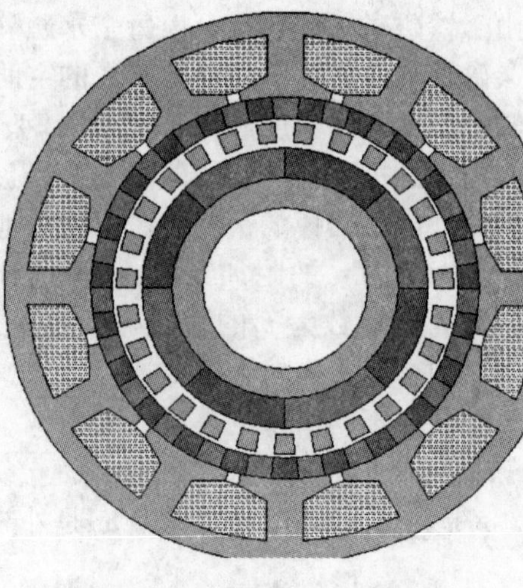

图 24.5　准直驱电机的横截面

准直驱包含3个部分：

1）一个外部定子，由铜绕组和磁极数为 p_o 的固定外磁极组成的层叠包。

2）一个极对数为 p_i 的内部永磁阵列，在没有外部机械连接的情况下高速旋转。

3）一个具有 n_p 个铁磁体磁极片、低速旋转、被连接到发电机输入轴的中间级环形组件：调制转子。

PDD的工作原理可通过考虑其内部不同的子构件，即磁性齿轮和电机的运行来理解。图24.6a 显示了有助于其磁性齿轮运行的设备（即内磁转子、调制转子和固定外磁体）的基本原理。图24.6b 显示了有助于其作为电机运行的设备（即具有铜绕组的外部层压片和内部永磁体转子）的基本原理。

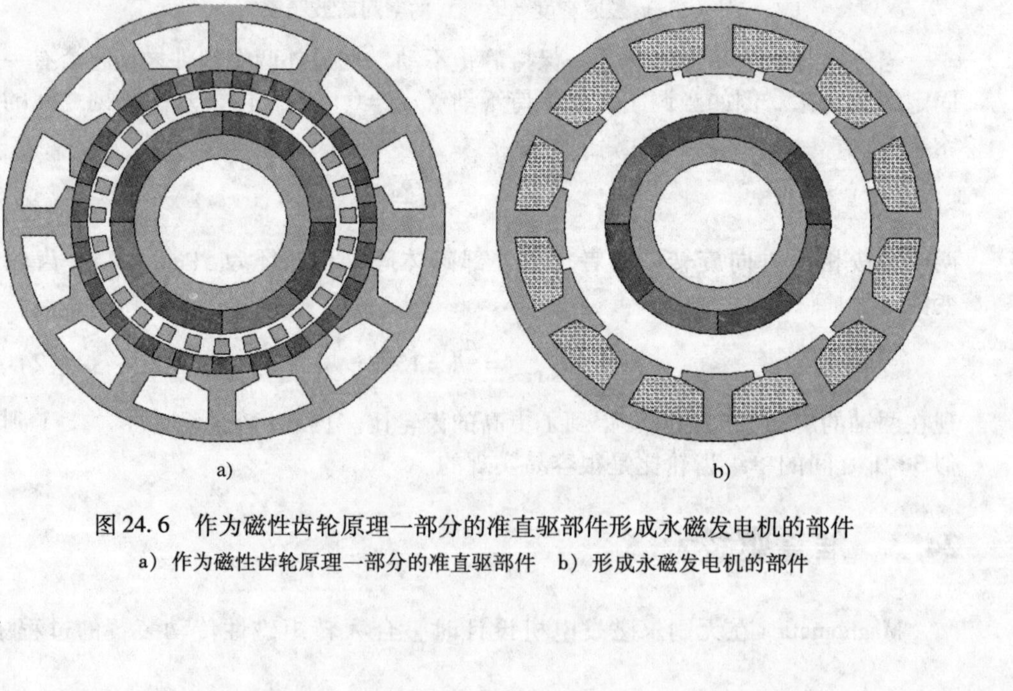

图 24.6　作为磁性齿轮原理一部分的准直驱部件形成永磁发电机的部件
a）作为磁性齿轮原理一部分的准直驱部件　b）形成永磁发电机的部件

内转子有助于电机和永磁齿轮传动机构的运行，其结果是，PDD 所用的磁体材料比可能用于永磁齿轮和独立电机的组合磁铁材料更少。高速内转子将永磁齿轮与电机连接起来，所以没有总转矩施加在转子上，即由永磁齿轮施加在该转子上的转矩受到了电机施加转矩的反作用。而且电机只在高速转子上产生转矩，它只占总输入转矩的一小部分。这样，电机中所需要的磁动势（mmf）以及铜绕组，都比传统的直驱发电机要小，这将不得不在输入轴上反作用全转矩。然而尽管电机需要相对较小的磁动势和电流密度，但对于任意所期望得到的终端电压输出，典型的600V 或3kV，设计师仍然有充分的灵活性去优化此电机。更进一步，通过采用现在的全额定功率变换器技术，发电机被以与传统的直驱永磁发电机相同的方式控制。

准直驱的概念无疑是具有很多优点的合理概念。完全避免了与齿轮接触有关的，包括齿轮磨损和润滑剂污染的可靠性问题。由于转矩传递分布在每个环形单元整个周长的周围，避免了发生在传统齿轮传动系统中出现的集中的径向轴承负载。在提供传动系统作为单独的机电系统时，它实现了直驱的好处。此外，实现了传动装置的作用，而不存在传统齿轮传动所具有的典型的每一级 0.8% 的满载效率损耗。因此，实现了更高速的发电机转子在降低发电机转矩和尺寸方面的好处。第 6 章中提出了混合驱动系统可能是最紧凑、性价比最高的一个案例，这被许多制造商在其最新的传动系统技术中所选择的发展路径所支持。PDD 系统可被视为一种混合式的传动系统的模拟，但实际上是在一个被简化了的集成化系统中，提供了一级或多级齿轮传动和多极发电机。

参考文献

[1] Atallah, K. and Howe, D. (2001) A novel high-performance magnetic gear. *IEEE Transactions on Magnetics*, **37** (4), 2844–2846.

[2] Atallah, K., Rens, J., Mezani, S. and Howe, D. (2008) A Novel 'pseudo' direct-drive brushless permanent magnet machine. *IEEE Transactions on Magnetics*, **44** (11), 2195–2198.

第 25 章　总结和评论

通常当一本技术书籍和一个新闻报道没有被告知更多信息时，它们没有任何综合评价和结论便戛然而止。在风机创新设计的背景下，需要考虑许多不同的观点。本书的重点是使用最高级的参量分析提供深入洞察，来评估此概念。

很显然，在常规的设计中，仍然有概念设计方法学凭借其自身能力，进一步发展为一门学科的需要。本书虽然不涉及概念设计的理论，但肯定会把注意力集中到其中的一些方法上。“设计”工具在风能技术的演变中表现突出，但是大多数的这类工具实际上是分析工具。同样，它们可能很好地分析所提出的任何结构，但不能针对应该选用何种优选结构提供指导。

每一个工程师在面对一个新的风机概念时应首先关注功率和转矩：功率作为能量捕获潜能和价值的衡量尺度；转矩通常是重量和成本的重要指标。每一名工程师还应该保留大量的包络线，用于后面的包络线计算。未能这样做有时会从概念上导致对资源的浪费性支出，这本应该从更基本的层面上接受挑战。

在本书所提出的许多风能辩论主题的讨论中，均没有进行最终的评价，也没有道德制高点，只是因为一方的争论是受少量分析的支撑，而另一方没有。然而分析是有价值的，并且是自我教育——它通常部分确认，部分意外——对表面上看起来合理的假设或“直觉”，有时支持，有时矛盾。本书自始至终的主要目的是对一个解决方案或另一个进行揭示，而不是宣传，不是要用新获得的智慧替换老的（或者它是教条吗?），而是向公认的智慧提出挑战，唤醒新思路。

图书在版编目（CIP）数据

风力发电机组的创新设计/(英）贾米森（Jamieson，P.）著；王晓辉等译. —北京：机械工业出版社，2016.5

(国际电气工程先进技术译丛)

书名原文：Innovation in Wind Turbine Design

ISBN 978-7-111-53661-1

Ⅰ. ①风…　Ⅱ. ①贾…②王…　Ⅲ. ①风力发电机－发电机组－设计　Ⅳ. ①TM315

中国版本图书馆 CIP 数据核字（2016）第 088374 号

机械工业出版社（北京市百万庄大街 22 号　邮政编码 100037）

策划编辑：顾　谦　责任编辑：顾　谦

责任校对：陈　越　封面设计：马精明

责任印制：乔　宇

北京鑫海金澳胶印有限公司印刷

2016 年 6 月第 1 版第 1 次印刷

169mm×239mm · 18 印张 · 345 千字

0001—2600 册

标准书号：ISBN 978-7-111-53661-1

定价：89.00 元